高等院校计算机教育系列教材

计算机图形学(微课版)

贾浩梅　主编

清華大學出版社
北京

内容简介

计算机图形学是在计算机领域中飞速发展并得到广泛应用的学科，其主要研究与计算机图形显示相关的原理、算法及程序设计，旨在更好地利用计算机生成、显示及处理图形。

本书主要介绍计算机图形技术的原理及应用，对计算机图形学的基本概念、二维和三维图形的生成及变换、图形的裁剪、真实感图形的生成技术等有关知识做了详细而系统的论述，并结合具体实例详细介绍了基于 OpenGL 环境以及基于虚拟现实建模语言 VRML 的图形系统开发。

本书可作为高等院校本科生、研究生学习计算机图形学的教材使用，也可作为从事 CAD 和计算机图形学技术研究的广大科技人员的参考用书。

图书在版编目(CIP)数据

计算机图形学：微课版/贾浩梅主编. —北京：清华大学出版社，2022.8 (2025.1重印)
高等院校计算机教育系列教材
ISBN 978-7-302-60998-8

Ⅰ. ①计… Ⅱ. ①贾… Ⅲ. ①计算机图形学—高等学校—教材 Ⅳ. ①TP391.411

中国版本图书馆 CIP 数据核字(2022)第 095834 号

责任编辑：魏 莹
封面设计：李 坤
责任校对：李玉茹
责任印制：宋 林
出版发行：清华大学出版社
网 址：https://www.tup.com.cn, https://www.wqxuetang.com
地 址：北京清华大学学研大厦 A 座 **邮 编：**100084
社 总 机：010-83470000 **邮 购：**010-62786544
投稿与读者服务：010-62776969, c-service@tup.tsinghua.edu.cn
质量反馈：010-62772015, zhiliang@tup.tsinghua.edu.cn
课件下载：https://www.tup.com.cn ,010-62791865
印 装 者：三河市君旺印务有限公司
经 销：全国新华书店
开 本：185mm×260mm **印 张：**17 **字 数：**410 千字
版 次：2022 年 8 月第 1 版 **印 次：**2025 年 1 月第 2 次印刷
定 价：59.00 元

产品编号：093279-01

前　言

21 世纪是经济全球化、信息社会化、产业知识化、市场开放化高速发展的新时代。伴随着微电子和计算机科学技术日益渗透到经济、生活、学习、工作以及生产加工等社会活动的各个领域，人类正迈步跨进一个全新的知识经济时代。在实际工作环境中，计算机图形的应用范围非常广泛，相关知识的更新、发展也非常快，及时学习和掌握新的研究成果以及提高实际应用能力，将为以后的工作与研究奠定基础。

本书面向 21 世纪计算机专业学生，主要介绍计算机图形学的原理、算法及实现，参考和总结计算机图形学近年来的新成果，力图全面、准确地介绍这些内容，循序渐进，深入浅出，由二维到三维。读者可以通过书中的程序实例上机验证算法，方便更加深入地了解并掌握基础知识。

本书共 10 章，具体内容如下。

第 1 章介绍计算机图形的基本概论，包括计算机图形学的基本研究内容、发展简史、基本应用、计算机图形系统、发展动向以及与相关学科的关系。

第 2 章介绍二维图形生成技术，包括直线的生成、圆的生成、椭圆的生成、曲线与曲面、图元属性、字符的生成等内容。

第 3 章介绍二维实面积图形的生成，包括矩形填充、区域填充和图案填充。

第 4 章介绍二维图形变换，包括变换所需的数学基础、基本变换及组合变换等内容。

第 5 章介绍二维图形的裁剪，包括图形的开窗、线段裁剪算法、多边形裁剪算法、圆的裁剪、文本裁剪算法以及二维图形的输出流程。

第 6 章介绍三维图形学基础，包括三维图形的几何变换、三维图形的投影、裁剪以及三维图形的输出流程。

第 7 章介绍三维物体的表示，包括平面物体的表示、二次曲面、孔斯曲面、贝塞尔曲面和样条曲面。

第 8 章介绍真实感图显技术，包括颜色模型、光照模型、阴影的生成、纹理映射、透明性、隐藏线的消除、隐藏面的消除等内容。

第 9 章介绍 OpenGL 设计基础，包括 OpenGL 应用程序的工作过程、主要功能、基本语法规则、基本图元绘制、几何变换、交互式绘图、观察流程及函数、曲线及曲面绘制、真实感图形绘制等内容。

第 10 章介绍 VRML 环境下图形系统的设计，包括 VRML 基本语法、几何体添加、几何变换、真实感场景创建、VRML 虚拟漫游系统的设计等内容。

本书从基本概念入手，理论与实践相结合，内容系统、完整，可操作性强，对重点和难点算法给出了源程序，而且每章配有习题，便于读者复习和实践。本书中部分案例附配源代码与章后习题答案，读者可通过扫描下方的二维码进行下载。

扫码下载源代码　　扫码下载习题答案

本书由唐山师范学院贾浩梅主编。由于编者水平和能力有限，书中可能存在不足之处，衷心希望读者给予批评和指正。

编　者

目 录

第1章 绪论

教学提示： 计算机图形学是研究用计算机将数据转换为图形，并在专门显示设备上显示的原理、方法和技术的学科。本章将主要介绍计算机图形学的基本概念、计算机图形学的发展、计算机图形技术的应用、计算机图形系统等。

教学目标： 通过本章的学习，要求学生对计算机图形学有初步了解，并着重掌握计算机图形学的基本概念、计算机图形技术的主要应用领域以及计算机图形系统的组成等。

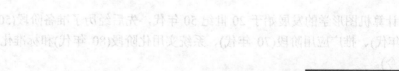

1.1 计算机图形学的研究内容

计算机图形学(Computer Graphics)是一门新兴学科。国际标准化组织(ISO)将其定义为：研究用计算机进行数据和图形之间相互转换的方法和技术。具体地讲，计算机图形学是研究用计算机将数据转换为图形，并在专门显示设备上显示的原理、方法和技术的学科。它是建立在传统图学理论、应用数学及计算机科学基础上的一门边缘学科。

计算机图形学的研究内容涉及用计算机对图形数据进行处理的硬件和软件两个方面的技术，主要是围绕着计算机图形信息的输入、表达、存储、显示、变换以及表示物体的图形的准确性、真实性和实时性的基础算法进行研究，大致可分为以下几类。

(1) 二维图形的数据结构及基本图形元素的生成，如用光栅图形显示器生成直线、圆弧、二次曲线、封闭边界内的图案填充等。

(2) 图形元素的几何变换，即对图形的平移、放大和缩小、旋转、镜像等操作。

(3) 自由曲线和曲面的插值、拟合、拼接、分解、过渡、光顺、整体和局部修改等。

(4) 三维几何造型技术，包括对基本体素的定义及输入，规则曲面与自由曲面的造型技术，以及它们之间的布尔运算方法的研究。

(5) 三维形体的实时显示，包括投影变换、窗口裁剪等。

(6) 真实感图形的生成算法，包括三维图形的消隐算法、光照模型的建立、阴影层次及彩色浓淡图的生成算法。

(7) 山、水、花、草、烟云等模糊景物的模拟生成和虚拟现实环境的生成及其控制算法等。

(8) 科学计算可视化和三维或高维数据场的可视化，包括将科学计算中大量难以理解的数据通过计算机图形显示出来，从而使人们加深对其数据处理过程的理解。例如，有限元分析的结果，应力场、磁场的分布，各种复杂的运动学和动力学问题的图形仿真等。

(9) 设计开发与实际应用相结合的计算机辅助设计应用系统。

计算机图形学具有广阔的发展前景，是一个多学科交叉的新兴学科，它不仅涉及与计算机相关的各个学科，而且涉及计算几何、工程制图、机械设计、光学、线性代数、工业造型等多门学科。

1.2 计算机图形学的发展简史

计算机图形学的发展始于 20 世纪 50 年代，先后经历了准备阶段(50 年代)、发展阶段(60 年代)、推广应用阶段(70 年代)、系统实用化阶段(80 年代)和标准化智能化阶段(90 年代至今)。

1. 准备阶段

计算机图形学的发展历史应追溯到 20 世纪 50 年代末期。当时的计算机主要用于科学计算，使用尚不普及，但已开始出现图形显示器、绘图仪和光笔等图形外部设备。同时，各种设计、计算和显示图形的软件开始开发，为计算机图形学的发展做好了硬件和软件的准备。1950 年，美国麻省理工学院旋风Ⅰ号(Whirlwind Ⅰ)计算机就配置了由计算机驱动的阴极射线管式的图形显示器，但不具备人机交互功能。50 年代末期，美国麻省理工学院林肯实验室研制的 SAGE 空中防御系统就已具有指挥和控制功能。这个系统能将雷达信号转换为显示器上的图形，操作者可以借用光笔指向屏幕上的目标图形来获得所需要的信息，这一功能的出现预示着交互式图形生成技术的诞生。

2. 发展阶段

1962 年，美国麻省理工学院的 I. E. 萨瑟兰德(I. E. Sutherland)在他的博士论文中提出了一个名为“Sketchpad”的人-机交互式图形系统，能在屏幕上进行图形设计和修改。他在论文中首次使用了“计算机图形学(Computer Graphics)”这个术语，证明了交互式计算机图形学是一个可行有用的研究领域，从而确定了计算机图形学作为一个崭新的学科分支的独立地位。他在论文中所提出的分层存储符号和图素的数据结构等概念和技术直至今日还在广泛应用。因此，I. E. 萨瑟兰德的“Sketchpad”系统被公认为对交互图形生成技术的发展奠定了基础。随后，美国通用汽车公司、贝尔电话公司和洛克希德飞机制造公司等开展了计算机图形学和计算机辅助设计的大规模研究，分别推出了 DAC-1 系统、Graphic-1 系统和 CADAM 系统，使计算机图形学进入了迅速发展的新时期。这一时期使用的图形显示器是随机扫描的显示器，它具有较高的分辨率和对比度，具有良好的动态性能。为了避免图形闪烁，它通常需要以 30 次/秒左右的频率不断刷新屏幕上的图形。为此需要一个刷新缓冲存储器来存放计算机产生的显示图形的数据和指令，还要有一个高速的处理器。由于这一时期使用的计算机图形硬件(大型计算机和图形显示器)是相当昂贵的，因而成为影响交互式图形生成技术进一步普及的主要原因。因此，只有上述这些大公司才能投入大量资金研制开发出只供本公司产品设计使用的实验性系统。

3. 推广应用阶段

进入 20 世纪 70 年代以后，由于集成电路技术的发展，计算机硬件性能不断提高，体积缩小，价格降低，特别是廉价的图形输入、输出设备及大容量磁盘等的出现，以小型计算机及超级小型机为基础的图形生成系统开始进入市场并形成主流。由于这种系统与大型计算机相比，价格相对便宜，维护使用也比较简单，因此，20 世纪 70 年代以来，计算机图形生成技术在计算机辅助设计、事务管理、过程控制等领域得到了比较广泛的应用，取得了较好的经济效益，出现了许多专门开发图形软件的公司及相应的商品化图形软件，如 Computer Vision Intergraph Colma Applicon 等公司推出了许多成套实用的商品化 CAD 系统，IBM 和波音公司应用 CAD/CAM 相结合技术取得了丰硕的成果，使得 CAD 成为工业设计部门不可缺少的工具和热门技术。

其中，基于电视技术的光栅扫描显示器的出现极大地推动了计算机图形学的发展。光栅扫描显示器将被显示的图像以点阵形式存储在刷新缓存中，由视频控制器将其读出并在屏幕上产生图像。光栅扫描显示器较随机扫描显示器有许多优点：一是规则而重复的扫描比随机扫描容易实现，因而价格便宜；二是可以显示用颜色或各种模式填充的图形，这对于生成三维物体的真实感图形是非常重要的；三是刷新过程与图形的复杂程度无关，只要基本的刷新频率足够高，就不会因为图形复杂而出现闪烁现象。由于光栅扫描显示器具有许多优点，因而直至今日仍然是图形显示的主要方式，工作站及微型计算机都采用这种光栅扫描显示器。

由于众多商品化软件的出现，在这一时期图形标准化问题也被提上议程。图形标准化要求图形软件内低层次的与设备有关的软件包转变为高层次的与设备无关的软件包。1974年，美国计算机学会成立了图形标准化委员会(ACM SIGGRAPH)，开始有关标准的制定和审批工作。1977 年该委员会提出了一个称为“核心图形系统 CGS”的规范。1979 年又公布了修改后的第二版，增加了包括光栅图形显示技术在内的许多其他功能，但仍作为进一步讨论的基础。

4．系统实用化阶段

进入 20 世纪 80 年代以后，工作站的出现极大地促进了计算机图形学的发展。与小型计算机相比，工作站在用于图形生成上具有显著的优点。首先，工作站是一个用户使用一台计算机，交互作用时，响应时间短；其次，工作站联网后可以共享资源，如大容量磁盘、高精度绘图仪等；最后，它便于逐步投资、逐步发展、使用寿命较长。因此，工作站已经取代小型计算机而成为图形生成的主要环境。80 年代后期，微型计算机的性能迅速提高，配以高分辨率显示器及窗口管理系统，并在网络环境下运行，使它成为计算机图形生成技术的重要环境。由于微机系统价格便宜，因而受到广泛的普及和推广，尤其是微型计算机上的图形软件和支持图形应用的操作系统及其应用程序(如 Windows、Office、AutoCAD、CorelDRAW、Freehand、3D Studio 等)的全面出现，使计算机图形技术的应用深度和广度得到了前所未有的发展。

5．标准化智能化阶段

进入 20 世纪 90 年代以后，计算机图形学的功能除了随着计算机图形设备的发展而提高外，其自身也朝着标准化、集成化和智能化的方向发展。一方面，国际标准化组织公布的有关计算机图形学方面的标准越来越多，且更加成熟。目前，由国际标准化组织发布的图形标准有计算机图形接口标准(Computer Graphics Interface，CGI)、计算机图形元文件标准(Computer Graphics Metafile，CGM)、图形核心系统(Graphics Kernel System，GKS)、三维图形核心系统(GKS-3D)和程序员层次交互式图形系统(Programmer's Hierarchical Interactive Graphics System，PHIGS)。另一方面，多媒体技术、人工智能及专家系统技术和计算机图形学相结合，使其应用效果越来越好，使用方法越来越容易，许多应用系统具有智能化的特点，如智能 CAD 系统。科学计算的可视化、虚拟现实环境的应用又向计算机图形学提出了许多更新、更高的要求，使得三维乃至高维计算机图形学在真实性和实时性方面有了飞速发展。

1.3　计算机图形技术的应用

由于计算机图形系统的硬件、软件性能日益提高，而价格却逐步降低，因此计算机图形生成技术的应用日益广泛，并已应用于工业、科技、教育、管理、商业、艺术、娱乐等许多行业。目前，其主要应用于以下领域。

1. 图形用户界面

软件的用户接口是人们使用计算机的第一观感。过去传统的软件中有 60%以上的程序是用来处理与用户接口有关的问题和功能的，因为用户接口的好坏直接影响着软件的质量和效率。如今在用户接口中广泛使用了图形用户界面(GUI)，如菜单、对话框、图标和工具栏等，大大提高了用户接口的直观性和友好性，也提高了相应软件的执行速度。

2. 计算机辅助设计与制造

计算机辅助设计(CAD)和计算机辅助制造(CAM)是计算机图形学最广泛、最活跃的应用领域，国际上已利用计算机图形学的基本原理和方法开发出 CAD/CAM 集成的商品化软件系统，广泛地应用于建筑设计、机械产品设计。大到飞机、汽车、船舶的外形设计，小到传感器的结构设计，同时对上述产品进行有限元分析、应力彩色云图输出、动态仿真和模具设计制造，在产品设计阶段即可对其关键部件进行结构分析和优化设计，并实现 CAD/CAM 一体化，从而缩短产品设计周期，节省原材料，提高产品设计质量。此外，计算机图形学还应用到集成电路、印制电路板、电子线路及网络分析上，其效益十分明显。在产品设计和制造方面，CAD/CAM 技术被广泛应用于电机、汽车、船舶、机电、轻工、服装的外形设计和制造。例如，美国波音公司，由于采用 CAD 技术，使波音 727 的设计提前两年完成；又如，美国通用汽车公司，利用 CAD 系统把产品设计、制造、模拟试验和检查测试结合起来，组成一体化集成系统，使汽车设计周期由 5 年缩短到 3～4 年。

一个复杂的大规模或超大规模集成电路板图根本不可能用手工设计和绘制，而用 CAD 进行设计可以在较短的时间内完成，并把结果直接送至后续工艺进行加工处理。为了降低工程造价、提高设计效率，在建筑、石油、冶金、地质、电力、铁路、公路、化工等工程设计中也广泛采用 CAD 技术。例如，在应用 CAD 进行建筑设计时，不仅可以进行总体的外观效果图设计，还可以完成结构设计、给排水设计、电器设计和装饰设计等，对密集的楼群地段也可以进行光照分析。

目前，CAD/CAM 集成化软件系统可实现创成式加工(Generative Machining)，在一个统一的环境中完成加工工艺计划、工具定义和 VC 编程任务。面向团队加工，基于 CAD/CAM 集成化软件提供的强大框架，可以设计和加工同步工程，可以在设计进行到一定阶段后开始加工工艺编程，保证零件的工艺性，缩短新产品的开发周期。创成式加工能够将成熟的加工工艺储存为加工规则和方法，并在同类加工中调用，从而实现标准化加工，实现三轴、五轴和多轴加工。标准化后的 CAD/CAM 集成化处理，极大地改变了机械制造行业的面貌，从而走向先进制造技术之路。

3. 事务和商务数据的图形展示

应用图形技术较多的领域之一是绘制事务和商务数据的各种二、三维图表，如直方图、柱形图、扇形图、折线图、工作进程图、仓库和生产的各种统计管理图表等，所有这些图表都用简明的方式提供形象化的数据和变化趋势，以增加对复杂对象的了解和对大量分散数据的规律分析，以便做出正确的决策。

4. 地形地貌和自然资源的图形显示

应用计算机图形生成技术产生高精度的地理图形或自然资源的图形是另一个重要的应

用领域，包括地理图、地形图、矿藏分布图、海洋地理图、气象气流图、植物分布图以及其他各类等值线、等位面图等。目前，建立在地理图形基础之上的地理信息管理系统(主要包括地理信息和地图)已经在许多国家得到广泛的应用。地理信息系统是当前信息社会中政府部门对资源和环境进行科学管理和快速决策时不可缺少的工具，可广泛应用于农林、地质、旅游、交通、测绘、城市规划、土地管理、环境保护、资源开发、灾害监测以及各种与地理空间有关的行业部门。

5. 过程控制及系统环境模拟

各种实时过程可以用计算机来实现实时过程的监控，准确地显示当前的运行状态。同时，可以对这些过程进行反馈控制，一旦有异常现象发生，系统可以采取各种相应的应急措施。例如，石油化工、金属冶炼、电网控制的有关人员可以根据设备关键部位的传感器送来的图像和数据，对设备运行过程进行有效监视和控制；机场的飞行控制人员和铁路的调度人员可通过计算机产生的运行状态信息来有效、迅速、准确地调度，调整空中交通和铁路运输。此外，大量的军事指挥系统等可采用计算机图形处理技术进行监视与控制。

6. 电子出版及办公自动化

图文并茂的电子排版、制版系统代替了传统的铅字排版，这是印刷史上的一次革命。随着图、声、文结合的多媒体技术的发展，配合迅速发展的计算机网络，可视电话、电视会议、远程诊断以及文字、图表等的编辑和硬复制正在家庭、办公室普及。伴随计算机和高清晰度电视结合的产品的推出，这种普及率将会越来越高，进而会改变传统的办公、家庭生活方式。

7. 计算机动画及广告

传统的动画片都是手工绘制的。由于动画放映一秒需要 24 幅画面，仅 10 分钟的动画就需要 $10\times60\times24=14400$ 幅画面，可见手工绘制的工作量是相当大的。由于计算机图形系统硬件速度的提高，软件功能也增强了，因而利用图形工作站和高档微机来制作计算机动画、广告甚至电视、电影已经相当普遍，其中有的影片还获得了奥斯卡奖。计算机制作动画只需画出关键帧画面，中间画面可自动插入，从而大大节省了时间，提高了动画制作的效率。目前，国内外不少单位正在研制人体模拟系统，这使得在不久的将来把历史上早已去世的著名影视明星重新搬上新的影视片成为可能。利用计算机制作的动画不仅广泛用于电影、电视等领域，而且可以模拟各种试验，如核反应、化学反应、汽车碰撞、地震破坏等，使这些试验既安全可靠，又节省开支。

8. 计算机艺术

计算机图形技术被广泛地应用于美术和商用艺术中。将计算机图形学与人工智能技术结合起来，可构造出丰富多彩的艺术图像，如各种图案、花纹、工艺外形设计及传统的油画、中国国画和书法等，这是近年来计算机图形学的又一个重要的应用领域。利用专家系统中设定的规则，可以构造出形状各异的美术图案。此外，还可以利用计算机图形学技术生成盆景和书法等。

9. 科学计算的可视化

随着科学技术的进步，人类面临越来越多的数据需要进行处理，这些数据来自高速计算机、人造地球卫星、地震勘探、计算机层析成像和核磁共振等途径。可视化(Visualization)就是在这种背景下发展起来的，它把数据转换成易于被人接受和理解的形式——图形。可视化技术是在计算机图形学的基础上发展起来的，今天它已经发展成研究用户界面、数据表示、处理算法、显示方式等一系列问题的一个综合性领域，成为人们分析自然现象、社会经济发展规律和态势，认识客观事物的本质及变化规律的得力助手。

根据所研究对象的领域不同，可视化可分为科学可视化(Scientific Visualization)、数据可视化(Data Visualization)和信息可视化(Information Visualization)。科学可视化就是应用计算机图形生成技术将科学及工程计算的中间结果或最后结果以及测量数据等在计算机屏幕上以图像形式显示出来，使人们能观察到用常规手段难以观察到的自然现象和规律，实现科学环境和工具的进一步现代化。科学可视化可广泛应用于计算流体力学、有限元分析、气象科学、天体物理、分子生物学、医学图像处理等领域。数据可视化比科学可视化具有更广泛的内涵，其不仅包含工程技术领域数据的可视化，还包含其他领域，如经济、商业、金融、证券中数据的可视化。信息可视化一般是指 Internet 上的超文本、目录、文件等抽象信息的可视化。上述可视化技术的应用已迅速发展到经济、商业、金融、医学、物理学、化学、地质学、显微摄像学、工业检测、航空航天和科学计算等诸多领域。

10. 工业模拟

这是一个十分巨大的应用领域，包含对各种机构的运动模拟和静、动态装配模拟，在产品和工程的设计、数控加工等领域迫切需要。它要求的技术主要是计算机图形学中的产品造型、干涉检测和三维形体的动态显示。

11. 计算机辅助教学

计算机图形技术已广泛应用于计算机辅助教学(Computer Aided Instruction，CAI)系统中，它可以使教学过程形象、直观、生动，极大地提高学生的学习兴趣和教学效果。由于个人计算机的普及，计算机辅助教学系统将深入家庭和幼儿教育。

计算机辅助教学还有许多其他应用领域。例如，农业上利用计算机对农作物的生长情况进行综合分析、比较时，就可以借助计算机图形生成技术来保存和再现不同种类和不同生长时期的植物形态，模拟植物的生长过程，从而合理地进行选种、播种、田间管理以及收获等。在轻纺行业，除了用计算机图形技术来设计花色外，服装行业还用它进行配料、排料、剪裁甚至三维的人体服装设计。在医学方面，可视化技术为准确的诊断和治疗提供了更为形象和直观的手段。近年来，利用计算机图形系统提供的人体三维模型，可供医学院学生进行人体解剖训练，既解决了实际人体解剖对象的短缺，又丰富了学生的解剖实践，学生可以在计算机上进行由皮肤表层到内部骨骼逐步深入的人体解剖动画实验。当然，目前这类软件还处在不断开发和逐渐走向成熟的阶段。在刑事侦破方面，计算机图形技术被用来根据所提供的线索和特征，再现当事人的图像及犯罪场景。CAI 在数学、物理、化学、机械等学科的应用也极为广泛，相信在较短的时间内将取得突破性的进展。

总之，交互式计算机图形学的应用极大地提高了人们理解数据、分析趋势、观察现实或想象形体的能力。随着个人计算机和工作站的发展以及各种图形软件的不断推出，计算机图形学的应用前景将会更加广阔。

1.4 计算机图形系统

计算机图形系统与一般的计算机系统是一样的，由硬件和软件两方面组成，硬件由主机和输入/输出设备组成，软件由系统软件和应用软件组成。本节主要介绍计算机图形系统的特别之处。

1.4.1 计算机图形系统概述

计算机图形系统与一般计算机系统相比，要求主机性能更高，速度更快，存储容量更大，外设种类更齐全。硬件系统除了包含计算机主机、图形显示器、鼠标器、键盘、打印机外，通常还包括数字化仪(图形输入板)、扫描仪、绘图仪等。软件系统除了包括操作系统、高级语言外，通常还包括图形软件，如图 1.1 所示。

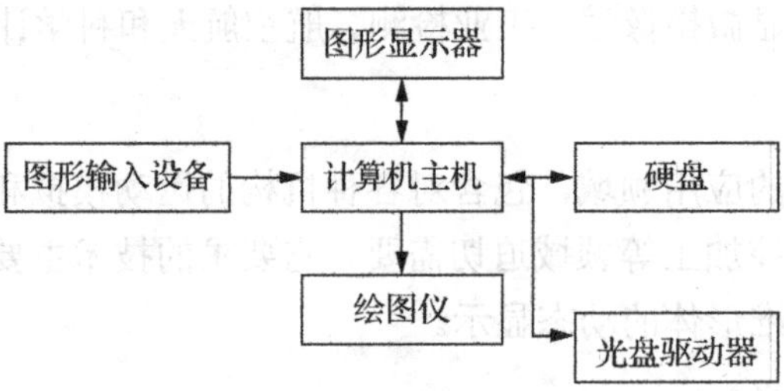

图 1.1 计算机图形系统

一个典型的计算机图形系统包括计算、存储、交互、输入和输出 5 个基本功能。

1. 计算功能

计算功能层包括形体设计、用于分析的方法程序库和有关描述形体的图形数据库。在图形数据库中应具有图形坐标变换(如变比例、平移、旋转、投影等)，曲线和曲面的形成，图形交点、交线、交面的计算，包含性检验等功能。

2. 存储功能

在计算机的内存、外存中能存放各种数据，尤其是图形数据及图形数据间的相互关系。可根据用户的要求实现有关信息的实时检索，以及图形的变更、增加、删除等各种图形数据编辑处理工作。

3. 交互功能

交互功能是通过图形显示器直接进行人-机对话的功能。用户通过显示器观察设计的结果，用光笔或图形输入板等图形输入设备对不满意的部分进行修改。除了图形对话的功能外，还可以由系统追溯到以前的工作步骤，跟踪检索出出错的地方，可对用户的操作错误给予必要的提示和跟踪。

4. 输入功能

输入功能允许用户把设计过程中图形的形状、尺寸和必要的数据及操作命令等输入计算机中。

5. 输出功能

为了长期保存计算结果或显示需要的图形、信息等，需要有输出功能。输出功能包括显示输出和硬拷贝输出两方面功能。显示输出主要是将图形的设计结果或先前已经设计好的图形在显示终端显示出来，供用户审阅或修改。硬拷贝输出是为了将那些需要长期保存或需要以印刷形式下载的图形或将非图形信息以图形、图像和非图形文件打印输出。

计算机图形系统的基本功能如图 1.2 所示。这 5 种功能是一个图形系统所应具备的最基本的功能。

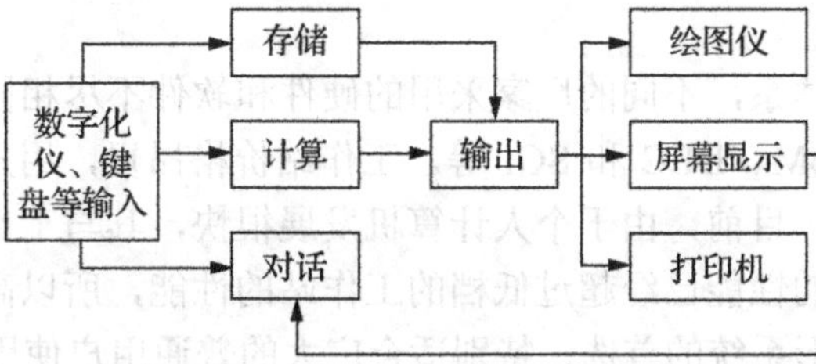

图 1.2 图形系统的基本功能

计算机图形系统与一般计算机系统的主要区别有以下几点。

(1) 图形运算要求 CPU 有强大的浮点运算能力，而一般计算机系统的应用仅侧重于整数运算，浮点运算较少，对 CPU 的浮点运算能力要求较低。

(2) 图形显示要求有功能强大的显示能力，包括要配备专业图形加速卡和大屏幕显示器。而一般计算机系统的应用主要侧重于字符显示，不需要专业图形加速卡和大屏幕显示器。图形加速卡目前发展很快，3D 显示卡已发展了四代，并已发展成为可与 CPU 相提并论的图形处理器(GPU)，如 nVIDIA 公司的 GeForce 256 显示芯片。GPU 的出现使 CPU 的负担大大减轻，显示速度和质量明显提高。

(3) 输入设备除了常用的键盘和鼠标之外，一般还要配备数字化仪和扫描仪。数字化仪主要用于线条图形的输入，扫描仪主要用于面状图像的输入。目前，扫描仪的发展很快，功能更全面，配合某些矢量化软件，也可把线条图形扫描后自动识别输入计算机，大大提高了工作效率，有取代数字化仪之势。

(4) 输出设备除了针式打印机和激光打印机外，一般还要有面向图像的彩色打印机和面向线条的笔式绘图仪。彩色打印机一般可分为低档的彩色喷墨打印机、中档的热蜡式打印机和高档的热升华打印机。目前，由于喷墨打印机技术不断进步，价格便宜，而笔式绘图仪不易使用，容易损坏，热蜡式打印机和热升华打印机又过于昂贵，所以性能优良的彩色喷墨打印机逐渐成为图形输出设备的主流产品和用户的首选设备。它既能打印文字(质量比针式打印机好，但比激光打印机差)，又能打印线条和图像。打印的线条比笔式绘图仪略差，但质量可以达到满意的程度，线条笔直，看不出锯齿状；打印的图像质量与所用纸张的质量有关，好的纸可打印出照片级质量，与中高档打印机差距不大；差的纸打印效果较差，与中高档打印机差距很大。但中高档打印机也要求纸的质量要好。

计算机图形系统可分为 4 类：以大型机为基础的图形系统，以中型或小型机为基础的图形系统，以工作站为基础的图形系统和以微型计算机为基础的图形系统。其中后两类系统是最常用的，特别是以微型计算机为基础的图形系统具有投资小，见效快，操作简单，应用面广，发展迅速，硬件设备更新快，能迅速满足各种用户的需要等特点，因而受到各种用户的普遍欢迎。尽管以微型计算机为基础的图形系统在图形处理速度和存储空间方面都有一定的局限性，但随着微型计算机技术的飞速发展，微型计算机的功能得到大大提高，在相当部分的功能上可取代 CAD 工作站，价格却呈下降趋势。另外，还可以利用网络技术实现软硬件资源共享，从而部分地弥补它的不足。

个人计算机采用开放式体系，CPU 以 Intel、AMD 和 Cyrix 公司的产品为主，操作系统以 Microsoft 公司的 DOS 和 Windows 为主，厂商以 Compaq、IBM、Dell、Acer 和联想公司为主，价格便宜，用户很多。其处理系统包括计算、存储、交互、输入、输出 5 个基本功能。

工作站采用封闭式体系，不同的厂家采用的硬件和软件不尽相同，不能相互兼容。主要厂家有 SUN、HP、IBM、DEC 和 SGI 等。工作站价格昂贵，用户较少，一般都是专业公司或专业人员才拥有。目前，由于个人计算机发展很快，其与工作站的性能差别逐步缩小，高档的个人计算机的性能已经超过低档的工作站的性能，所以高档的个人计算机图形系统逐步成为计算机图形系统的首选，特别适合广大的普通用户使用。

硬件系统包括计算机主机、图形显示器、鼠标器、键盘、数字化仪(图形输入板)、扫描仪、绘图仪、打印机等。软件系统包括系统软件和应用软件。操作这个系统的人也是系统的组成部分。在整个系统运行的过程中，人始终处于主导地位。

1.4.2 常用的图形输入设备

图形系统配置有许多图形输入设备，用以输入数据或操作命令。常用的输入设备有键盘、鼠标器、数字化仪(图形输入板)、图形扫描仪、数码相机、光笔等。

1. 键盘

图形输入设备的键盘与电传打字机、微机键盘相似。除了通常所用的以 ASCII 编码的键外，还有一些功能键和命令控制键，用以在进行图形操作时完成某一特定功能，如指定图形几何变换方式等。

2. 鼠标器

鼠标器是一种控制显示屏幕上光标移动的小型手控设备。从它问世到现在已经由最初的一个粗劣的带一个按钮的木制品发展成为一个复杂而精巧的输入设备，它的作用已和键盘同样重要。鼠标器有机械式和光电式两种。机械式鼠标器用底面附带的小球在桌面上滚动来移动光标。光电式鼠标器则通过光点在特制的反射板上移动而使光标移动。鼠标器的按钮一般为两个(或三个)，最左边的为“拾取”按钮，其余的按钮可由用户定义。

3. 数字化仪

数字化仪是专门用来读取图形信息的计算机输入设备，有二维的和三维的两种。小型的数字化仪也称图形输入板。

数字化仪一般由两部分组成，如图 1.3 所示。第一部分是感应板，第二部分是点设备，又叫传送器或游标。感应板是数字化仪最重要的部分，当点设备在上面移动时，就得到相应的电信号。点设备有 4 键定标器、16 键定标器和接触开关笔等。这些点设备的使用方法很简单，当用户把图纸放在感应板的有效面积上，要将图形输入计算机时，只要将定标器的十字线对准要输入的点，然后按一下键，就可将坐标输入计算机中。连续地移动游标，就可完成图形上一系列点坐标的输入。这种功能称为定位功能。除此以外，数字化仪还具有拾取、选择、画笔等功能。

图 1.3　数字化仪

4. 图形扫描仪

图形扫描仪是直接把图形[如工程图纸和图像(如照片)]扫描输入计算机中，以像素信息进行存储显示的设备，其广泛应用于文字识别、排版、图纸自动录入领域。按所支持的颜色分类，可分为单色扫描仪和彩色扫描仪。按扫描宽度和操作方式可分为大型扫描仪、台式扫描仪和手动式扫描仪。扫描仪最重要的参数是光学精度，即扫描精度(分辨率)。其次是反映单色和彩色深度值的 bit(位)数。

手动式扫描仪价格低廉，但定位精度较差。台式扫描仪应用最广泛，其扫描范围一般为 A4 或 A3 幅面，扫描分辨率为 300～1200DPI(Dots Per Inch，每英寸点数)，可以生成二值图像、4 位或 8 位灰度图像，彩色扫描仪可生成 24 位(1677 万种)或 36 位(687 亿种)RGB 真彩色图像。台式扫描仪多为彩色，而且价格也越来越便宜。大型扫描仪(见图 1.4)可输入最大幅面达 A0 的工程图纸，并且具有和台式扫描仪几乎同样的扫描精度，但价格昂贵。扫描仪的驱动软件可生成 BMP(Windows 位图文件)、PCX(PC 图片文件)、TGA(Targa 影像文件)、TIF(TIF 影像文件)等十几种标准格式的图像文件。

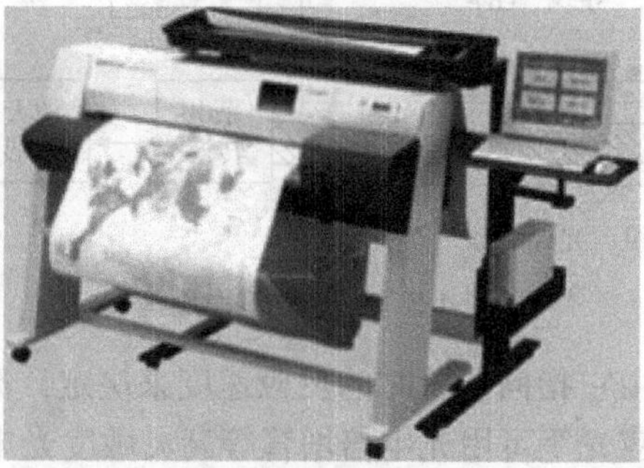

图 1.4　扫描仪

5. 数码相机

数码相机是专门用来获取数字化图像的照相机。数码相机虽然从外观上看很像一架普通的光学相机，也有机身、镜头和闪光灯等部件，但数码相机与光学相机的内部结构大不相同。数码相机利用电耦合器件成像，图像存储在半导体器件上。

数码相机作为计算机的输入设备，将存储在半导体器件上的图像输入计算机中，并利用相应的软件(如 Photoshop)进行编辑处理，然后用彩色打印机打印输出，生成彩色“照片”。数码相机的图像用软盘、硬盘或光盘保存，而且它的图像存储介质可以反复使用。

最早的数码相机摄入的图像是存储在一个特殊的内存中。内存的容量限制了存储照片的数量，特别是存储高分辨率图像时，对内存空间的要求就更大。而内存是无法随时扩充和更换的，当内存已经被占满后，就必须将图像输入计算机或将它们删除，这对外出拍照者来说，很不方便。为解决这个问题，目前数码相机一般使用存储卡来存储图像。使用存储卡存储图像时，可以随时更换、插拔，而且存储容量大。

扫描仪和数码相机是计算机的一类特殊的输入设备，它们所输入的是对象的图像，即将对象的颜色或浓淡量化成点阵的形式。例如，输入一张工程图纸，图纸上的图线变成了描绘这条图线的点集，而不再是定义该图线时的矢量。如果要修改图纸，点阵形式的数据使用起来就不方便了，必须将它们矢量化，还原成矢量形式的图线，再进行修改。

6. 光笔

光笔可以作为一种选项设备。如果用它指向屏幕上的一项，它就能从由程序定义的这一项里得到信息。光笔的两个主要部件是光电管和一个能把光笔选择范围内的所有光聚在上面的光学系统。光笔的外壳像支笔，人们可握住它并指向屏幕。在这个笔壳里还要有一个手动开关或一个允许光达到光电管的光闸。光电管的输出被放大，然后送到检测器里面。当光笔指向一个足够亮的光源时，检测器被置位。

光笔还可以作为定位设备，即用光笔输入一个位置的坐标值。用光笔定位时，屏幕上没有显示对象，这时必须提供另一种光源给光笔用于采光，这个光源就是发自光笔的光标。

因此，光笔有针对屏幕上已显示图像的采光系统和一个针对光笔本身所产生的光标的采光系统，这两个系统采的光分别控制不同的逻辑部件工作。光标的形式应是有一个对称中心的任一方便的形状，通常采用“+”号、“米”字、“回”字等。图 1.5 所示是光笔的工作原理。

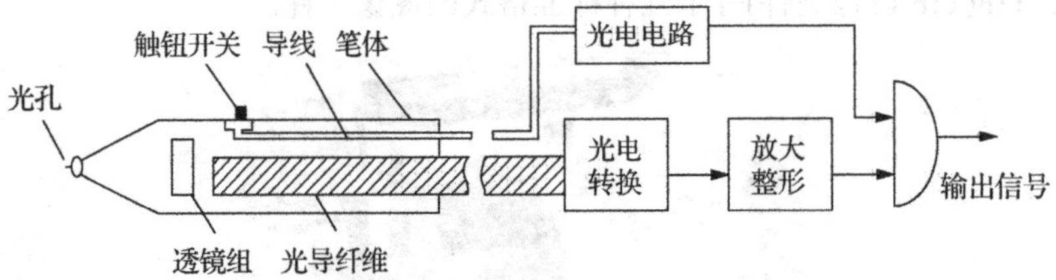

图 1.5　光笔的工作原理

光笔的性能指标主要由它指向屏幕时的反应速度来决定。高速显示器就要求光笔有特别高的响应速度。快速响应光笔可用光电倍增管等高灵敏度光电管制造。

光笔的缺点是：如果屏幕调整不合适，可能检测到假目标，而检测不到预想的物体。

另外，由于用户每次都要把光笔拿起来，再指向屏幕，然后放下，这会使用户感到很疲乏。

现在，越来越多的系统都采用图形输入板或鼠标器来模拟光笔的选项功能，光笔的使用正在逐步减少。

1.4.3 常用的图形输出设备

常用的图形输出设备一般可分为两大类：一类是用于交互的图形显示器；另一类是输出永久性图形的绘图设备。

1. 图形显示器

图形显示器是计算机图形系统中必不可少的一种图形输出设备。虽然已有各种各样的图形显示装置和许多新的显示技术及显示设备出现，但目前占统治地位的仍然是 CRT(阴极射线管)。

阴极射线管是利用电子在偏转系统的控制之下轰击屏幕表面的荧光粉，致使荧光粉发光而产生可见图形。图 1.6 给出了 CRT 结构。

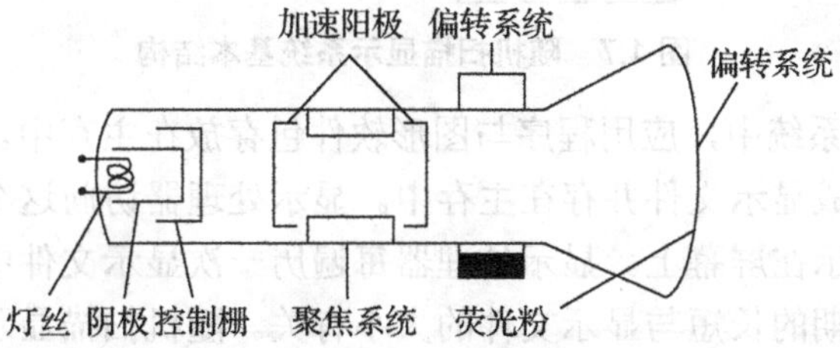

图 1.6 CRT 的结构

其工作过程为：电子枪发出高速电子，聚焦成电子束，经偏转部件做偏转后打在荧光屏的某一预定位置上，当 *x*、*y* 方向的偏转系统所加电压为变量时，即可控制电子束在屏幕上来回运动。CRT 显示器具有分辨率好、可靠性高、速度快和成本低等优点。

CRT 显示器的主要性能指标有两个：一个是分辨率，另一个是显示速度。

(1) 分辨率(Resolution)是指在 CRT 显示器屏幕单位面积上所能够显示的最大光点数，称作物理分辨率(Physical Resolution)。当然，所能显示的光点数越多，每个光点的面积就越小，描绘图形的精细程度就越高，它的分辨率就越高。当前，人们往往把整个屏幕上的光点数看作是分辨率，称作逻辑分辨率(Logical Resolution)。例如，称某个显示器的分辨率为 1024 像素×1024 像素，这种度量并不够严密，因为具有相同分辨率(如 1024 像素×1024 像素)的显示器可具有不同的屏幕尺寸，而大屏幕的光点面积当然就大，其显示图形的精细程度就差。还有一个衡量显示器显示图形精细程度的指标就是点间距，即两个相邻光点中心的距离。这个距离越小，就说明光点面积越小，分辨率越高。目前，常用显示器的点间距为 0.25～0.35mm。

(2) 显示速度是指 CRT 显示器每秒可显示矢量线段的条数。显示速度与它的偏转系统的速度、矢量发生器的速度和计算机发送显示命令的速度等有关。如果 CRT 显示器的偏转系统为偏转电场式的，其满屏偏转只需 3μs，但它的结构复杂，成本也较低，因而目前应用得较为普遍。

根据 CRT 显示器的工作方式，可将其分为 3 类：随机扫描存储管方式、随机扫描刷新方式和光栅扫描方式。前两类虽具有分辨率高、画线速度快且质量好等优点，但由于其难以生成具有多级灰度或颜色、色调连续变化的具有真实感的图形，而且价格昂贵，所以一直未能普及。而光栅扫描图形显示器却以能生成具有高度逼真感的图形和低廉的价格后来者居上，成为显示器市场的主流。目前，光栅扫描图形显示器已成为个人计算机、工程工作站等各种类型计算机所普遍使用的一种最重要的信息显示设备。

1) 随机扫描显示系统

随机扫描显示系统的基本结构如图 1.7 所示。其中的显示处理器(Display Processor)承担图形的刷新操作。

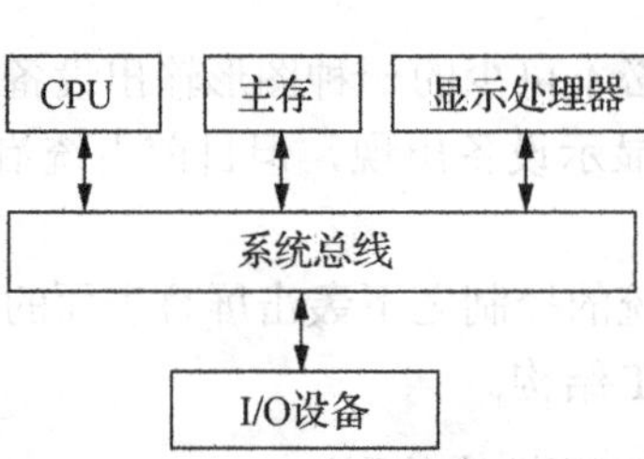

图 1.7　随机扫描显示系统基本结构

在图 1.7 所示的系统中，应用程序与图形软件包存放在主存中。应用程序中的图形命令由图形软件包翻译成显示文件并存在主存中。显示处理器访问这个显示文件，以将该图形文件描绘的图形显示在屏幕上。显示处理器每遍历一次显示文件中的所有命令就完成一个刷新周期，刷新周期的长短与显示文件的大小有关。随机扫描显示系统中的显示处理器有时还称作显示处理部件(Display Processing Unit)或图形控制器(Graphics Controller)。

在随机扫描显示系统中，电子束是按图形生成的轨迹产生偏转的。线段是由两个端点定义的，一个是起点(x_1, y_1)，另一个是终点(x_2, y_2)。电子束从起点坐标移动到终点坐标，一条直线段就画成了。电子束的偏转过程受水平偏转电压和垂直偏转电压的控制。而水平偏转电压和垂直偏转电压与Δx 和Δy 成正比，其中：

$$\Delta x = x_2 - x_1$$

$$\Delta y = y_2 - y_1$$

这种显示器的工作原理如图 1.8 所示。计算机把显示文件放到指令寄存器中，显示图形时，从指令寄存器中取出指令，包括画线、画圆等作图指令和方式指令，送到显示控制器和运算器中，由显示控制器控制电子束偏转和电子束的强弱，由运算器得到的 x、y 的坐标放入 x、y 坐标寄存器，然后通过数/模转换器把数字信号变成模拟电压信号，产生图形，共同控制 CRT 显示器的工作，可轰击荧光屏上的荧光粉，从而出现一条发亮的图形轨迹。这种显示器具有高度的动态性能、较高的分辨率、明显的对比度、线条质量好和易于修改等优点。

但由于这种显示器需要至少 30 次/秒的重复扫描，所以画线的长度受到限制。一旦线段过长，图形将发生闪烁。

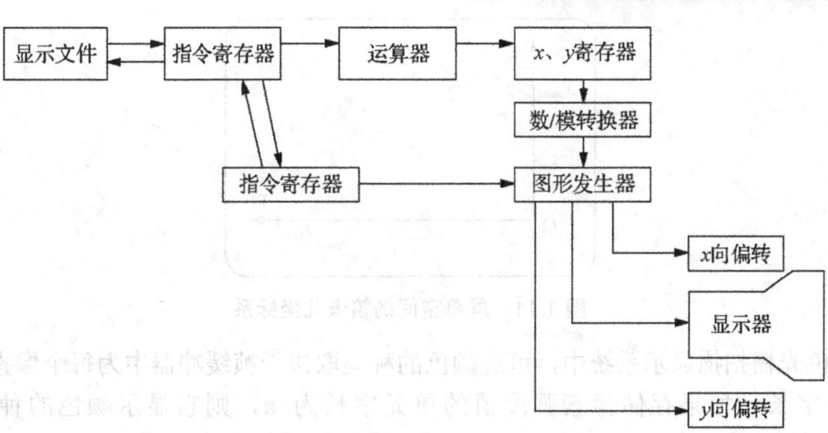

图 1.8　随机扫描显示器的工作原理

2)　光栅扫描显示系统

一个交互式光栅扫描显示系统的系统结构如图 1.9 所示。它由 CPU、主存储器、帧缓冲器、视频控制器和显示器构成，并通过系统总线连接。

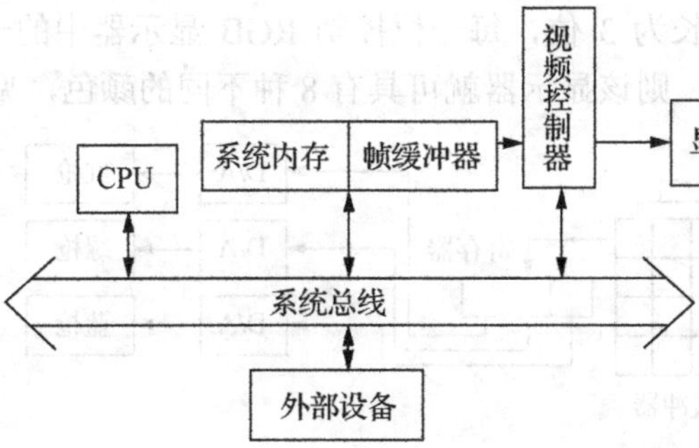

图 1.9　光栅扫描显示系统

(1)　帧缓冲器。帧缓冲器可以是主存储器中划分出的一个固定区域，也可以是一个独立的随机存取存储器。它的主要功能是为显示装置提供刷新信息。

帧缓冲器中的存储单元与显示屏幕上的像素一一对应，单元中存有与之对应像素的强度值，如图 1.10 所示。屏幕上的像素位置定义在笛卡儿坐标系中，通常将坐标原点定义在屏幕的左下角，屏幕表面处于该二维系统的第一象限，如图 1.11 所示。

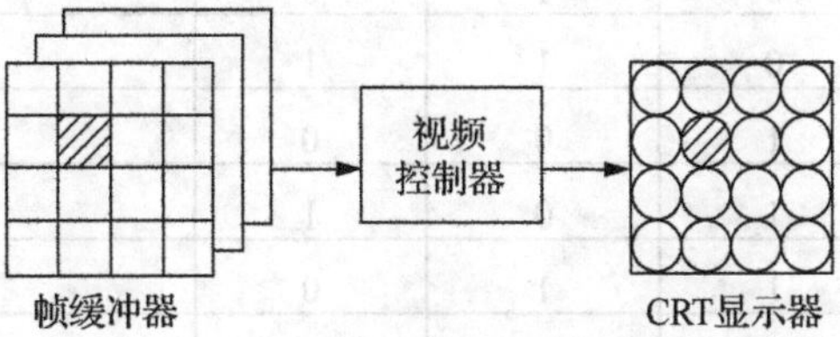

图 1.10　帧缓冲器中存储单元与像素的对应关系

①　像素的颜色和灰度等级。光栅扫描显示系统根据系统的设计要求，可以为用户提供多种颜色和亮度等级的选择，它们用从 0 到某一正整数之间的数值编码。对于 CRT 显示器，这些颜色编码被转换成电子束的强度值，而对于彩色打印机，它们将控制墨水的颜色或碳粉的颜色。

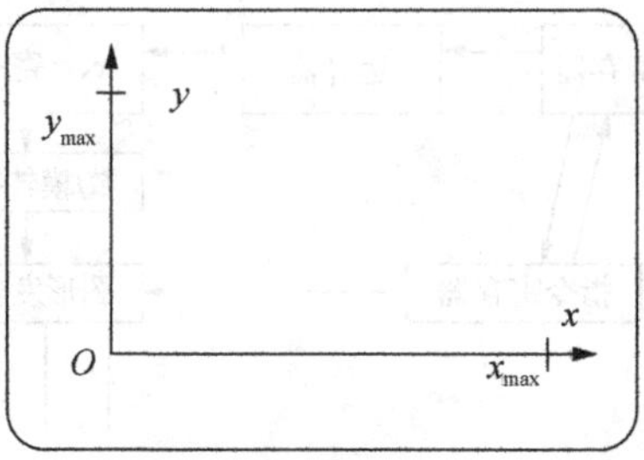

图 1.11　屏幕空间的笛卡儿坐标系

在彩色光栅扫描显示系统中，可选颜色的种类取决于帧缓冲器中为每个像素所对应存储单元的字长。如果存储像素强度值的单元字长为 n，则它显示颜色的种类可达到 $2n$ 种。

颜色信息可以两种方式存放在帧缓冲器中，一种是将颜色编码直接存放于帧缓冲器中，另一种方式是采用查色表法，将颜色编码存放于查色表中，而帧缓冲器中存放的则是查色表的入门地址。

如果采用直接存储方式，帧缓冲器中相应的各个单元中存入的就是该像素的颜色二进制编码。如果每个单元的字长为 3 位，每一位控制 RGB 显示器中的一支电子枪的亮度等级(开或关)，如图 1.12 所示，则该显示器就可具有 8 种不同的颜色，见表 1.1。

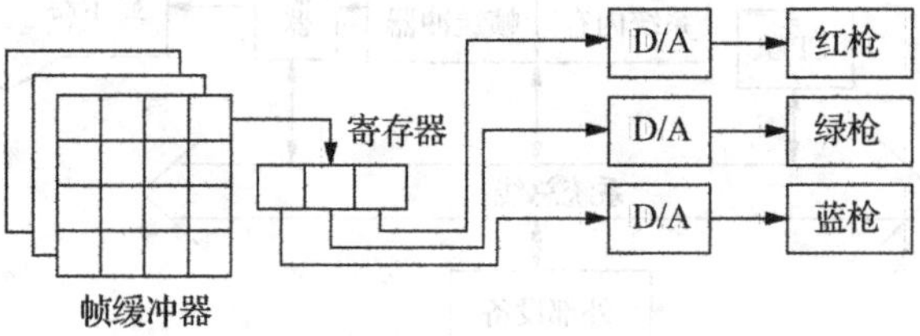

图 1.12　帧存储字长为 3 位的彩色显示系统

表 1.1　3 位字长的 8 种颜色编码

颜色编码	红	绿	蓝	像素显示的颜色
0	0	0	0	黑
1	0	0	1	蓝
2	0	1	0	绿
3	0	1	1	青
4	1	0	0	红
5	1	0	1	品红
6	1	1	0	黄
7	1	1	1	白

如果采用查色表(Lookup Table)方式，它的结构(只画出 3 支电子枪中的一支，其余两支亦相同)如图 1.13 所示。

图 1.13 中只给出了该体系结构的一部分(红电子枪)，控制绿电子枪和蓝电子枪的两部分与红电子枪部分的结构相似。在这个体系结构中，假设控制红、绿、蓝 3 支电子枪强度

的编码均为 n(帧缓冲器的字长为 $3n$)，则各个查色表的长度 $L=2^n$，即对于每一个帧缓冲器单元中的二进制编码，都有一个查色表的入口地址与之对应，即都可在查色表中找到相应的颜色编码。查色表的宽度 m 应大于 n。从该系统的结构可以看出，查色表的加入并没有真正扩大到可同时显示颜色的种类，但是它却为用户提供了一个更大的选择，可同时显示颜色的范围。以图 1.13 为例，该系统允许用户从 2^{3m} 种颜色中选出 2^{3n} 种作为同时显示的颜色。

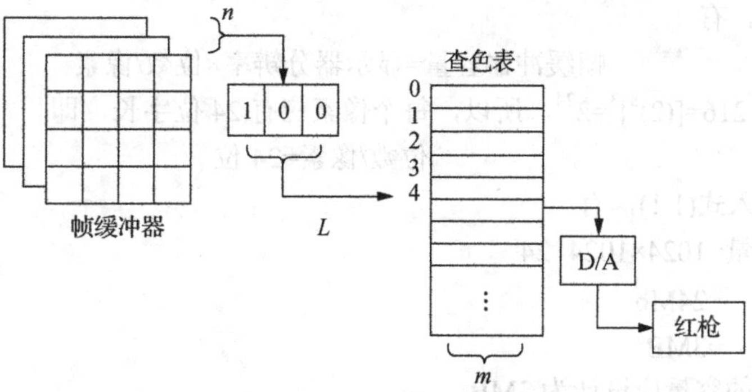

图 1.13　带查色表的像素颜色值存储结构(局部)

由于查色表的内容由用户随时改变，从而使用户能够方便地试验和确定更适合于显示对象的颜色组合，而不必去修改图形文件中原有的数据。同时，在科学可视化和图像处理技术中，查色表是通过设置阈值从而使像素分类或分色的有用工具。可见，查色表的引入虽然没有增加同时可显示颜色的种类，但它却扩大了可选择颜色的范围，为用户确定优化的颜色组合带来了方便。

单色的 CRT 显示器虽然没有表示图形对象颜色的能力，但仍可以控制电子束的强度，使像素产生不同的浓淡效果，称作灰度等级(Gray Scale 或者 Gray Level)。对于字长为 2 的单色帧缓冲器，其灰度等级的编码就有 4 种，即具有 4 级灰度，见表 1.2。如果字长为 n，则其灰度等级为 2^n 种。

表 1.2　具有 4 级灰度的编码

帧缓冲器中的编码	显示的灰度
00	黑
01	暗灰
10	亮灰
11	白

显而易见，帧缓冲器的字长越长，其像素的灰度等级就越高，所表现图形对象的层次感就越强。

② 帧缓冲器容量的计算。光栅扫描显示系统帧缓冲器的容量设计与显示器分辨率和可显示的种类有关。帧缓冲器的容量可表示为如下形式：

$$帧缓冲器容量(位)=显示器分辨率\times位数/像素 \tag{1.1}$$

或

$$帧缓冲器容量(位)=显示器像素个数×位数/像素 \tag{1.2}$$

需要说明的是，由于帧缓冲器的寻址系统地址数必须是 2 的整数次幂，在计算帧缓冲器容量时，也必须满足帧缓冲器的地址精度 P 大于或等于分辨率 R，否则，这个设计会出现不受控制的像素。

例如，某彩色 CRT 光栅扫描系统可显示 16 777 216 种颜色，其显示器的分辨率为 1024 像素×1024 像素，那么该系统帧缓冲器的容量应做以下设计。

根据式(1.1)，有

$$帧缓冲器容量=显示器分辨率×位数/像素$$

由于 $16\,777\,216=[(2)^8]^3=2^{24}$，所以，每个像素应有 24 位字长，即

$$位数/像素=24 位 \tag{1.3}$$

将式(1.3)代入式(1.1)，有

帧缓冲器容量=1024×1024×24

=24Mb

=3MB

该帧缓冲器的容量应设计为 3MB。

假如该显示器的分辨率为 640 像素×480 像素，则帧缓冲器的容量应做以下计算。

根据设计规则，地址精度 P 应大于或等于 R，且帧存地址数应取 3 的整数次幂，有 $2^{10}>640$，$2^9>480$，且

帧缓冲器容量=$2^{10}×2^9×24$

=$2^{19}×24$

=0.5Mb×24

=12Mb

=1.5MB

该帧缓冲器的容量应设计成 1.5MB。

③ 光栅寻址。在光栅扫描显示系统中，屏幕上的每一个像素都有一个帧缓冲器的单元与之对应，存放其强度值(颜色编码或灰度编码)。屏幕上的像素位置定义在一个笛卡儿坐标系的二维空间中，而帧缓冲器中的存储单元是一维编址。只有找出像素二维编址与帧存储单元一维编址间的映射关系，才能将像素位置(x, y)与帧缓冲器单元地址建立唯一的对应关系，实现对帧缓冲器的存取操作。

如果屏幕的极限坐标为 x_{max}、x_{min}、y_{max} 和 y_{min}，如图 1.14 所示，帧缓冲器在主存中的起始地址为基地址(与主存共享一个存储器)，像素坐标值为(x, y)，则有

$$帧缓冲器地址=(x_{max}-x_{min}+1)×(y-y_{min})+(x-x_{min})+基地址 \tag{1.4}$$

在图 1.14 中，$x_{max}=14$，$x_{min}=-3$，$y_{max}=10$，$y_{min}=-2$。屏幕中的像素坐标值为 $x=5$，$y=-5$，基地址为 100。根据式(1.4)，可得

帧缓冲器地址=$(x_{max}-x_{min}+1)×(y-y_{min})+(x-x_{min})$+基地址

=$[14-(-3)+1]×[5-(-2)]+[5-(-3)]+100$

=$18×7+8+100$

=234

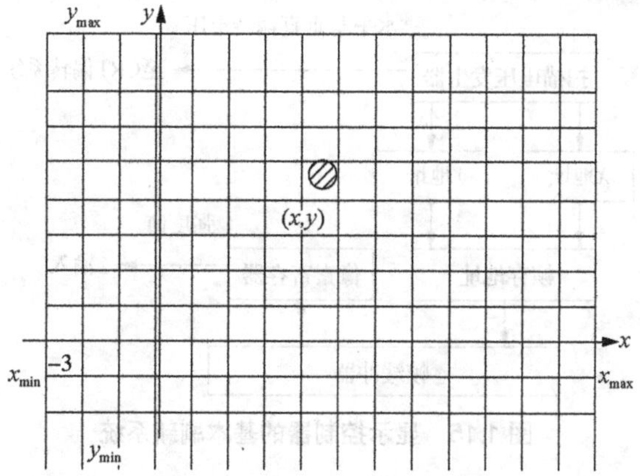

图 1.14　光栅寻址的屏幕坐标

假设屏幕坐标的原点位于屏幕左下角的第一个像素位置，则式(1.4)可简化为

$$帧缓冲器地址 = (x_{max}+1) \times y+x+基地址 \tag{1.5}$$

为将屏幕上(x, y)位置的像素指定的强度值装入帧缓冲器相关单元，需调用以下函数：

SetPixel(*x*, *y*, Intensity)

其中，*x*、*y* 为该像素在屏幕坐标中的位置。Intensity 为所要存入帧缓冲器的强度值。

为从帧缓冲器中提取某个像素(x, y)的强度值(颜色编码或灰度编码)送去显示，需调用以下函数：

GetPixel(*x*, *y*)

④ 双缓冲技术。在一些高性能的光栅扫描显示系统中，为了解决不停顿地刷新和对图形修改或动态画面显示的矛盾，常常设置两个帧缓冲器，一个作为刷新缓冲器连在显示循环中，为显示器不间断地提供刷新信息，而另一个供动态画面显示或修改图形的新强度值的填充。这两个帧缓冲器交替工作，当修改完毕后，或一幅新画面装填完毕，则将该帧缓冲器切换成刷新帧缓冲器，再对另一个帧缓冲器存放的画面进行修改或装填。设有两个交替工作的帧缓冲器的方法被称作双缓冲(Double Buffering)技术。双帧缓冲器交替工作的控制是由显示控制器来实现的。

(2) 显示控制器。显示控制器(Display Controller)位于帧缓冲器和 CRT 显示器之间，主要功能是执行刷新操作。在它的控制下，电子束依次从左到右扫过每一排像素，称作一条扫描线(Scan Line)。当依次从上至下扫完屏幕上的所有扫描线后，就形成一帧(Frame)图形。

在这个系统中，扫描电压发生器按确定周期产生线性电压(锯齿波)，分别控制其水平和垂直扫描操作。扫描电压发生器还同步地给出所扫描到像素的坐标位置，该坐标值以帧存地址方式到帧缓冲器中取出该单元的像素强度值，以控制电子束在该像素位置的强度。

显示控制器的基本刷新系统如图 1.15 所示。

除了基本的刷新操作之外，显示控制器还具有另外一些功能。

① 在双帧缓冲器显示系统中，控制帧缓冲器的交替工作。

② 完成将帧缓冲器输出的像素强度值(数字量)转换成控制电压(模拟量)的任务。

③ 实现帧缓冲器操作与 CRT 显示器间速度上的缓冲。

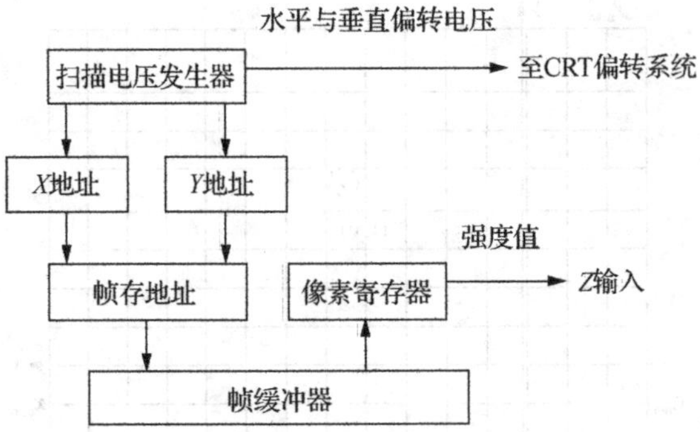

图 1.15　显示控制器的基本刷新系统

④ 配有字符库，提供字符显示功能。

⑤ 控制与使用查色表的功能，以方便用户快速改变像素的强度值。

⑥ 实现对屏幕上的图形进行缩放、旋转和平移等的基本变换功能。

还有的显示控制器被设计成具有从电视摄像机、数码相机或其他输入设备中接收图像并与帧缓冲器中所存图形进行混合编辑的功能。

(3) 显示处理器(Display Processor)。一些高性能的光栅扫描显示系统还具有一个专用的显示处理器，有时称之为图形控制器(Graphics Controller)或显示协处理器(Display Coprocessor)，如图 1.16 所示。显示处理器的功能是执行对图形的相关处理，以使 CPU 从繁杂的图形处理操作中解脱出来。在这个系统中，还为显示处理器配有专用的显示处理器存储器。

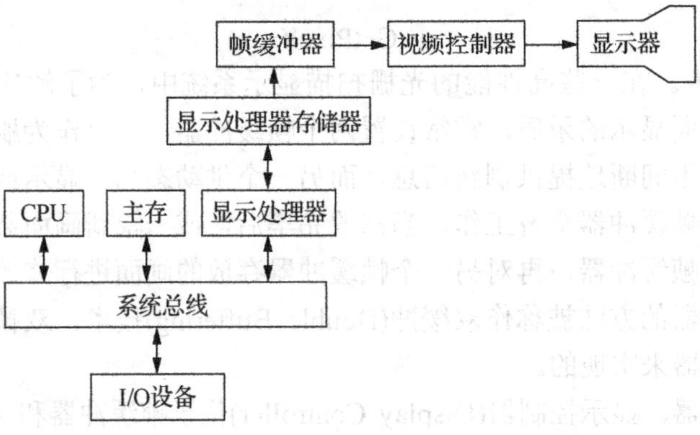

图 1.16　带显示处理器的光栅扫描显示系统

显示处理器的主要任务是将应用程序中所定义的图形文件量化为图像的强度值，存放在帧缓冲器中，这个量化的过程称作扫描转换(Scan Conversion)。经过量化(Digitizing)处理，应用程序中给定的直线段或其他的几何对象的图形命令被转换成一组离散的强度值。在不带显示处理器的系统中，这个扫描转换过程就要由 CPU 来承担，占用许多 CPU 的处理时间。

显示处理器还设计有另外一些功能，包括生成各种线形(实线、虚线和点画线等)，实现区域显示、图形的变换与编辑等。显示处理器还常备有与图形交互设备的接口。

3) 光栅扫描显示系统与随机扫描显示系统的比较

光栅扫描显示系统与随机扫描显示系统由于其扫描方式上的差异而使两个系统的数据方式、显示方式及其用途等均有较大的差异。表 1.3 给出了这两个系统主要特性的比较。

随机扫描显示系统中的显示文件只包含描绘直线段或字符的几何信息(矢量)，而光栅扫描系统的帧缓冲器中则包含显示屏幕上的所有像素信息，包含其前景和背景的全部信息。所以光栅扫描显示系统可以描述具有真实感的图形对象和场景，而随机扫描显示系统却不能。为了节省存储空间和便于对图形的修改、编辑，光栅图形文件也往往以其几何描述的方式存储，当需要以光栅形式显示时，再通过扫描转换将几何描述转变为像素阵列。

表 1.3 光栅扫描显示系统与随机扫描显示系统主要特性的比较

系 统	数据方式	扫描方式	显示特点	画面质量	主要用途
光栅扫描	像素阵列+ 像素强度值	确定方式： 从上到下 从左到右	几何属性+ 视觉属性	有阶梯效应	具有连续色调图形显示，真实感图形显示虚拟现实
随机扫描	矢量数据	随机方式	几何属性为主	分辨率较高， 线条质量高	扫描图形显示，军事 CAD

2. 个人计算机显示卡

个人计算机显示图形除了需要显示器外，还必须有一块图形显示适配器卡(以下简称显示卡，以区别专用的图形卡和图像卡)。它的发展大致经历了 4 代。

(1) 第一代显示标准 CGA(Color Graphics Adapter)是 1981 年 IBM 公司推出的，是具有 320×200×2 色和 640×200×2 色的彩色显示卡。显存容量为 16KB。

(2) 第二代显示标准 EGA(Enhanced Graphics Adapter)是 IBM 公司于 1984 年随 IBM PC/AT 机推出的。它既兼容了 CGA 的全部功能，又增强了彩色图形的显示能力。彩色图形显示最高分辨率为 640 像素×350 像素，可同时显示 16 种颜色，颜色总数为 64 种。显存容量为 64KB。

(3) 第三代显示标准包括 MCGA、VGA 和 8514/A。MCGA(Multi-Color Graphics Adapter)是 IBM 公司 1987 年推出的与 PS/2 的 25 和 30 两种机型配套的图形显示卡，它主要体现了对 CGA 的高度兼容，但与 EGA 不兼容。扩展了 640×480×2 色和 320×200×256 色，颜色总数达 2^{18} 种。VGA(Video Graphics Array)也是 IBM 公司与 PS/2 一起推出的性能更好的图形显示卡，它与 CGA、EGA 等均保持兼容，同时还增加了若干新的显示模式：640×480×16 色和 320×200×256 色，颜色总数达 2^{18} 种。8514/A 是 IBM-PS/2 高档机型的显示系统，专为 CAD 等用户的需求而设计的，最高达 1024×768×256 色，不同颜色总数为 2^{18} 种。值得一提的是，许多兼容厂家随后又推出了形形色色的 VGA 卡，可以统称为 VGA+或 Super VGA(简称 SVGA)，如 TVGA、PVGA 等。它们最高可达 1024×768×256 色。

(4) 第四代显示标准为 XGA。XGA 是 IBM 公司于 1990 年推出的，作为 PS/2 机型上的换代产品，最高分辨率可达 1280 像素×1024 像素，可同时显示 65 536(16 位彩色)种颜色。但因其价格昂贵以及上市不久，并未得到普及。

不同的 SVGA 之间存在着许多差别，由于缺乏统一的标准，用户在使用每一种 SVGA 卡时，都要详尽地研究具体的资料，为其编写驱动程序。这对 IBM 的推广造成了极大障碍，同时也增加了图形软件编写的难度。为了解决这些问题，一个新的工业标准化组织——视频电子标准协会(Video Electronics Standards Association)提出了一个针对 SVGA 的标准，即 VESA 标准。VESA 成员包括主要的 SVGA 厂商，现在几乎所有的 SGA 卡上都配备了支持 VESA 标准的 BIOS，即 VESA BIOS。VESA 提供了一组附加在标准 VGA BIOS 上的功能调用，用户可以直接通过标准接口使用 SVGA 的功能，而不必研究每个具体的 SVGA，这就大大减轻了软件开发的工作量，增强了软件的可移植性。

目前，SVGA 最高分辨率可达 1280 像素×1024 像素，同一帧画面可显示的颜色数已经达到 2^{24}(24 位真彩色)，甚至 2^{32}(32 位真彩色)，显存为 8MB。

3. 绘图仪

图形显示器只能在屏幕上显示图形，要把图形画在纸上时，需使用绘图仪或打印机。绘图仪分为笔式绘图仪和静电绘图仪两种。笔式绘图仪又分为平台式和滚筒式两种。

平台式绘图仪是在一块平台上画图，绘图笔分别在 x、y 两个方向进行移动，图纸固定不动，如图 1.17(a)所示。而滚筒式绘图仪的图纸在一个方向(如 x 方向)的往复移动是靠绘图仪滚筒的转动来完成的，绘图笔在另一个方向(如 y 方向)移动，如图 1.17(b)所示。

(a) 平台式

(b) 滚筒式

图 1.17　各种绘图仪

笔式绘图仪的主要性能指标包括最大绘图幅面(A3～A4)、绘图仪速度和精度、存放的绘图笔数等。其中，绘图仪速度是一个重要指标，它是指机械运动的速度。目前常用笔式绘图仪的画线速度在 1m/s 左右，加速度(用来衡量绘图仪达到最大速度所需时间的长短)在 $2g$(g 是加速度的单位，名称为“伽”，$1g=10^{-2}\text{m/s}^2$)～$4g$。机械运动速度的提高不仅受到机电零部件性能的限制，还要受到绘图笔性能的限制。

与绘图仪精度有关的指标有相对精度、重复精度、机械分辨率和可寻址分辨率。其中，机械分辨率指的是机械装置可能移动的最小距离，它是一个电脉冲通过驱动电机和传动机构使笔移动的距离，因此也称为步距。由此可知，绘图仪画图是用一小段一小段的直线逼近的(水平线和垂直线及 45° 的直线除外)。步距越小，画出的图形越精细。一般步距为 0.001～0.1mm。在实际应用中，0.1mm 的步距可满足一般图形的要求，0.05mm 的步距肉眼就已察觉不出图形的阶梯状波动了。

目前，还有一种彩色喷墨绘图仪，可以绘制大幅面(A0 以上)彩色图像，效果非常逼真，但价格昂贵。

由于绘图仪是一种慢速的机械运动设备，它的速度远远跟不上主机通信的速度，所以不可能在主机发送数据的同时，绘图仪就完成了绘制这些图形数据的任务，必须由绘图仪的缓冲器先把主机发送来的数据存下来一部分，然后由绘图仪“慢慢地”画。绘图仪的缓冲存储器越大，存储的数据就越多，访问主机的次数也就越少，相应的绘图速度也就越快。在主机向绘图仪发送数据的同时，还要发送指挥绘图仪实现各种动作的命令，如抬笔，落笔，画直线、圆弧等。然后由绘图仪解释这些命令并执行，这些命令格式便称为绘图语言。每种绘图仪都固化有自己的绘图语言，其中，HP 公司的 HPGL 绘图语言应用最为广泛，有可能成为各种绘图仪未来移植的标准语言。

4. 激光打印机

激光打印机是一种既可打印字符又可打印图形图像的廉价设备。其打印精度很高，可达 300DPI 或 600DPI，效果非针式打印机可比拟，因此应用非常广泛。但其打印的幅面较小，最大的幅面为 A4 或 A3。激光打印机分为黑白和彩色两种。彩色激光打印机的打印色彩鲜艳，可达到真彩色效果，但价格昂贵。图 1.18 所示是 A4 幅面的彩色激光打印机。

5. 喷墨打印机

喷墨打印机也是一种既可打印字符又可打印图形图像的设备，也分为黑白和彩色两种，最大幅面为 A4 或 A3，其打印效果比激光打印机稍差，但价格也相对便宜。目前，针式打印机由于高噪声、打印字体欠精细等致命弱点已逐渐被喷墨打印机和激光打印机所取代。特别是喷墨打印机，它的打印效果虽不如激光打印机，但却比针式打印机强得多，而价格又很便宜，因此是打印机市场的主流产品。近几年，市场上还出现了大型彩色喷墨打印机，打印宽度可达 1m，长度不限。图 1.19 所示是 A4 幅面的彩色喷墨打印机。

图 1.18　彩色激光打印机

图 1.19　彩色喷墨打印机

1.4.4 计算机图形系统软件

从目前的图形系统来看，软件大致可分为 3 类：一类是与设备打交道的驱动模块程序；另一类是图形模块，这一模块涉及图形生成、图形编辑和图形变换等内容；还有一类是应用模块，这类模块主要涉及各种分析、应用问题，都是与各专业有关的算法软件。

计算机图形软件是指那些指示计算机驱动各种显示设备和绘图设备做各种图形的命令解释、存储程序和控制各种图形输入输出的控制程序。一般来讲，对于各种设备有着不同的软件。早期的图形软件对于各自的设备有着很强的依赖性；随着图形学的不断发展，人们逐渐意识到研制独立于设备的计算机图形软件的重要性，并开始了对软件可移植性的研究。能驱动各种不同类型的显示设备，能独立于具体设备的高级图形软件包被称为具有可移植性的图形软件包。随着计算机的广泛使用，20 世纪 70 年代中期开始的一个很有意义的进步是普遍认识到软件标准化的重要性。1974 年美国国家标准化局(ANSI)召开了“与机器无关的图形技术”会议。会后，美国计算机协会(ACM)成立了一个图形标准规范化委员会。1977 年该委员会提出了“核心图形系统(Core Graphics System)”的规范，1979 年又做了第二次修改。该规范的范围是具有图形输出功能和具有交互功能的二、三维直线图形、光栅扫描图形技术等。德国提出了 GKS 规范，虽只有二维图形功能，但它采用了虚拟设备接口、虚拟设备文件以及工作站等概念。要想让一个图形系统无修改地在任意两套设备上运行，使其具有绝对可移植性是很困难的。但如果要求只对源程序做少量修改即可运行还是可行的。

目前，在图形系统中，系统规范所涉及的主要内容包括二维、三维的直线、曲线、曲面、开窗、剪取、隐蔽面、隐蔽线、阴影、浓淡等。

应用软件方面可以说是五花八门，一般是针对某一具体应用方面而言，有独立的图形应用软件，更多的是分散在各种应用软件中。独立的图形软件主要为面向各种产品设计和工程设计的计算机辅助设计(Computer Aided Design，CAD)以及面向艺术模拟和工艺美术的计算机美术(Computer Art，CA)。目前，图形应用软件代表性的产品有 AutoCAD、CorelDRAW、Freehand、3D Studio、3ds Max、Maya 等。

1.4.5 计算机图形标准

随着计算机应用的日益深入，人们对图形方面的要求也越来越普遍，而且要求也越来越高。例如提供简单、清晰、易用的图形界面，配合相应的交互式输入输出设备，将使用户能更好地工作。要达到这样的目的就需要开发具有高性能的图形系统。由于计算机及输入输出设备种类繁多，且不断推陈出新，这就要求图形系统具有较好的适应性，可应用在多种不同类型的计算机上，同时也可使用种类繁多的输入输出设备，也就是要求应用程序与图形设备无关。为了使应用程序在不同系统之间或不同程序之间可以移植，使不同系统之间或不同程序之间相互交换图形数据成为可能，制定图形软件的标准是非常重要的。早在 1974 年，在美国国家标准化局(ANSI)举行的 “与机器无关的图形技术”会议上，就提出了计算机图形标准化和制定有关标准的规则。与此同时，国际标准化组织(ISO)先后批准了与计算机图形有关的标准有：计算机图形核心系统(GKS)及其语言联编、三维图形核心系统(GKS-3D)及其语言联编、程序员层次交互式图形系统(PHIGS)及其语言联编、计算机图形元文件(CGM)、计算机图形接口(CGI)、基本图形转换规范(IGES)、产品数据转换规范(STEP)等。

计算机图形的标准是指图形系统及其相关应用系统中各界面之间进行数据传送和通信的接口标准，以及供图形应用程序调用的子程序功能及其格式标准，前者为数据及文件格式标准，后者为子程序界面标准。

CGI(Computer Graphics Interface)为用户提供控制图形硬件的一种与设备无关的方法，使得用户能够灵活方便地直接控制图形设备，它是面向图形设备的接口标准。CGI 以一种不依赖于具体设备的方式提供图形信息的描述和通信，其控制功能集支持虚拟设备管理、虚拟设备坐标系和设备坐标系及两坐标系间的映射、画面的裁剪以及系统控制、出错检测和有关上述信息的访问；输出功能集描述图元、属性、对象的构成及有关的控制和查询；此外，提供输入和应答功能集支持逻辑输入设备(定位、拾取、光栅等)的处理以及产生、修改、检索和显示以像素数据形式存储的光栅功能集。

CGM(Computer Graphics Metafile)是一套与设备无关的语义词法定义的图形文件格式。CGM 提供的图形元文件规定了生成、存储、传送图形信息的格式。生成 CGM 的方式如图 1.20 所示。

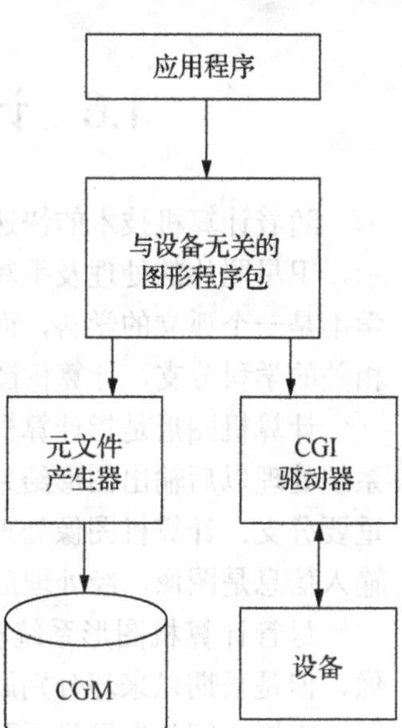

图 1.20 生成 CGM 的方式

GKS(Graphics Kernal System)提供应用程序和图形输入输出设备之间的功能接口，它是一个独立于具体语言的图形核心系统，在应用中将 GKS 嵌入相应的语言中。GKS 提供有交互式与非交互式的图形处理功能。其包括控制、图形输入输出、坐标转换(用户、设备、规范化设备坐标系)、图段、GKS 文件接口(元文件)。

PHIGS 是为三维图形应用而设计的图形软件工具库。其主要特点是在系统中高效地描述应用模型，迅速修改图形模型的数据，并能绘制显示修改后的图形模型，易于对图形做动态的处理；在图形操作上，拥有二维和三维图形操作能力，满足向量和光栅图形设备的特点。

GL 是在工作站上广泛应用的一个标准的图形程序库。它具有如下功能：基本图素(线、多边形等)、坐标变换、设置属性和显示方式、输入输出处理、真实图形显示。其提供了丰富的图元；支持 RGB 和颜色索引方式，提供 Gouraud 和 Phong 光照模型；采用 Z 缓冲技术处理消隐；提供的光照模型充分地考虑了各种因素对光强及颜色的影响，大大地提高了显示图形的真实程度。

1.5 计算机图形学的发展动向

前面已经提到，计算机图形学是通过算法和程序在显示设备上构造出图形的一种技术，这与用照相机摄制一幅照片的过程比较类似。当用照相机摄制一个物体，比如说一幢建筑物的照片时，首先在现实世界中必须有那么一幢建筑物存在，才能通过照相的原理拍摄一张照片。与此类似，要在计算机屏幕上构造出二维物体的一幅图像，首先必须在计算机中构造出该物体的模型。这一模型是由一批几何数据及数据之间的拓扑关系来表示的，这就是造型技术。有了三维物体的模型，在给定了观察点和观察方向以后，就可以通过一系列的几何变换和投影变换在屏幕上显示出该三维物体的二维图像。为了使二维图像具有立体感，或者尽可能逼真地显示出该物体在现实世界中所观察到的形象，就需要采用适当的光照模型，尽可能准确地模拟物体在现实世界中受到各种光源照射时的效果，这些就是计算机图形学中的画面绘制技术。三维物体的造型过程、绘制过程等都需要在一个操作方便、易学易用的用户界面下工作，这就是人机交互技术。多年来，造型技术、绘制技术及人机交互技术构成了计算机图形学的主要研究内容，当前仍然在这三个方向不断地向前发展。

1.6 计算机图形学与相关学科的关系

随着计算机技术的快速发展，涉及图形方面的应用也越来越深入，如零件的构造与显示、卫星照片的处理及手写文字的识别等。经过多年的研究与发展，人们发现计算机图形学不是一个孤立的学科，而是与许多学科有着密切的关系，同时也逐渐形成了多个与图形相关的学科分支，计算机图形学中的图像处理和模式识别就是其中的典型代表。

计算机图形是指计算机产生的图形，它的实质就是将输入的数据信息，经计算机图形系统处理以后输出图形结果。计算机图像又称数字图像，它是计算机应用领域中的另一个重要分支。计算机图像处理系统与计算机图形系统的工作方式完全不同，图像处理系统的输入信息是图像，经处理后的输出仍然是图像。

尽管计算机图形系统和计算机图像处理系统所涉及的都是用计算机来处理图形和图像，但是长期以来却分别属于两个不同的技术领域。近年来，由于多媒体技术、计算机动画、三维空间数据场显示及纹理映射等技术的发展，计算机图形学和图像处理的结合日益紧密，并相互渗透。构造计算机动画需要将计算机生成的图形与扫描输入的图像结合在一起，如三维动画在场景设计、环境处理及其三维模型表面的处理过程中要用到大量的贴图，这些贴图就是计算机图像。又如环境的表面上需要挂上一幅名画，三维模型表面上需要某人的头像等均可通过贴图的方法来实现，这时只要将所需要的图像扫描后存入计算机内，再用贴图命令将其贴到指定的位置上即可。计算机图形学与图像处理相结合，加速了这两个相关领域的发展。虽然图形与图像两个概念间的区别越来越模糊，但还是有区别的，一般来说，图像指计算机内以位图形式存在的灰度和彩色信息，而图形含有几何属性，或者说图形含有其几何模型和物理属性等，更强调计算机的内部表示和计算机显示。

模式识别是指用计算机对输入图形进行识别的技术。图形信息输入计算机后，先进行特征抽取等预处理，然后用统计判定方法或语法分析方法对图形做出识别，最后按照使用的要求给出图形的分类或描述。各种中西文字符及工程图样的自动阅读装置，就是模式识别技术的应用实例。

此外，计算几何学与计算机图形学有密切的关系。计算几何学研究几何模型和数据处理，通过几何模型可以建立描述物体形状的数据集合与数据结构，因为在计算机中描述复杂形体是非常困难的，这些描述的数据结构也十分复杂。二维、三维物体及曲线、曲面的描述，几何问题算法的设计和分析，都是计算几何学研究的内容。

计算机图形学与其他相关学科的关系如图 1.21 所示。

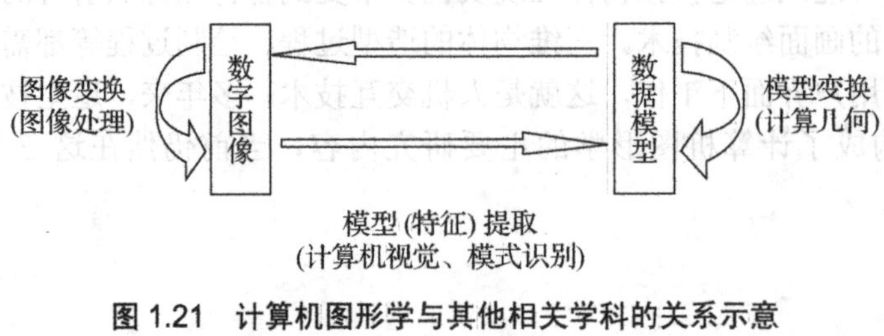

图 1.21 计算机图形学与其他相关学科的关系示意

课后习题

一、填空题

1. 计算机图形系统与一般计算机系统相比，要求主机性能________，速度________，存储容量________，外设种类________。硬件系统除了包含________、图形显示器、鼠标器、键盘、打印机等外，通常还包括________(图形输入板)、扫描仪、绘图仪等。软件系统除了包括操作系统、________外，通常还包括________。

2. 计算机图形是指计算机________，它的实质就是将输入的________，经计算机________处理以后输出图形结果。计算机图像又称________，它是计算机应用领域中另一个重要的________。

3. GL 是在工作站上广泛应用的一个标准的________。它具有如下功能：基本图素(线、多边形等)、________、________和显示方式、________、真实图形显示。

二、选择题

计算机图形技术可应用于以下哪些内容？(　　)

A. 计算机辅助设计与制造　　B. 事务和商务数据的图形展示
C. 地形地貌和自然资源的图形显示　　D. 过程控制及系统环境模拟

三、简答题

1. 简述 PHIGS 的特点。
2. 简述 GKS 及其特点。
3. 简述一个典型的计算机图形系统具有哪些基本功能。

第 2 章

二维图形生成技术

教学提示：计算机内部表示的矢量图形必须呈现在显示设备上，才能被我们所认识。从图形定义的物空间到进行显示处理的图像空间的转换就是图形的生成过程，也称为扫描转换。二维图形是由一个个图形输出基元(简称为图元)构成的。图元的扫描转换就是计算出落在线段上或充分靠近它的一串像素，并以此像素集近似地替代连续直线段在屏幕上显示的过程。最简单的输出图元是点和直线，其他还有多边形、曲线图形以及字符串等。本章介绍一些常用直线段、圆弧的扫描转换算法以及图元的属性和字符生成等。

教学目标：重点掌握直线、圆和椭圆的生成算法，并能编程实现。掌握图元和字符属性，了解自由曲线的生成过程。

2.1 直线的生成

为了便于讨论问题，我们将像素的几何形状看作中心为网格点(x, y)的圆点，并且像素间的距离是均匀的，像素相互不重叠。图 2.1 中显示了一条宽度为 1 像素的直线段，用像素表示的直线段为均匀填充的实心圆点。

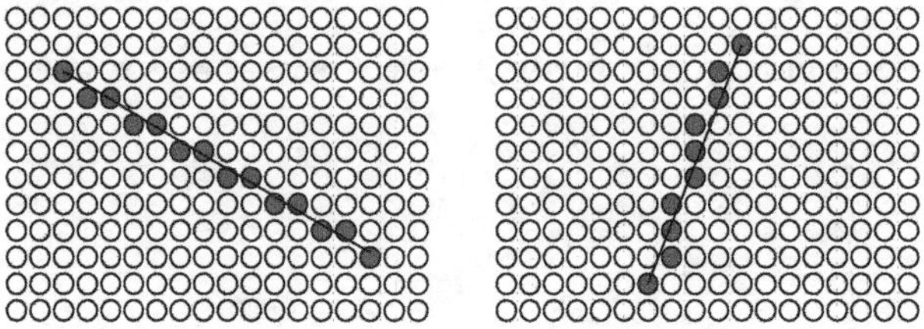

图 2.1 直线和近似表示它的像素集

2.1.1 直接生成法

直接生成法即直接由直线方程计算出(x,y)值，并生成直线。

图 2.2 所示直线的方程可表示为

$$y=mx+b \tag{2.1}$$

式中，m 是直线的斜率；b 是 y 方向的截距。若一条直线的两个端点为(x_0,y_0)及(x_1,y_1)，则可用以下两式确定斜率 m 及截距 b：

$$m=\frac{y_1-y_0}{x_1-x_0} \tag{2.2}$$

$$b=y_1-mx_1 \tag{2.3}$$

显示直线的算法即以式(2.1)～式(2.3)为基础。

对于任一直线，在 x 方向取间隔 $\mathrm{d}x$，则可由式(2.2)计算出 y 方向的间隔 $\mathrm{d}y$：

$$\mathrm{d}y=m\cdot \mathrm{d}x \tag{2.4}$$

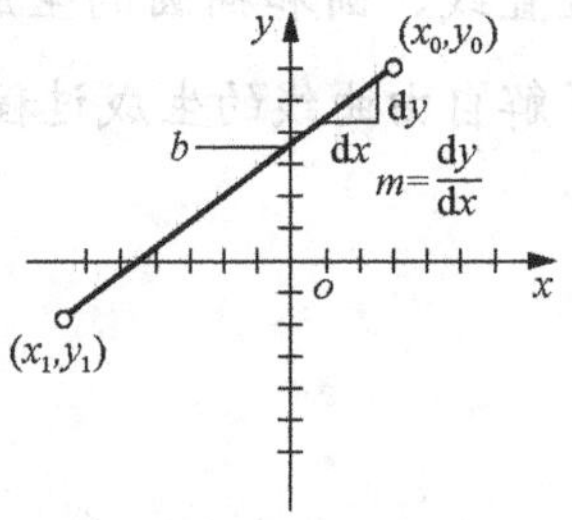

图 2.2 直线段的直接生成法

式(2.4)确定了直线生成的基本公式。其中，水平增量为 $\mathrm{d}x$，垂直增量由式(2.4)计算出，由此可以计算出落在线段上或充分靠近它的一串像素，即在指定端点间斜率为 m 的一条直线。实际由式(2.4)计算垂直增量时，会出现小数，因此需要取整。直接生成法的源代码见程序 2.1。

【程序 2.1】直接生成直线。

扫码观看视频讲解

```
void lineSimple(int x0, int y0, int x1, int y1, int color)
{
    int dx = x1 - x0;
    int dy = y1 - y0;
       putPixel(x0, y0, color);
    if(dx != 0)
    {
      float m =(float)dy /(float)dx;
      float b = y0 - m*x0;
      dx =(x1 > x0)? 1 : -1;
      while(x0 != x1)
      {
         x0 += dx;
         y0 = round(m*x0 + b);
         putPixel(x0, y0, color);
      }
     }
}
```

我们可以使用这种直接计算法来生成直线，但这种方法涉及浮点数的乘除法、加减法以及取整运算，其效率非常低。下面介绍几种常见的直线生成算法。

2.1.2　数值微分法

数值微分法即 DDA(Digital Differential Analyzer)法，此方法对一个方向的坐标取单位步长的变化，然后计算另一方向坐标相应的变化值。

首先考虑一条斜率为正(m>0)的直线。如果此直线的斜率 $m\leqslant 1$，则应取 x 坐标的改变量为 1，然后用下式计算各个相应的 y 坐标值，这时不能取 y 坐标的变化量为 1，因为当斜率 m 很小时，y 坐标的单位变化量有可能产生很大的 x 坐标变化量：

$$y_{i+1}=y_i+m \tag{2.5}$$

式中，下标 i 取自 1 开始的整数，顺次加 1，直到最后的端点。因为 m 可能为任意实数，计算出的 y 值应取最接近的整数。

对于斜率大于 1 的直线，应将 x 与 y 进行交换，否则 x 坐标的单位变化量有可能产生很大的 y 坐标变化量，这时可把 y 改成 1 单位步长，然后用下式计算相应的 x 值：

$$x_{i+1}=x_i+\frac{1}{m} \tag{2.6}$$

式(2.5)和式(2.6)均假设点沿着一直线从左端点到右端点，如果端点顺次倒过来，即开始端点在右端点，终止端点在左端点，则有$\Delta x=-1$，且

$$y_{i+1}=y_i-m \tag{2.7}$$

或(当斜率大于 1 时)$\Delta y=-1$，且

$$x_{i+1}=x_i-\frac{1}{m} \tag{2.8}$$

式(2.5)～式(2.8)还可用来计算负斜率时一直线上的点。当 m<0 且$|m|\leqslant 1$ 时，直线的开始端点在左端点，则令Δx=1 并用式(2.5)计算 y 值；当开始端点在右端点，则令Δx=−1 并用

式(2.7)计算 y 值。同样，当 $m<0$ 且$|m|>1$ 时，若开始端点在左端点，则令$\Delta y=1$ 并用式(2.6)计算 x 值；当开始端点在右端点，则令$\Delta y=-1$ 并用式(2.8)计算 x 值。

此算法可总结为以下过程：以直线的两个端点(x_0, y_0)及(x_1, y_1)作为此过程的输入，由两个方向输入坐标值的差可得参数 dx 及 dy：

$$\begin{aligned} dx &= x_1 - x_0 \\ dy &= y_1 - y_0 \end{aligned} \tag{2.9}$$

这两个参数的绝对值哪一个大，就作为步长参数(n)，此参数作为沿直线所画出的点的数目。由坐标(x_0, y_0)开始，各坐标每加上一个增量就生成下一坐标位置，这样一直重复 n 次。

对此算法可总结出以下情况。

① 当$|dx|>|dy|$(即$|m|<1$)时：

若 $x_0<x_1$(即直线从左到右)，则 $\Delta x=1$， $\Delta y=m$；

若 $x_0>x_1$(即直线从右到左)，则 $\Delta x=-1$， $\Delta y=-m$。

② 当$|dx|\leqslant|dy|$(即$|m|\geqslant 1$)时：

若 $x_0<x_1$(即直线从左到右)，则 $\Delta y=1$， $\Delta x=\frac{1}{m}$；

若 $x_0>x_1$(即直线从右到左)，则 $\Delta y=-1$， $\Delta x=-\frac{1}{m}$。

假设函数 round(x)返回的是最接近直线的(像素)浮点数 x 的整数值(四舍五入)，函数 int(x)返回浮点数 x 的整数部分，即 round(x)=int(x+0.5)，则有如程序 2.2 所示的数值微分画线的 C 语言描述。

【程序 2.2】用 DDA 算法生成直线。

扫码观看视频讲解

```
Void DDA_line(int x0, int y0, int x1, int y1, int color)
{
      int dx,dy,n,k;
      float xinc,yinc,x,y;
      dx=x1-x0;
      dy=y1-y0;
      if(abs(dx)>abs(dy))
          n=abs(dx);
 else
      n=abs(dy);
 xinc=(float)dx/n;
 yinc=(float)dy/n;
 x=x0;
 y=y0;
 for(k=1; k<=n; k++)
   {
     PutPixel(round(x),round(y),color);
     x+=xinc;
         y+=yinc;
   }
}
```

用 DDA 算法确定像素位置比直接用式(2.1)算法要快，因为 DDA 算法利用了光栅的特点而避免了式(2.1)中每次都要做乘法的缺点。但是，此算法中要用到浮点数的加法运算和取整运算，其速度仍受影响，故其运行效率低且不便于硬件实现。下面介绍的中点画线算法可以解决这个问题。

2.1.3　中点画线算法

为了讨论方便，假设要画的直线的斜率为 0～1。其他情况可参照下述讨论进行处理。

中点画线算法的基本原理如图 2.3 所示，在 x 方向上每次增加一个像素单位，则在 y 方向上或者增加一个像素单位或者不增加。假定当前像素点为(x_p, y_p)，则下一个像素点有两种可选择的点：$P_1(x_p+1, y_p)$或 $P_2(x_p+1, y_p+1)$。把 P_1 与 P_2 的中点$(x_p+1, y_p+0.5)$称为 M，Q 为理想直线与 $x=x_p+1$ 垂线的交点。当 M 在 Q 的下方时，则取 P_2 为下一个像素点；当 M 在 Q 的上方时，则取 P_1 为下一个像素点。

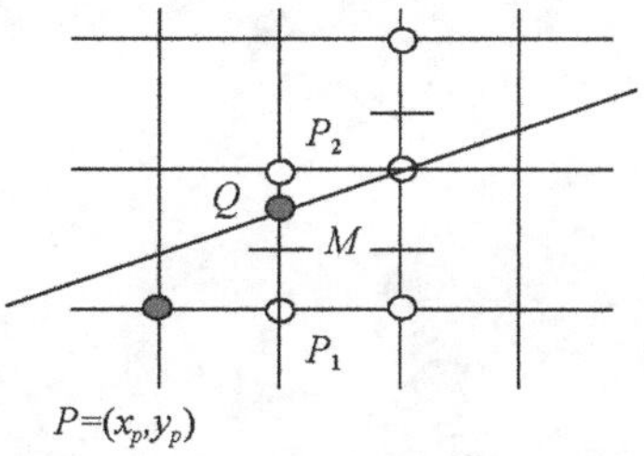

图 2.3　中点画线算法原理示意图

下面来讨论中点画线算法的实现。假设直线的起点和终点分别为(x_0, y_0)和(x_1, y_1)，则直线方程为 $F(x, y)=ax+by+c=0$，其中，$a=y_0-y_1$，$b=x_1-x_0$，$c=x_0y_1-x_1y_0$，对于直线上的点满足 $F(x, y)=0$；对于直线上方的点满足 $F(x, y)>0$；对于直线下方的点满足 $F(x, y)<0$。因此，欲判断前述 Q 在 M 的上方还是下方，只要把 M 的坐标代入 $F(x, y)$，并判断它的符号即可。已知当前已经确定的点为(x_p, y_p)，构造判别式：

$$d = f(m) = f(x_p+1, y_p+0.5) = a(x_p+1) + b(y_p+0.5) + c \tag{2.10}$$

由 $d>0$ 或 $d<0$ 可判定下一个像素。由式(2.10)可看出，d 是 x, y 的线性函数，可推导 d 的增量公式。

要判定再下一个像素，分两种情形考虑。

(1)　若 $d\geqslant 0$，取正右方像素 P_1，再下一个像素的判定，由

$$\begin{aligned} d_1 &= f(x_p+2, y_p+0.5) = a(x_p+2) + b(y_p+0.5) + c \\ &= a(x_p+1) + b(y_p+0.5) + c + a = d + a \end{aligned} \tag{2.11}$$

可知 d 的增量是 a。

(2)　若 $d<0$，取右上方像素 P_2，再下一个像素，由

$$d_2 = f(x_p+2, y_p+1.5) = a(x_p+2) + b(y_p+1.5) + c = d + a + b \tag{2.12}$$

可知 d 的增量为 $a+b$。

通过上面的推导，我们已经知道了确定某一个点的判别规则，以及判断下一个点的增量，但我们还必须知道判别式的初始值，这个算法才能完整描述。因此，下面确定判别式的初始值。

由于已知的第一个确定的直线的扫描点为给定直线的起始点，所以 d 的初始值可按下式计算：

$$\begin{aligned} d_0 &= f(x_0+1, y_0+0.5) = a(x_0+1)+b(y_0+0.5)+c \\ &= f(x_0, y_0)+a+0.5b = a+0.5b \end{aligned} \tag{2.13}$$

由于只用 d 的符号作判断，为了只包含整数运算，可取 $2d$ 代替 d，$2a$ 改写成 $a+a$。算法中只有整数变量，不含乘除法，可用硬件实现。这样可得程序 2.3 所示的中点算法程序。

【程序 2.3】中点画线生成算法。

扫码观看视频讲解

```
int x0,y0,x1,y1,Color;
{
int a,b,d1,d2,d,x,y;
a=y0-y1; b=x1-x0;
d=a+a+b;
d1=a+a;
d2=a+b+a+b;
x=x0; y=y0;
drawpixel(x,y,Color);
while(x<x1)
{
 if(d<0)
 {
 x++; y++;
 d+=d2;
 }
 else
 {
 x++;
 d+=d1;
 }
 drawpixel (x,y,Color);
}/*while*/
}/*MiddlePointLine*/
```

2.1.4 Bresenham 画线算法

我们已经知道线段的起始点为(x_0, y_0)，终止点为(x_1, y_1)，直线方程为 $y=mx+b$，令$\Delta x=x_1-x_0$，$\Delta y=y_1-y_0$。首先考虑线段在第一象限，即$\Delta x>0$，$\Delta y\geqslant 0$，并且$\Delta x\geqslant\Delta y$ 的情况，由前面关于数字微分算法的分析可知，此时 $x_{inc}=1$，$y_{inc}=m(0\leqslant m\leqslant 1)$，即每走一步，$x$ 坐标增加 1，y 坐标增加 m。

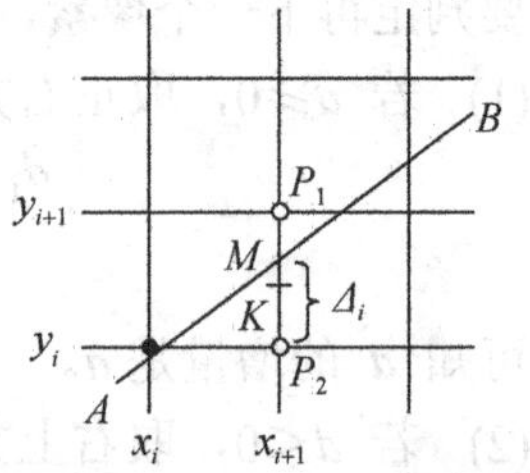

图 2.4　Bresenham 算法的几何图形

但是，并非所有直线都能正好通过像素点，如图 2.4 所示，假设直线段 AB 的斜率为 0.7，起点 A 正好在像素点 $A(x_i, y_i)$处，现在要确定下一列($x=x_{i+1}$ 列)中最接近线段的像素是在 $P_1(x_{i+1}, y_{i+1})$点还是 $P_2(x_{i+1}, y_i)$点。

将直线段与 $x=x_i+1$ 列的交点记为 M，P_1 与 P_2 的中点记为 K，选择的标准是：如果

交点 M 在中点 K 的下方，那么下一点取 P_2；如果 M 在中点 K 的上方，那么下一点取 P_1；如果 M 恰好与 K 重合，那么下一点可以取 P_1，也可以取 P_2，我们约定取 P_1。

将 M 点到 $y=y_i$ 行的距离记为Δ_i，即$\Delta_i=m(x_i+1)+b-y_i$，则选择的标准可以表达为：如果$\Delta_i<0.5$，说明 M 在 K 的下方，那么下一点取 P_2；如果$\Delta_i\geqslant 0.5$，说明 M 在 K 的上方或与 K 重合，那么下一点取 P_1。

由于 Bresenham 算法以 P_1 与 P_2 的中点 K 作为选择的标准，因此也称为中点算法。

令判别式为

$$w_i=\Delta_i-0.5=m(x_i+1)-0.5 \tag{2.14}$$

则有：

① 如果 $w_i<0$，说明 $\Delta_i<0.5$，那么下一点取 $P_2(x_i+1, y_i)$，即 $x_{i+1}=x_i+1$，$y_{i+1}=y_i+1$，新的判别式为

$$\begin{aligned} w_{i+1}&=m(x_{i+1}+1)+b-y_{i+1}-0.5\\ &=m(x_i+1+1)+b-y_i-0.5\\ &=w_i+m \end{aligned} \tag{2.15}$$

② 如果 $w_i\geqslant 0$，说明$\Delta_i\geqslant 0.5$，那么下一点取 $P_1(x_i+1, y_i+1)$，即 $x_{i+1}=x_i+1$，$y_{i+1}=y_i+1$，新的判别式为

$$\begin{aligned} w_{i+1}&=m(x_{i+1}+1)+b-y_{i+1}-0.5\\ &=m(x_i+1+1)+b-(y_i+1)-0.5\\ &=w_i+m-1 \end{aligned} \tag{2.16}$$

初始时，$x=x_1$，$y=y_1$，则有

$$w_i=m(x_i+1)+b-y_i-0.5=(mx_1+b-y_1)+m-0.5$$

因为(x_1, y_1)为线段起点，满足线段方程，即 $y_1=mx_1+b$，因此

$$w_1=m-0.5 \tag{2.17}$$

现在我们已经得到一个适用于第一象限的画线段的增量算法，但这个算法中仍然有浮点运算。注意到斜率 $m=\dfrac{\Delta y}{\Delta x}$，并且 $\Delta x>0$，引入 $d=2\Delta x\cdot w$，因为 d 与 w 的符号相同，因此可以代替 w 作为判别式。

初始时，$x=x_0$，$y=y_0$，判别式 $d_0=2\Delta y-\Delta x$。

假设已知当前列像素位置(x_i, y_i)和判别式 d_i，则有：

如果 $d_i<0$，那么下一列像素位置为 $x_{i+1}=x_i+1$，$y_{i+1}=y_i$，新的判别式为 $d_{i+1}=d_i+2\Delta y$。

如果 $d_i\geqslant 0$，那么下一列像素位置 $x_{i+1}=x_i+1$，$y_{i+1}=y_i$，$d_{i+1}=d_i+2(\Delta y-\Delta x)$。

至此，有如程序 2.4 所示的适用于第一象限的 Bresenham 画线程序。

【程序 2.4】Bresenham 直线生成算法。

```
Void Bres_line(int x0, int y0, int x1, int y1, int color)
{
     int dx,dy,h,x,y;
   dx=abs(x0-x1);
     dy=abs(y0-y1);
     h=2*dy-dx;
     x=x0;y=y0;
```

扫码观看视频讲解

```
        PutPixel(x,y,color)
        while(x<x1)
        {
            if(h<0)
                h+=2*dy;
            else
            {
                h+=2*(dy-dx);
                y++;
             }
             PutPixel(x,y,color);
        }
}
```

可以看出，Bresenham 算法是根据直线段的斜率来确定或者选择变量 x 或 y 方向上每次递增一个单位，而另一变量的增量为 0 或 1。这种计算只用到了整数的加法、减法和左移(乘 2)操作，计算量小、效率高并适合硬件实现，因而得到广泛应用。

适用于第一象限的 Bresenham 画线算法可以方便地推广到一般情况：如果 $m>1$，只需将 x 和 y 的位置对调，即以 y 方向为记数方向；如果$\Delta x<0$ 或$\Delta y<0$，则只需将 x 或 y 的增量变为负数即可。

2.1.5　双步画线算法

Bresenham 算法是每次决定一个像素的走法，而双步画线算法是每次决定两个像素的走法，因此效率比 Bresenham 算法提高了大约一倍。双步画线算法是对中点画线算法的改进。

假设线段的起始点为(x_0, y_0)，终止点为(x_1, y_1)，令 $dx=x_1-x_0$，$dy=y_1-y_0$。首先考虑线段在第一象限的情况，此时 $dx>0$，$dy\geqslant 0$，$0\leqslant k\leqslant 1$。

如图 2.5 所示，假设当前像素位于网格的左下角，现在要确定右边像素的位置。当右边像素位于网格的右下角时，中间像素一定位于底线上，此时我们得到模式 1；当右边像素位于网格的右上角时，中间像素一定位于中线上，此时我们得到模式 4；当右边像素位于网格的中线时，中间像素可能位于底线上，也可能位于中线上，分别对应于模式 2 和模式 3，需要进一步判断。但是，对于一条线段来说，模式 1 与模式 4 不可能同时出现。因为当 $0\leqslant k\leqslant 1/2$ 时，模式 4 不可能出现，只可能出现模式 1、2、3；当 $1/2\leqslant k\leqslant 1$ 时，模式 1 不可能出现，只可能出现模式 2、3、4。

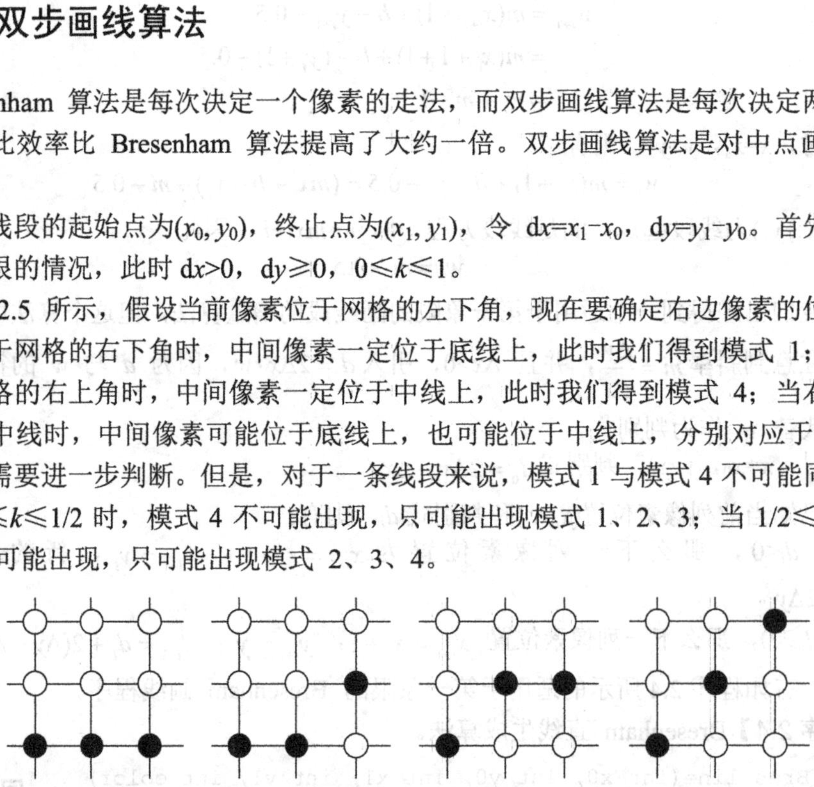

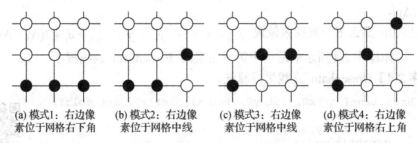

(a) 模式1：右边像素位于网格右下角　(b) 模式2：右边像素位于网格中线　(c) 模式3：右边像素位于网格中线　(d) 模式4：右边像素位于网格右上角

图 2.5　双步画线算法的 4 种模式

当 $0\leqslant k\leqslant 1/2$ 时，初始判别式为 $d_0=4dy-dx$，增量算法为：

① 如果 $d_i<0$，那么采用模式 1，并且 $d_{i+1}=d_i+4\mathrm{dy}$；

② 如果 $d_i\geqslant 0$，那么采用模式 2 或模式 3，并且 $d_{i+1}=d_i+4\mathrm{dy}-2\mathrm{dx}$。进一步地判断为如果 $d_i<2\mathrm{dy}$，那么采用模式 2；否则采用模式 3。

当 $1/2\leqslant k\leqslant 1$ 时，初始判别式为 $d_0=4\mathrm{dy}-3\mathrm{dx}$，增量算法为：

① 如果 $d_i\geqslant 0$，那么采用模式 4，并且 $d_{i+1}=d_i+4(\mathrm{dy}-\mathrm{dx})$；

② 如果 $d_i<0$，那么采用模式 2 或模式 3，并且 $d_{i+1}=d_i+4\mathrm{dy}-2\mathrm{dx}$。进一步地判断为如果 $d_i<2(\mathrm{dy}-\mathrm{dx})$，那么采用模式 2；否则采用模式 3。

【程序 2.5】 给出 $0\leqslant k\leqslant 1/2$ 时的双步画线程序。

```
void double_step_line(int x0, int y0, int x1, int y1)
{
       int dx,dy,x,y,h;
       dx=x1-x0; dy=y1-y0;
       h=4*dy-dx;
       x=x1;
       while(x<x2
       {
          if(h<0
          {
            draw_pixels(PATTERN1,x);
            h+=4*dy;
          }
else
          {
             if(d<2*dy
                draw_pixels(PATTERN2,x);
             else
             {
                draw_pixels(PATTERN3,x);
                h+=4*dy-2*dx;
             }
             x+=2;
             }
         }
}
```

扫码观看视频讲解

过程 draw_pixels(PATTERN,*x*)按照指定模式从位置 *x* 开始写两个像素，但到达线段的末端时，可能只写一个像素。

类似地，可以写出 $1/2\leqslant k\leqslant 1$ 时的双步画线程序，并且可以方便地将适用于第一象限的双步算法推广到一般情况。

此外，还可以利用线段的对称性，从线段两端同时进行扫描转换，从而进一步提高画线的速度。

2.2　圆 的 生 成

为了便于讨论，仅考虑圆心位于坐标原点的圆弧的扫描转换算法，对于圆心为任意点的圆弧，可以先将其平移到原点，然后进行扫描转换，再平移到原来的位置。

2.2.1 圆的八点对称

我们可以利用圆的对称性把圆周上的一个点映射为若干点，从而使计算简化。图 2.6 所示的是位于 1/8 圆周上的一个点(x, y)，我们可把 x、y 值进行交换及改变 x、y 值的符号，从而可在圆周上映射出另外 7 个点。我们称这种性质为八点对称。于是，为了求出表示整个圆弧的像素集，只需要扫描转换 1/8 圆弧。下面的函数 CirPot()用来显示圆心为(x_0, y_0)的圆周上的点(x, y)及其 7 个对称点。

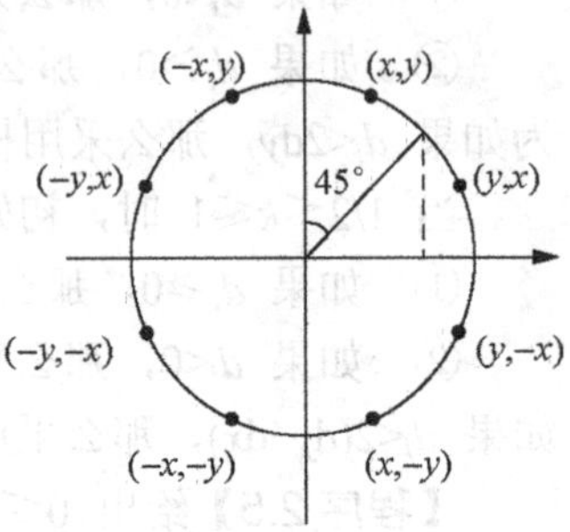

图 2.6 圆的对称性

扫码观看视频讲解

【程序 2.6】圆的对称性。

```
Void CirPot(int x0, int y0, int x, int y, int color)
{
        Putpixel((x0+x),(y0+y),color);
        Putpixel((x0+y),(y0+x),color);
        Putpixel((x0+y),(y0-x),color);
        Putpixel((x0+x),(y0-y),color);
        Putpixel((x0-x),(y0-y),color);
        Putpixel((x0-y),(y0-x),color);
        Putpixel((x0-y),(y0+x),color);
        Putpixel((x0-x),(y0+y),color);
}
```

应注意：在 $x=y$ 时，不应该调用函数 CirPot()，因为上面的程序将对称轴上的 4 个像素重绘两次，特别地，当采用异或方式绘图时，圆上会出现 4 个缺口，读者可以对上述代码稍加改变来处理这种情况。

2.2.2 Bresenham 画圆算法

Bresenham 画圆算法是最有效的算法之一。不失一般性，我们假设圆心(x_c, y_c)就在坐标原点，否则可把求到的圆上的点(x, y)作变换：

$$x'=x+x_c$$

$$y'=y+y_c$$

便可得到圆心在任一点(x_c, y_c)的圆上的点(x', y')。

在这里我们只考虑位于第一象限 1/8 圆弧的画法，即$(0, R)\sim\left(\frac{R}{\sqrt{2}}, \frac{R}{\sqrt{2}}\right)$。

这个算法的思想是在每一步都选择一个距离理想圆周最近的点 $P(x_i, y_i)$，使其误差项

$$|D(P_i)| = |(x_i^2 + y_i^2) - R^2| \tag{2.18}$$

在每一步达到最小值。

如图 2.7 所示，假设 $P(x_i, y_i)$是第一象限 1/8 圆弧上已选中的一个像素点，根据圆弧的走向，下一个像素点应从 $H_i\ (x_{i+1}, y_i)$或 $L_i(x_{i+1}, y_{i-1})$中选择。显然应选择离圆弧最近的像素点作为显示圆弧的点，并应对以下误差项进行比较。

$$|D(H_i)| = |(x_{i+1}^2 + y_i^2) - R^2| \tag{2.19}$$

$$|D(L_i)| = |x_{i+1}^2 + y_{i-1}^2 - R^2| \tag{2.20}$$

引入判别式

$$d_i = |D(L_i)| - |D(H_i)| \tag{2.21}$$

显然，如果 $d_i \geqslant 0$，则选择 L_i，且 $y_{i+1}=y_i-1$；如果 $d_i<0$，选择 H_i，且 $y_{i+1}=y_i$。

由于式(2.21)中涉及绝对值运算，效率较低。通过对图 2.7 的分析，可以简化这种运算。

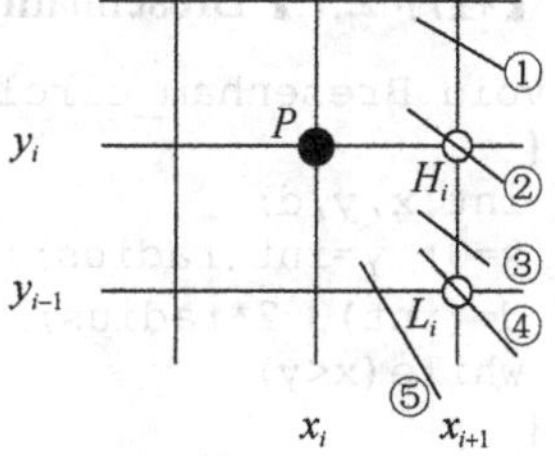

图 2.7　Bresenham 画圆算法示意图

如图 2.7 所示，理想圆周穿过垂线 $x=x_i+1$ 存在 5 种情况。

(1) H_i 和 L_i 均在圆内，$D(H_i)<0$，$D(L_i)<0$。根据图形分析应该选择更靠近理想圆周的 H_i。

(2) H_i 在圆上，L_i 在圆内，$D(H_i)=0$，$D(L_i)<0$。根据图形分析应该选择理想圆周上的 H_i。

(3) H_i 在圆外，L_i 在圆内，$D(H_i)>0$，$D(L_i)<0$。

(4) H_i 在圆外，L_i 在圆上，$D(H_i)>0$，$D(L_i)=0$。根据图形分析应该选择理想圆周上的 L_i。

(5) H_i 和 L_i 均在圆外。$D(H_i)>0$，$D(L_i)>0$。根据图形分析应该选择更靠近理想圆周的 L_i。

对于情况(3)，H_i 在圆外，所以 $D(H_i)>0$，L_i 均在圆内，所以 $D(L_i)<0$，因此式(2.21)可改写为

$$d_i = |D(L_i)| + |D(H_i)| \tag{2.22}$$

可直接根据式(2.22)中的 d_i 来选择 H_i 或 L_i。如果 $d_i \geqslant 0$，选择 L_i；如果 $d_i<0$，选择 H_i。

对于情况(1)和(2)，由于 $D(H_i) \leqslant 0$，$D(L_i)<0$，代入式(2.22)，得 $d_i<0$，按照判别条件，应该选择 H_i，这与我们从图上分析的结果是一致的，因此也可以将式(2.22)作为判别式。

对于情况(4)和(5)，由于 $D(H_i)>0$，$D(L_i) \geqslant 0$，代入式(2.22)，得 $d_i>0$，按照判别条件，应该选择 L_i，这与我们从图上分析的结果是一致的，因此同样可以将式(2.22)作为判别式。

所以可以用式(2.22)代替式(2.21)作为判别式。下面的工作就是推导一个递推公式，以简化 d_i 的计算：

$$\begin{aligned} d_i &= |D(L_i)| + |D(H_i)| \\ &= [(x_i+1)^2 + {y_i}^2] - R^2 + [(x_i+1)^2 + (y_i-1)^2] - R^2 \end{aligned} \tag{2.23}$$

用 $i+1$ 代 i，得

$$d_{i+1} = [(x_{i+1}+1)^2 + {y_{i+1}}^2] - R^2 + [(x_{i+1}+1)^2 + (y_{i+1}-1)^2] - R^2 \tag{2.24}$$

如果 $d_i<0$，选 H_i，$x_{i+1}=x_i+1$，$y_{i+1}=y_i$，得

$$d_{i+1} = d_i + 4x_i + 6 \tag{2.25}$$

如果 $d_i \geqslant 0$，选 L_i，$x_{i+1}=x_i+1$，$y_{i+1}=y_i-1$，得

$$d_{i+1}=d_i+4(x_i-y_i)+10 \tag{2.26}$$

对于 $i=0$，$x_0=0$，$y_0=R$，则初值为

$$d_0=3-2R \tag{2.27}$$

显然，在这个算法中，式(2.25)～式(2.27)的计算量是很小的，因此算法效率很高。程序 2.7 是该算法的 C 语言源代码。

【程序 2.7】Bresenham 画圆算法。

```
void Bresenham_circle(int x0,int y0, double radius,int color)
{
 int x,y,d;
 x=0; y=int(radius);
 d=(int)3-2*radius;
 while(x<y)
{
 CirPot(x0,y0,x,y,color);
 if(d<y)
 d+=4*x+6;
 else
 {
 d+=4*(x-y)+10;
 y--;
 }
 x++;
 }
 if(x==y)
 CirPot(x0,y0,x,y,color);
return(0);
 }
```

扫码观看视频讲解

2.2.3 中点画圆算法

下面讨论中点画圆算法，用来画一个圆心在原点、半径为整数 R 的圆。这种算法也是一种高效率的算法。

我们只画圆的 1/8，即 $(0, R) \sim \left(\dfrac{R}{\sqrt{2}}, \dfrac{R}{\sqrt{2}}\right)$ 的第二个八分圆。然后用 CirPot()函数来显示整个圆上的点。与中点画直线算法相似，这个算法是用一个函数值来选择两个像素点中最逼近圆弧的像素点。

如图 2.8 所示，假设 P 点是距离理想圆周最近的像素点，在第二个八分圆中，根据圆弧的走向，下一个像素点必然是 NE 和 E 中的一个。我们应该选择哪一个像素点来表示理想圆周呢？

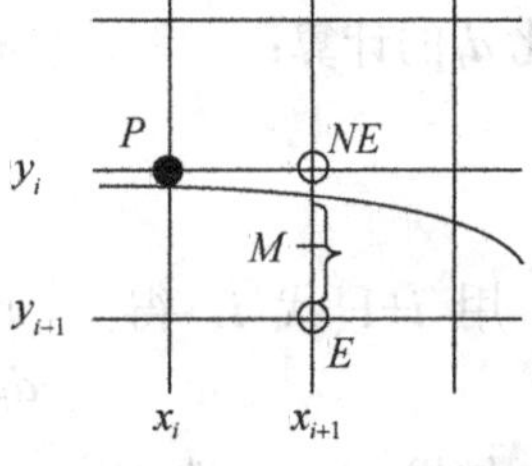

图 2.8　中点画圆算法示意图

理想、简便的选择标准是：将 NE 与 E 的中点记为 M，M 点坐标为 $(x_{i+1}, y_i-0.5)$，那么，如果 M 在圆内，说明 NE 距离理想圆周最近，则下一点取 NE；如果 M 在圆外，则下一点取 E；如果 M 在圆上，则下一点可以取 NE，也

可以取 E，我们约定取 E。

令函数 $F(x, y)=x^2+y^2-R^2$，对于圆上的点，有 $F(x, y)=0$；对于圆内的点，有 $F(x, y)<0$；对于圆外的点，有 $F(x, y)>0$。

令判别式为

$$d_i=F(x_{i+1}, y_i-0.5)=(x_{i+1})^2+(y_i-0.5)^2-R^2 \tag{2.28}$$

则有：

(1) 如果 $d_i<0$，说明 M 在圆内，下一点取 $NE(x_{i+1}, y_i)$，即 $x_{i+1}=x_i+1$，$y_{i+1}=y_i$，新的判别式为

$$\begin{aligned} d_{i+1} &= F(x_i+1, y_{i+1}-0.5) \\ &=(x_{i+1}+1)^2+(y_i-0.5)^2-R^2 \\ &=d_i+2x_i+3 \end{aligned} \tag{2.29}$$

(2) 如果 $d_i\geqslant 0$，说明 M 在圆外或圆内，下一点取 $E(x_{i+1}, y_{i-1})$，即 $x_{i+1}=x_i+1$，$y_{i+1}=y_i-1$，新的判别式为

$$\begin{aligned} d_{i+1} &= F(x_{i+1}+1, y_{i+1}-0.5) \\ &=(x_{i+1}+1)^2+(y_{i-1}-0.5)^2-R^2 \\ &=d_i+2x_i-2y_i+5 \end{aligned} \tag{2.30}$$

初始时，$x_0=0$，$y_0=R$，

$$d_0=F(x_{0+1}, y_0-0.5)=(0+1)^2+(R-0.5)^2-R^2=1.25-R \tag{2.31}$$

现在我们已经得到一个画圆的增量算法，但是由于这个算法中仍然有浮点数运算，所以令 $h_i=d_i-0.25$，则初始时，$x_0=0$，$y_0=R$，$h_0=d_0-0.25=1-R$。

假设已知当前列像素位置(x_i, y_i)和判别式 h_i，则有：

(1) 如果 $h_i<-0.25$，则下一列像素位置为 $x_{i+1}=x_i+1$，$y_{i+1}=y_i$，$h_{i+1}=h_i+2x_i+3$；

(2) 如果 $h_i\geqslant -0.25$，则下一列像素位置为 $x_{i+1}=x_i+1$，$y_{i+1}=y_i-1$，$h_{i+1}=h_i+2x_i-2y_i+5$。

注意到 h 的初始值 $1-R$ 为整数，每次迭代 h 的变化量也是整数，即 h 保持为整数，因此 $h<-0.25$ 等价于 $h<0$。则判别条件如下：

(1) 如果 $h_i<0$，则下一列像素位置为 $x_{i+1}=x_i+1$，$y_{i+1}=y_i$，$h_{i+1}=h_i+2x_i +3$；

(2) 如果 $h_i\geqslant 0$，则下一列像素位置为 $x_{i+1}=x_i+1$，$y_{i+1}=y_i-1$，$h_{i+1}=h_i+2x_i-2y_i+5$。

【程序 2.8】求圆弧的中点算法。

扫码观看视频讲解

```
void Midoint_circle(int x0,int y0,double radius,int color)
{
 int x,y,h;
 x=0;
 y=int(radius);
 h=1-int(radius);
 CirPot(x0,y0,x,y,color);
 while(x<y)
 {
 if(h<0)
 h+=2*x+2;
 else
 {
 f+=2*(x-y)+5;
 y--;
 }
```

```
 x++;
 CirPot(x0,y0,x,y,color);
 }
}
```

中点画圆算法只用到整数的加法、减法和左移(乘 2)运算，效率高并且适合硬件实现。

为了进一步提高算法的效率，还可以用增量计算的方法(h_i 的变化量)来消除上述算法中的乘法运算。

(1) 当判别式 $h_i<0$ 时，下一点取 $NE(x_{i+1}, y_i)$，h_i 的变化量为

$$\varepsilon_{NE,i} = 2x_i + 3$$

则

$$\varepsilon_{NE,i} = 2x + 3 = 2(x_i + 1) + 3 = \varepsilon_{NE,i} + 2 \tag{2.32}$$

(2) 当判别式 $h_i \geqslant 0$ 时，下一点取 $E(x_i+1, y_i-1)$，h_i 的变化量为

$$\varepsilon_{E,i} = 2x_i - 2y_i + 5$$

则当 $h_i<0$ 时，下一点取 $E(x_i+1, y_i)$，

$$\varepsilon_{E,i+1} = 2x_{i+1} - 2y_{i+1} + 5 = 2(x_i + 1) - 2y_i + 5 = \varepsilon_{E,i} + 2 \tag{2.33}$$

如果判别式 $h_i \geqslant 0$，那么下一点取 $E(x_i+1, y_i-1)$，

$$\varepsilon_{E,i+1} = 2x_{i+1} - 2y_{i+1} + 5 = 2(x_i + 1) - 2(y_i - 1) + 5 = \varepsilon_{E,i} + 4 \tag{2.34}$$

初始时，

$$x_0 = 0,\ y_0 = 0,\ \varepsilon_{NE,0} = 3,\ \varepsilon_{E,0} = 2R + 5$$

【程序 2.9】生成圆弧的中点算法。

```
void Midpoint_circle1(int x0,int y0,int radius,int color)
{
 int x,y,h,d,e;
 x=0;
 y=radius;
 h=1-radius;
 d=3;
 e=5-2*radius;
 CirPot(x0,y0,x,y,color);
 while(x<y)
 {
 if(h<0)
 {
 h+=d; d+=2; e+=2;
 }
 else
 {
 h+=1; d+=2; e+=4;
 y--;
 }
 x++;
 CirPot(x0,y0,x,y,color);
 }
}
```

扫码观看视频讲解

2.2.4　正负法画圆

正负法是画圆的一种有效方法。假设圆心为(x_c, y_c)，半径为 R 的圆在第一象限内的 1/4 圆弧，它关于 x 是单调下降的。我们在该圆弧上任取一点 $P_i(x_i, y_i)$，并令函数

$$F(x,y)=(x-x_c)^2+(y-y_c)^2-R^2 \tag{2.35}$$

则圆的方程为

$$F(x, y)=0$$

当点(x, y)在圆内时，有

$$F(x, y)<0$$

当点(x, y)在圆外时，有

$$F(x, y)>0$$

我们可以根据 $F(x_i, y_i)$的函数值来确定下一点 $P_{i+1}(x_{i+1}, y_{i+1})$的走向。

① 如果 $F(x_i, y_i)\leqslant 0$，下一位置 $x_{i+1}=x_i+1$，$y_{i+1}=y_i$。

$$F(x_{i+1}, y_{i+1})=(x_i+1)^2+y_i^2-R^2=F(x_i, y_i)+2x_i+1 \tag{2.36}$$

② 如果 $F(x_i, y_i)>0$，下一位置 $x_{i+1}=x_i$，$y_{i+1}=y_i-1$。

$$F(x_{i+1}, y_{i+1})=x_i^2+(y_i-1)^2-R^2=F(x_i, y_i)-2y_i+1 \tag{2.37}$$

这样，用于表示圆弧的点均在圆弧附近，且使 $F(x_i, y_i)$时正时负，这就是正负法名称的由来。正负法不仅可以用于画圆，而且可以方便地用于画其他曲线，如图 2.9 所示。

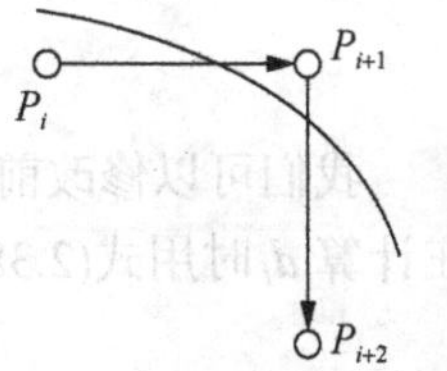

图 2.9　正负法画圆示意图

程序 2.10 是适用于第一象限的正负法画圆算法的 C 语言描述。

【程序 2.10】正负法画圆算法程序。

```
void PN_circle(int radius,int color)
{
 int x,y,d;
 x=0;y=radius;d=0;
 PetPixel(x,y,color);
 while(x<y)
 {
 if(d<=0)
 {
 d+=2*x+1;
 x++;
 }
 else
 {
 d+=-2*y+1;
 y--;
 }
 PutPixel(x,y,color);
 }
}
```

扫码观看视频讲解

2.3 椭圆的生成

我们可以把画圆算法扩展到既可画圆又可画椭圆，如图 2.10 所示，其长轴为 r_1，短轴为 r_2，椭圆的标准方程为

$$\frac{(x-x_c)^2}{r_1^2}+\frac{(y-y_c)^2}{r_2^2}=1 \tag{2.38}$$

用极坐标下的 r 及 θ，可写出椭圆的参数方程为

$$\begin{aligned} x &= x_c + r_1\cos t \\ y &= y_c + r_2\sin t \end{aligned} \tag{2.39}$$

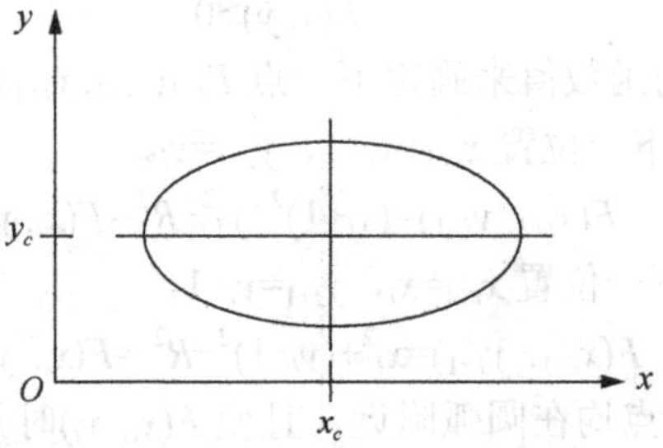

图 2.10　中心不在坐标原点的椭圆

我们可以修改前面讲过的 Bresenham 画圆算法，使它也可生成椭圆。要画椭圆，只需在计算 d_i 时用式(2.38)代替圆的方程。即对于圆心在原点的椭圆，可以用下式表示 y 值：

$$y^2 = r_2^2(1 - x^2/r_1^2) \tag{2.40}$$

画椭圆算法与画圆算法的唯一差别是参数 d 的形式不同。另外，像画圆一样，在输出的点上加上一个偏移量，也可在任意位置生成椭圆。

2.4 曲面与曲线

用一些离散的点来近似地决定曲线和曲面，是在设计或制造工作中经常会遇到的问题。在汽车、飞机、船舶、机器零件以及服装等许多行业都大量地遇到这类问题。人们已经发展了许多技术用于设计和绘制各种曲线和曲面。而计算机的出现，使这一技术又有了新的重大发展。本节将介绍曲线和曲面的常用表示形式及其理论基础。

2.4.1 曲线和曲面表示的基础知识

1. 曲线和曲面参数表示

尽管解析几何中的参数方程早就给出，研究参数曲线、曲面性质的微分几何早就形成一门学科，但是采用参数表示描述产品的形状一直到 20 世纪 60 年代初才被美国波音飞机公司的福格森所采用。在这之前，在画法几何和机械制图中，难以对自由型曲线、曲面进

行清晰的表达。曲线的描述一直是采用显式的标量函数 $y=f(x)$或隐式方程 $f(x, y)=0$ 的形式，曲面相应采用 $z=f(x, y)$或$f(x, y, z)=0$ 的形式。对于曲线和曲面的这两种表示方法，只要待定的未知量数目与给定的已知量数目相同，且给定的已知量满足一定的要求，则其所决定的形状是唯一的。但是，无论显式方程还是隐式方程，在曲线和曲面的表示上也存在一些问题：①与坐标轴相关的，不便于进行坐标变换；②会出现斜率为无穷大的情况；③难以灵活地构造复杂的曲线、曲面，对于非平面曲线、曲面难以用常系数表示的非参数化函数；④非参数的显式方程 $y=f(x)$只能描述平面曲线，空间曲线必须定义为两张柱面 $y=f(x)$与 $z=g(x)$的交线，对于各种形状及各种情况，非参数方程无法用一种统一的形式来表示空间曲线和曲面；⑤假如我们使用非参数化函数，在某个 xOy 坐标系里的一条曲线，一些 x 值对应多个 y 值，而一些 y 值对应多个 x 值。使用非参数化函数描述，一条曲线同时界定 x 和 y 值的范围以满足某种要求是很困难的。

1963 年，美国波音飞机公司的福格森首先提出了将曲线、曲面表示为参数的向量方程的方法。福格森所采用的曲线、曲面的参数形式从此成为描述曲线曲面的标准形式。

在空间曲线的参数表示中，曲线上每一点的坐标均要表示成某个参数 t 的一个函数式，则曲线上每一点的笛卡儿坐标参数式是：

$$x=x(t),\ y=y(t),\ z=z(t)$$

把三个方程合写到一起，曲线上一点坐标的向量表示是：

$$P(t)=[x(t)y(t)z(t)]$$

如用“′”表示对参数求导，则 $P(t)$关于参数 t 的切向量或导函数是：

$$P'(t)=[x'(t)y'(t)z'(t)]$$

类似地，曲面写为参数方程形式为：

$$x=x(u, w),\ y=y(u, w),\ z=z(u, w)$$

写成向量形式，则是：

$$P(u, w)=[x(u, w),\ y(u, w),\ z(u, w)]$$

实际应用中没有必要去研究 t 从$-\infty\sim+\infty$的整条曲线，而往往只对其中的某一部分感兴趣。对于曲线或曲面的某一部分，可以简单地用 $a\leqslant t\leqslant b$ 界定它的范围。通常我们经过对参数变量的规格化，使 t 在[0, 1]闭区间内变化，写成 $t\in[0, 1]$，对此区间内的参数曲线进行研究。

最简单的参数曲线是直线段。例如，已知直线段的端点坐标分别是 $P_1[x_1, y_1]$、$P_2[x_2, y_2]$，此直线段的参数表达式是：

$$P(t)= P_1+(P_2-P_1)t=(1-t)P_1+tP_2 \quad 0\leqslant t\leqslant 1$$

参数表示相应的 x、y 坐标分量是：

$$x(t)=x_1+(x_2-x_1)t$$

$$y(t)=y_1+(y_2-y_1)\,t \qquad 0\leqslant t\leqslant 1$$

$P(t)$的切向量是：

$$P'(t)=[x'(t)y'(t)]=[(x_2-x_1)(y_2-y_1)]$$

或写成：

$$P'(t)=(x_2-x_1)i+(y_2-y_1)j$$

式中，i、j 为 x、y 轴向的单位向量。

实践表明，为计算机处理方便，应该将曲线、曲面写成参数方程形式。在曲线、曲面的表示上，参数方程具有如下优点。

(1) 对非参数方程表示的曲线、曲面进行变换，必须对曲线、曲面上的每个型值点进行几何变换；而对参数表示的曲线、曲面进行变换，可对其参数方程直接进行几何变换(如平移、比例、旋转)，从而节省计算工作量。

(2) 便于处理斜率为无限大的问题。

(3) 有更大的自由度来控制曲线、曲面的形状。同时对于复杂的曲线和曲面具有很强的描述能力和丰富的表达能力。

(4) 参数方程中，代数、几何相关和无关的变量是完全分离的，而且对变量个数不限，从而便于用户把低维空间中的曲线、曲面扩展到高维空间去。这种变量分离的特点使我们可以用数学公式去处理几何分量，同时可以使曲线和曲面具有统一的表示形式。

(5) 规格化的参数变量 $t\in[0, 1]$，使其相应的几何分量是有界的，而不必用另外的参数去定义其边界。它便于曲线和曲面的分段、分片描述，易于实现光顺连接。

(6) 易于用向量和矩阵表示几何分量，计算处理简便易行。

然而，值得一提的是，隐式方程的优点不应被忽视。与参数方程相比，采用隐式方程，通过将某一点的坐标代入隐式方程，计算其值是否大于、等于、小于 0，能够容易地判断该点是落在所表示的曲线(或曲面)上还是某一侧。利用这个性质，在曲线、曲面求交时将会带来莫大的方便。

2. 基本概念

在计算机上表现的曲线和曲面，大体上可以分为两类。一类要求通过事先给定的离散的点，称为插值的曲线或曲面。另一类不要求通过事先给定的各离散点，而只是用给定各离散点形成的控制多边形来控制形状，称为逼近的曲线或曲面。事先给定的离散点常称为型值点，由型值点求插值的或逼近的曲线或曲面的问题，称为曲线或曲面的拟合问题。

1) 插值

要求构造一条曲线顺序通过型值点，称为对这些型值点进行插值(interpolation)。这些型值点或者通过测量得到，或者由设计者直接给出。插值方法通常用在数字化绘图或动画设计中。图 2.11 是对 6 个型值点的插值。

2) 逼近

当型值点太多时，构造插值函数使其通过所有的型值点是相当困难的；或者当型值点本身就带有误差时，也没有必要寻找一个插值函数通过所有的型值点。此时人们往往构造一条曲线，使它在某种意义上最佳逼近这些型值点，称之为对这些型值点进行逼近(approximation)。逼近方法一般用来设计构造形体的表面。图 2.12 是对与图 2.11 相同的 6 个型值点的逼近。

3) 参数连续性

一函数在某一点 x_0 处具有相等的直到 k 阶的左右导数，称它在 x_0 处是 k 次连续可微的，或称它在 x_0 处是 k 阶连续的，记作 C_k。几何上 C_0、C_1、C_2 依次表示该函数的图形、切线方向、曲率是连续的。由于参数曲线的可微性与所取参数有关，故常把参数曲线的可微性称为参数连续性。

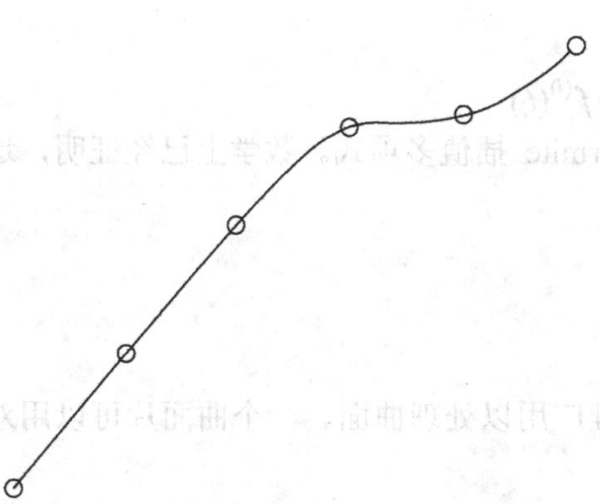

图 2.11　对 6 个型值点的插值

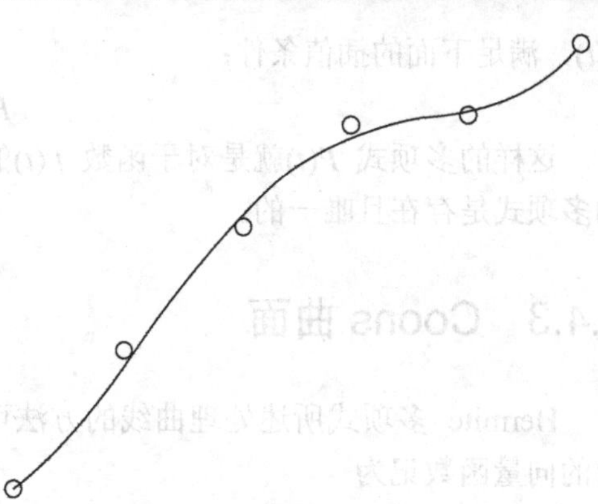

图 2.12　对 6 个型值点的逼近

4)　几何连续性

两曲线段相应的弧长参数化在公共连接点处具有 C_k 连续性，则称它们在该点处具有 k 阶几何连续性，记作 G_k。零阶几何连续 G_0 与零阶参数连续 C_0 是一致的。一阶几何连续 G_1 指一阶导数在两个相邻曲线段的交点处成比例，即方向相同，大小不同。二阶几何连续 G_2 指两个曲线段在交点处其一阶和二阶导数均成比例。简单地讲，几何连续只需要两个曲线段在交点处的参数导数成比例而不是相等。参数连续性或几何连续性通常作为连接两个曲线段或曲面片的条件。图 2.13 和图 2.14 给出了具有 C_0 连续和 C_2 连续的插值的例子。

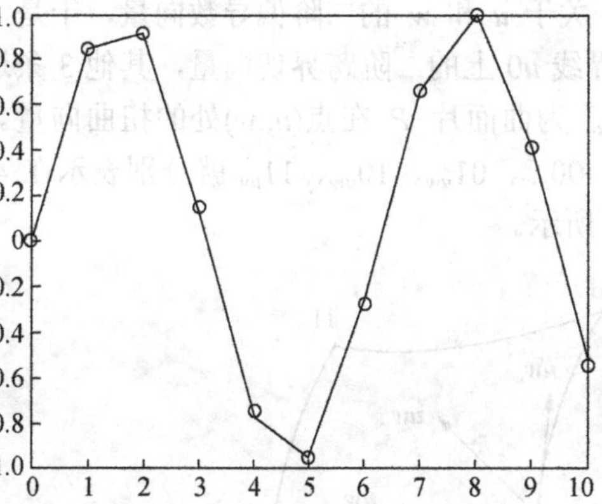

图 2.13　C_0 连续的线性插值

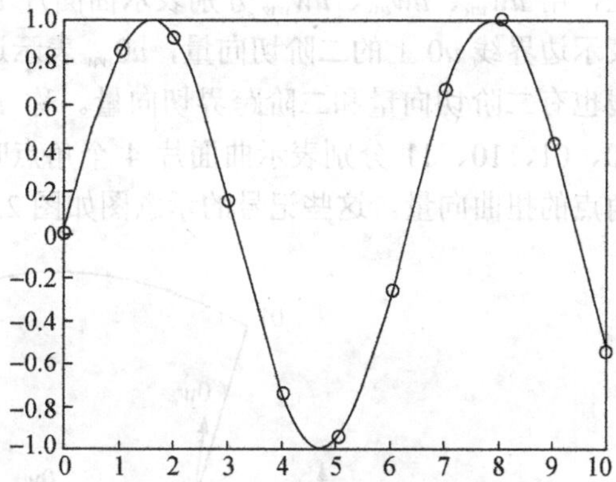

图 2.14　C_2 连续的样条插值

5)　光顺

光顺(smoothness)是指曲线的拐点不能太多，要光滑顺畅。对于平面曲线相对光顺的条件应该是：①具有二阶几何连续(G_2)；②不存在多余拐点和奇异点；③曲率变化较小。

2.4.2　Hermite 多项式

已知若干个离散点的位置值和导数值，求经过那些点的插值多项式，是数学上熟知的 Hermite 插值问题。这一问题的明确提法是：已知函数 $f(t)$在 k+1 个点$\{t_i\}$处的函数值和导数值$\{f^{(j)}(t_i)\}$，i=0,1,…,k，j=0,1,…,m_i−1，要求确定一个 N=m_0+m_1+…+m_k−1 次的多项式

$P(t)$，满足下面的插值条件：

$$P^{(j)}(t_i)=f^{(j)}(t_i)$$

这样的多项式 $P(t)$就是对于函数 $f(t)$的 Hermite 插值多项式。数学上已经证明，这样的多项式是存在且唯一的。

2.4.3 Coons 曲面

Hermite 多项式所述处理曲线的方法可以推广用以处理曲面。一个曲面片可以用双参数的向量函数记为

$$P(u,w)=[\,x(u,w),\, y(u,w),\, z(u,w)],\quad 0\leqslant u\leqslant 1,\quad 0\leqslant w\leqslant 1$$

Coons 引入了如下一些简明的记号：

$$uw=P(u,w),\quad uw_u=\frac{\partial P(u,w)}{\partial u},\quad uw_{uw}=\frac{\partial^2 P(u,w)}{\partial u\partial w},\ \cdots$$

$$00=P(0,0),\ 00_u=\frac{\partial P(u,w)}{\partial u}，\text{其中，}u=0,\ w=0,\ 00_{uw}=\frac{\partial^2 P(u,w)}{\partial u\partial w}，\text{其中，}u=0,\ w=0,\ \cdots$$

于是知道，uw 表示了曲面片的方程。$0w$、$1w$、$u0$、$u1$ 分别表示一个参数固定为 0 或 1，因此表示了曲面片的 4 条边界曲线。$u0_u$ 表示在边界线 $u0$ 上的点沿 u 向的一阶偏导数向量，称为边界线的切向量，$u0_w$ 表示边界线 $u0$ 上的点沿 w 向的一阶偏导数向量，称为边界线的跨界切向量，类似地其他 3 条边界线也有切向量和跨界切向量。在此基础上，用 uw_{uu}、uw_{uw}、uw_{ww} 分别表示曲面片 uw 关于 u 和 w 的二阶偏导数向量，于是 $u0_{uu}$ 表示边界线 $u0$ 上的二阶切向量，$u0_{ww}$ 表示边界线 $u0$ 上的二阶跨界切向量，其他 3 条边界线也有二阶切向量和二阶跨界切向量。称 uw_{uw} 为曲面片 P 在点(u, w)处的扭曲向量。用 00、01、10、11 分别表示曲面片 4 个角点时，00_{uw}、01_{uw}、10_{uw}、11_{uw} 就分别表示在 4 个角点的扭曲向量。这些记号的示意图如图 2.15 所示。

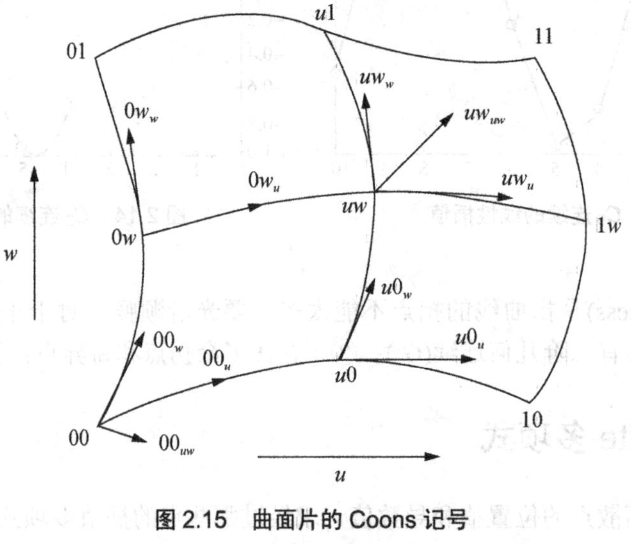

图 2.15 曲面片的 Coons 记号

2.5　输出图元的属性

在图元输出之前，可为其指定不同的属性，属性定义了图元在输出设备上的外部特征，例如，可用属性为输出图元定义线型、线宽、色彩等。这就需要对扫描转换算法做一些修改，甚至需要重新设计算法。本节将讨论如何在扫描转换的同时，控制输出图元的线宽和线型。

2.5.1　线宽控制

常用的控制线宽的方法有复制像素法、移动画笔法和区域填充法等。

1．复制像素法

假设要输出的图元线宽为 n，则最简单的控制方法是：在扫描转换图元时，同时显示 n 个像素。这样就将原来绘制单个像素的语句改写成以该像素为中心绘制水平或垂直排列的多个像素，因此可产生具有一定线宽的线条。对于线段来说，当斜率的绝对值小于 1 时，进行垂直方向上的像素复制；当斜率的绝对值大于 1 时，进行水平方向上的像素复制，如图 2.16 所示。

(a) 垂直方向上像素复制　　(b) 水平方向上像素复制

图 2.16　用复制像素法绘制线段

复制像素法具有算法简单、执行效率高的优点，适合于比较小的线宽。当线宽较大时，复制像素法有一些比较明显的缺点。

(1) 由于只在水平或垂直方向复制像素，线段的两端只有水平或垂直两种情况，因此，当线宽较大时，看起来不太自然。

(2) 对于曲线来说，要根据当前绘制像素的斜率来决定是在水平方向还是在垂直方向复制像素。例如，对于图 2.17 所示的位于第一象限的圆弧，其中部分在水平方向复制像素，部分在垂直方向复制像素。而图元的宽度是在其法线方向上衡量的，假设图元的宽度为 k，在水平(0°)或垂直(90°)处宽度最大(为 k)，而在斜率等于 1 时，宽度最小(为 $k/2$)。

(3) 对于折线来说，由于相邻两条线段的斜率不同，当一条线段在水平方向复制像素时，另一条线段可能在垂直方向复制线段，因此，在折线连接处由水平复制转为垂直复制时，就会产生缺口，如图 2.18 所示。

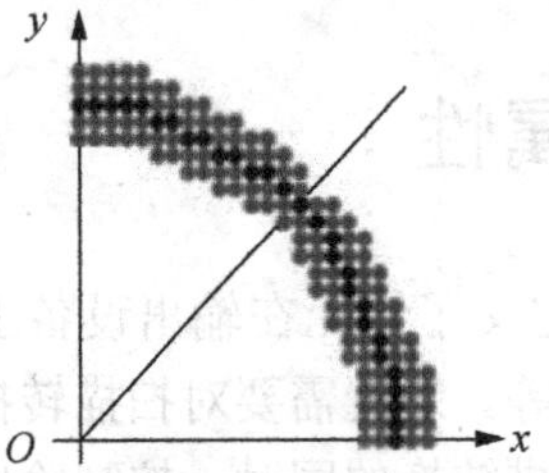

图 2.17　用复制像素法绘制圆弧

图 2.18　复制像素法产生的缺口

2. 移动画笔法

实现画笔移动的简单方法是：将原来绘制单个像素的语句改写成以该像素为中心绘制画笔位图的语句。也就是将设定宽度为 k 的画笔的中心沿线段移动，即可产生具有线宽 k 的线条。画笔的形状有方形、圆形等不同形状，图 2.19 所示为移动方形画笔绘制的线段。与复制像素法进行比较，可以看出：用方形画笔绘制的线段，两个端点总是方的，绘制圆弧时，与复制像素法正好相反，即当斜率接近 1 时，宽度最大(等于 k)。

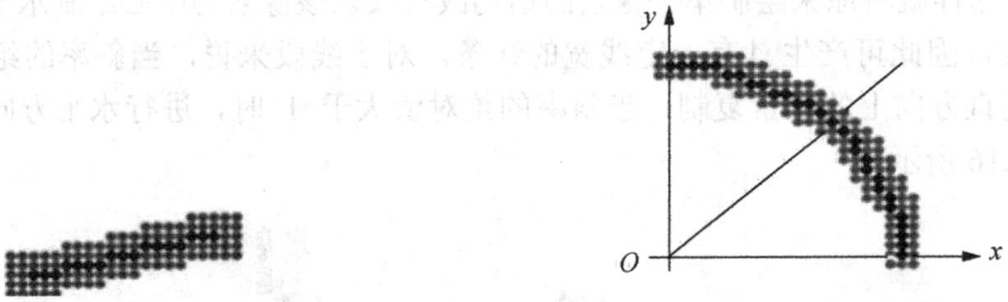

(a) 用移动画笔法绘制线段　　(b) 用移动画笔法绘制圆弧

图 2.19　用移动画笔法绘制线段和圆弧

3. 区域填充法

我们可以根据线条的宽度，计算出线条的外轮廓，然后调用填充图元的生成函数将其填充，产生具有一定线宽的线条。图 2.20 所示为用区域填充法绘制的圆弧。

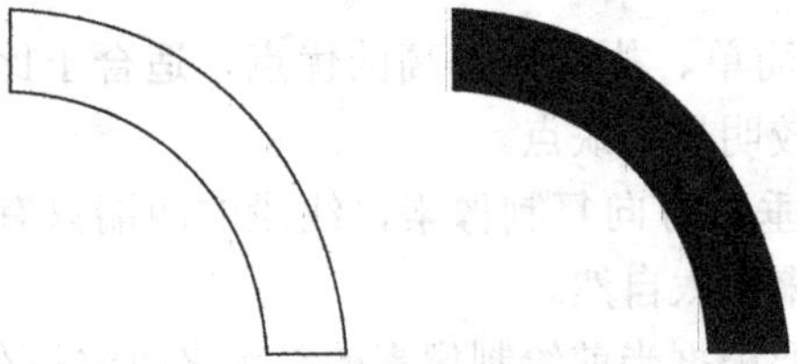

图 2.20　用区域填充法绘制圆弧

2.5.2 线型控制

在图形系统中经常使用具有不同线型的线条来表示不同的含义。例如，物体的可见轮廓线用实线表示，看不见的轮廓线用虚线表示，回转体的轴线和圆心线用点画线来表示，等等。图 2.21 所示为常用的 4 种线型。

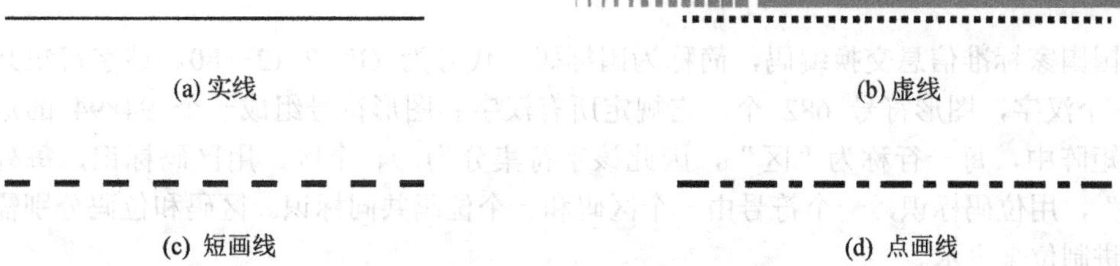

图 2.21　4 种常用的线型

在各种图形软件中，修改画线算法可实现不同的线型。在显示虚线时，把画线算法修改为沿一直线输出带有间隙的短实线。而点画线是每画一短实线加入一点。其他线型可通过短画线的长短不同及间隙不同来重新组合得到。线型控制一般用一个位屏蔽器来实现。例如，可以用一个 8 位的二进制串来定义线型，用 11111111 表示实线，用 10101010 表示虚线，用 11110000 表示短画线，用 11100100 表示点画线。这时线型必须从第一个点开始，以 8 个像素为周期进行复制。在程序实现时只要把扫描转换算法中的无条件写像素语句

```
putpixel(x,y,color);
```

改为

```
if(线型位串[i%8])putpixel(x,y,color);
```

即可。其中 i 为循环变量，初始值为 0，用来指示当前像素的序号，每处理一个像素，它的值就增加 1。“i %8”为 i 模 8 余数，线型位串[i%8]为线型中的对应元素。if 语句的功能就是，当当前像素对应的位为 1 时显示该像素，为 0 时不显示。

需要注意的是，当线段的斜率不同时，同样多的像素可能具有不同的长度。例如，45°线段的长度是水平线段的 2 倍。但上述线型的处理方法是以像素为基本单位进行的，因此线型中笔画的长度与线段的斜率相关，最多可相差 $\sqrt{2}$ 倍，这种现象在精确制图中是不允许的。为了尽量使笔画的长度与线段的斜率无关，可以根据线段的斜率来调整构成笔画的像素的个数，从而得到与水平线段近似相同的周期性笔画长度。

2.6　字符的生成

在图形系统中，除了要显示各种几何元素之外，还要显示字符及各种标记符号。这是因为在工程绘图中，有很多面向各种应用的工程符号。例如，在水利、土木施工图中常用的标高、剖切位置等符号；在电子线路图中常用的电压、电阻、电容符号，以及机械设计图中的加工精度、表面粗糙度等符号，它们都可以归结为字符，并且任何图形的标注、说明都离不开字符。所以字符在计算机图形处理技术中是必不可少的内容。目前常用的字符有两种：一种是 ASCII 码字符，另一种是汉字字符。

ASCII 码是用 7 位二进制数进行编码的，所以只能表示 128 个字符，其中编码 0～31 表示控制字符(不可显示)，编码 32～127 表示英文字母、数字、标点符号等可显示字符。显然，每个 ASCII 码用 1 字节(实际上只需要 7 个二进制位)即可表示。

为了能够在计算机中处理汉字，我国制定了汉字编码的国家标准字符集——中华人民

共和国国家标准信息交换编码，简称为国标码，代号为 GB 2312—80。该字符集共收入 6763 个汉字，图形符号 682 个，它规定所有汉字和图形符号组成一个 94×94 的矩阵，在此矩阵中，每一行称为“区”，因此该字符集分为 94 个区，用区码标识，每列称为“位”，用位码标识，一个符号由一个区码和一个位码共同标识。区码和位码分别需要 7 个二进制位来表示。

为了方便，一个字符的 ASCII 码占用 1 字节，而汉字(符号)国标占用 2 字节，那么怎样区分 ASCII 码和汉字呢？通常采用字符中冗余的最高位来标识，最高位为 0 时，表示 ASCII 码；最高位为 1 时，表示汉字编码的高位字节(区码)或低位字节(位码)。为了能在显示器等输出设备上输出字符，必须有每个字符的图形信息，这些信息保存在系统的字库中。

在计算机中最常用的表示字符形状的方法有两种，即位图(Bitmap)表示和轮廓线(Outline)表示。

2.6.1 字符形状表示

图 2.22 所示为英文字母“P”的两种表示方法。其中，图 2.22(b)所示为位图表示，即用 0、1 位图来描述字符的形状，这个 0、1 位图被称为点阵(Dot-Matri)，因此，位图表示也称为点阵表示；图 2.22(c)所示为轮廓线表示，即用直线或曲线来描述字符的轮廓。目前最常用的轮廓线表示有 Apple 公司和 Microsoft 公司共同开发的 TrueType 以及 Adobe 公司开发的 PostScript 两种标准。

显示位图表示的字符的过程很简单，可用写位图的方式。写位图的方式有两种，即透明方式和不透明方式。而显示轮廓线表示字符的过程要复杂一些，需要用扫描转换算法对轮廓线的内部进行填充。

一般来说，英文字母、数字的位图表示的分辨率不应低于 5×7，而汉字的分辨率不应低于 16×16。在中文系统中，一般将分辨率为 16×16 或 24×24 的位图表示汉字，用作显示，而在打印时，如果还使用位图表示，需要有更高的分辨率。一个分辨率为 16×16 的位图表示的汉字，需要占用 2 字节×16=32 字节；而一个分辨率为 128×128 的位图表示的汉字则需要占用 16 字节×128=2048 字节，全部 6768 个分辨率为 128×128 的位图表示的汉字需要占用 2048 字节×6768=13 860 864 字节。

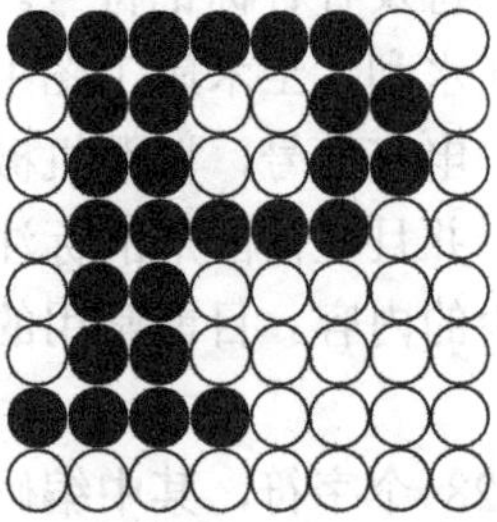

(a) 点阵字符

1	1	1	1	1	1	0	0
0	1	1	0	0	1	1	0
0	1	1	0	0	1	1	0
0	1	1	1	1	1	0	0
0	1	1	0	0	0	0	0
0	1	1	0	0	0	0	0
1	1	1	1	0	0	0	0
0	0	0	0	0	0	0	0

(b) 点阵字库中的位图表示

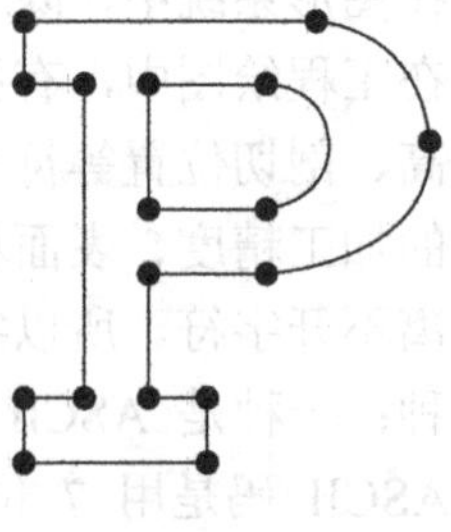

(c) 矢量轮廓字符

图 2.22 字符的种类

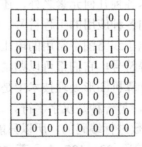

位图表示的主要缺点是需要占用大量的存储空间，尽管可以使用固定大小的字体来产生大小(放大、缩小)和字形(加粗、倾斜)等方面的各种变化，但是其效果往往不能令人满意，因此，系统通常需要为每种字体的每种变化存储一套位图表示。

由于可以方便地通过对字符的轮廓线的变换产生一种字体的各种变化，因此系统只要为一种字体存储一套轮廓线表示即可，这样可节省大量的存储空间。但是，显示轮廓线表示的字符需要先作扫描转换，因而需要更长的处理时间。

2.6.2　字符属性

在输出字符(或字符串)之前，往往需要指定一系列字符属性。字符属性包括字体、字形、字符大小、字符间距、字符颜色、字符串对齐方式等，如图 2.23 所示。

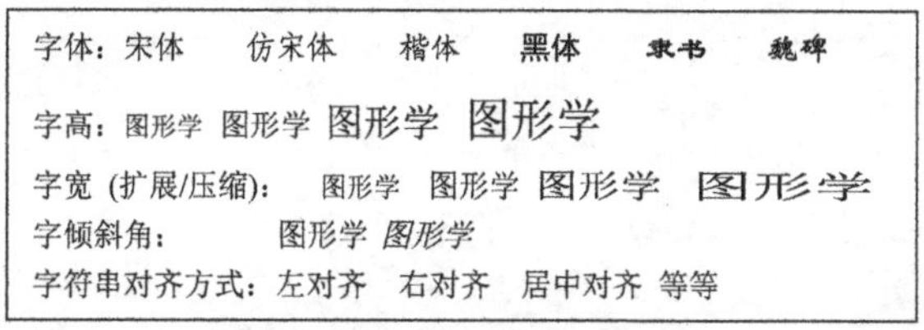

字体：宋体　仿宋体　楷体　黑体　隶书　魏碑
字高：图形学 图形学 图形学 图形学
字宽 (扩展/压缩)：图形学 图形学 图形学 图形学
字倾斜角：图形学 图形学
字符串对齐方式：左对齐　右对齐　居中对齐　等等

图 2.23　字符属性

在许多软件中，都有可选用的不同字体，以适应不同情况的要求。常用的汉字有宋体、仿宋体、黑体、楷体等，英文常用的字体有 Arial、Courier、Roman 等。常用的字型有直体、黑体、斜体、加粗斜体等。

字符的颜色种类与整个系统的颜色属性有关。用字符尺寸改变字体的大小时，可保持字符的高宽比不变，只要指定字符的高度，字符的宽度就会随之产生变化。字符间距值一般是大于零的，表示字符之间有一定的距离，如果该值小于零，则表示字符之间会重叠；如果该值等于零，则表示字符之间没有间隙。

一个字符串可沿着某一方向路径排列，如垂直路径(从上至下或从下至上排列)和水平路径(从左往右排列)。字符串的水平对齐方式有左对齐、中心对齐和右对齐 3 种，垂直对齐方式有顶对齐、帽对齐、半对齐、基对齐和底对齐 5 种，这些对齐方式的含义随着字符串路径的不同而有所不同。

课 后 习 题

一、填空题

1. 计算机内部表示的________，必须呈现在________上。从图形定义的物空间到进行显示处理的________的转换就是图形的生成过程，也称为________。

2. 数值微分法即 ________法，此方法对一个方向的坐标取________的变化，然后计算另一方向坐标相应的________。

3. 对于 ________为任意点的圆弧，可以先将其________到原点，然后进行________，再平移到原来的位置。

二、简答题

1. 简述双步画线算法的特点。

2. 简述图元扫描的定义。

3. 简述在曲线、曲面的表示上，参数方程具有的优点。

第3章
二维实面积图形的生成

教学提示：光栅图形的表示方法是点阵式，它的主要特点是为指定的平面区域填充所需要的颜色，即面着色。只要算法设计得当，运用面着色的方法可以使光栅图形的画面明暗自然、色彩丰富、形象逼真。这些特点使光栅图形在图像处理、空间立体显示、动态模拟、军事仿真、物质结构研究和真实感图形等方面得到广泛应用。二维实面积图形也就是二维区域。本章主要讨论如何用一种颜色或图案来填充一个二维区域。区域填充可以分两步来进行，第一步先确定哪些像素需要填充，第二步确定用什么颜色来填充。本章的前两节讨论简单情形，用单一颜色填充多边形与图形区域，即均匀填色；第三节讨论如何用图案来填充区域；最后一节简单介绍宽图元的绘制。

教学目标：重点掌握区域填充的概念与算法；掌握图案填充的基本思想与基本方法；熟悉宽图元处理，尤其是线宽处理的几种方法。

3.1 矩形填充

矩形是多边形的一个特例，可以用多边形的扫描转换算法来进行填充，但多边形的扫描转换算法针对的是一般多边形，其中会用到比较复杂的算法和数据结构，所以用它来填充简单的矩形时效率很低。而矩形在各种图形应用(特别是在窗口系统)中用得较多，所以一般来说，图形软件包都将它单独作为一类图元来处理，利用矩形的简单性来提高绘图效率。

设矩形的两对角顶点的坐标分别为(x_{min}, y_{min})、(x_{max}, y_{max})(见图 3.1)，为了将它用指定的颜色均匀填充，只要将矩形内的每个点按指定颜色填充即可，见程序 3.1。

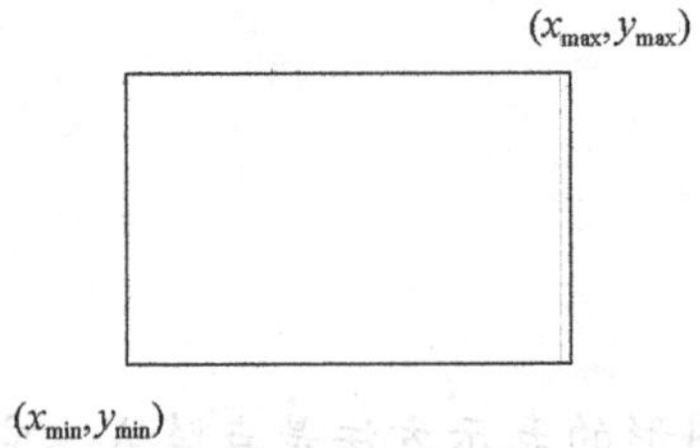

图 3.1　矩形由其两个对角顶点的坐标唯一确定

【程序 3.1】扫描转换矩形。

```
void FillRectangle(int xmin, int xmax, int ymin, int ymax,
int color)
{int x, y;
 for(y=ymin; y<=ymax; y++)
 for(x=xmin; x<=xmaxm; x++)
 putpixel(x, y, color);
}/* end of FillRectangle()*/
```

当矩形具有较大的面积时，需要多次调用函数 putpixel()，降低了效率。实际上，程序 3.1 中的内循环可以理解为：填充扫描线 y 上位于 x_{min} 和 x_{max} 之间的区间。这样为了减少函数的调用次数，每条扫描线上的区间[x_{min}, x_{max}]可以用画线函数 line()填充，从而程序 3.1 变为程序 3.2。

【程序 3.2】扫描转换矩形。

```
void FillRectangle(int xmin, int xmax, int ymin,int ymax,
int color)
{int y;
 for(y=ymin; y<=ymax; y++)
 line(xmin, y, xmax, y, color);
}/* end of FillRectangle()*/
```

注意：当两个矩形共享一条边时(见图 3.2)，存在该边属于谁的问题。事实上，对这个问题不存在完善的处理方法，即该边完全属于谁。对于这种情况，一般采用一个折中的处理方法：对于任一个矩形，处理它的四个边的原则是左闭右开，下闭上开。按照这个原则，图 3.2 中的共享边应属于右边的矩形。

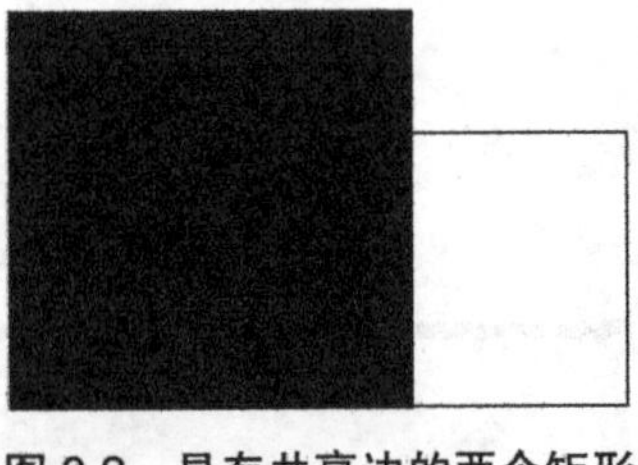

图 3.2　具有共享边的两个矩形

3.2　区域填充

区域填充即给出一个区域的边界，要求为边界范围内的所有像素单元赋予指定的颜色代码。本节主要讨论如何用单一颜色填充多边形与图形区域。

3.2.1　多边形的扫描转换算法

1. 多边形的扫描转换

在计算机图形学中，多边形有两种重要的表示方法：顶点表示法和点阵表示法。

顶点表示法就是用多边形的顶点序列来刻画多边形。如图 3.3 所示的多边形可表示为 $P_0P_1P_2P_3P_0$。这种表示方法直观，几何意义强，占内存少，被广泛地应用于各种几何造型。但由于它没有明确指出哪些像素位于多边形内，因此不能直接用于面着色。

点阵表示是用位于多边形内的像素的集合来刻画多边形。图 3.3 所示的多边形可表示为图 3.4 所示的标为黑实点的像素的集合。点阵表示方法虽然失去了许多重要的几何信息，但它适合光栅显示系统的需要，是面着色所需要的图形表示形式。

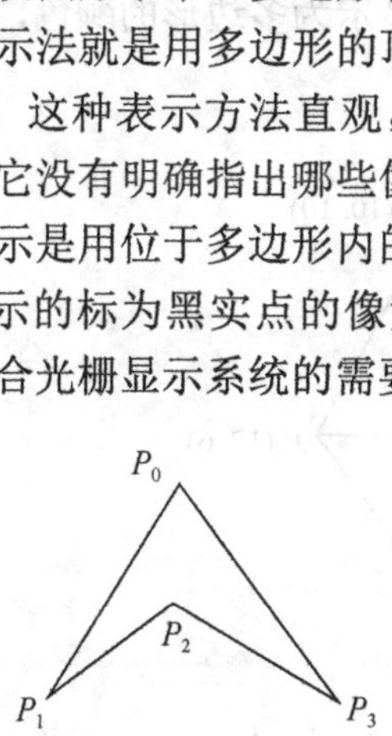

图 3.3　顶点表示的多边形

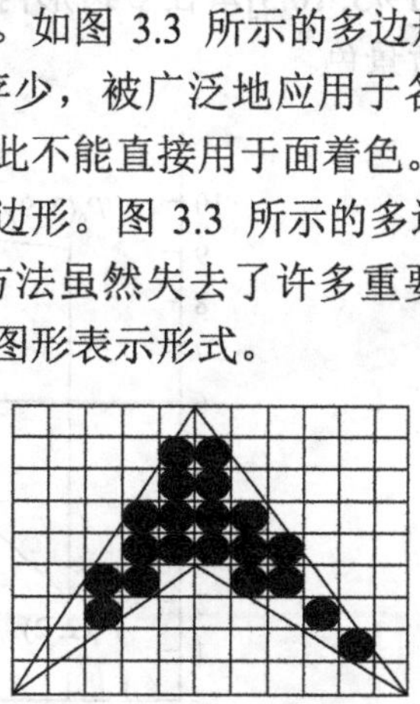

图 3.4　点阵表示的多边形

由于多边形的顶点表示既直观，又有很强的几何意义，所以大多数图形系统都采用顶点序列来表示多边形。但这种表示方法不能直接用于显示，需要将多边形的顶点表示转化为点阵表示，也就是从多边形的给定边界出发，求出位于其内部的各个像素，并给缓冲器内的各个对应元素设置相应的灰度和颜色值，因此这种转换通常被称为多边形的扫描转换。多边形的扫描转换过程实质上就是对多边形包围的区域着色的过程，因此是一种面着色方法。

实现多边形扫描转换的最简单方法是逐点判断法，即逐个判断绘图窗口内的像素，确定它是否位于多边形区域内部，从而求出在多边形区域内部的像素的集合。由于逐点判断法割断了各像素之间的联系，孤立地考察各个像素与多边形之间的内外关系，使得绘图窗口内的每一个像素都要一一判别，每次判别又需要大量的运算，所以逐点判断法虽然算法简单，但由于速度太慢，效率很低，很少有图形应用此方法来扫描转换多边形，因此本书对此方法不再叙述，有兴趣的读者可参考其他计算机图形学教材。

2. 扫描线的连贯性与边的连贯性

扫描线算法是扫描转换多边形的常用算法，它充分利用了像素之间的连贯性，避免了对像素的逐点判断，减少了计算量，提高了速度。

这里所讨论的多边形是非自交多边形(边与边之间除了顶点外，无其他交点)，这种非自交多边形可以是凸的、凹的，还可以是带孔的。对于自交多边形的扫描转换，只需对本小节的算法稍加修改即可。

多边形的扫描线算法就是将扫描转换多边形的问题分解到一条条扫描线上，也就是按照扫描线的顺序，计算绘图窗口内每一条扫描线与多边形的相交区间，再用指定的颜色来填充这段区间，就完成了整个多边形的扫描转换工作。

如图 3.5 所示，求扫描线 y=4 与多边形 $P_0P_1P_2P_3P_4P_5P_0$ 的所有边 P_0P_1、P_1P_2、P_2P_3、P_3P_4、P_4P_5、P_5P_0 的交点，得到 4 个交点 D、C、A、B。将交点 D、C、A、B 按 x 坐标的大小从小到大排序，得到交点序列 A、B、C、D。该扫描线被这个交点序列分割成 5 个区间：[0, 2]、[2, 4]、[4, 19/3]、[19/3, 10.5]、[10.5, 13](13 为绘图窗口的右边界)。其中，区间[2, 4]和[19/3, 10.5]落在多边形内，该区间内的像素被显示为多边形的颜色，其他区间内的像素取背景色。

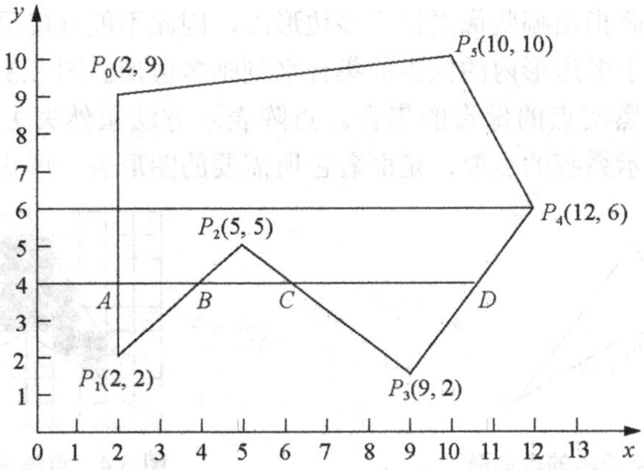

图 3.5　多边形与扫描线

综上所述，每条扫描线与多边形的边有偶数个交点，若将这些交点按横坐标递增的顺序排序，第 1 个交点和第 2 个交点之间，第 3 个交点和第 4 个交点之间……其内像素位于多边形内部，这种性质被称为扫描线的连贯性。当用指定的多边形颜色填充这些区间后，该扫描线上的填充工作就完成了。因此一条扫描线上的填充过程可以分为以下 4 个步骤。

(1) 求交：计算扫描线与多边形各边的交点。

(2) 排序：将所有交点按横坐标从小到大的顺序排序。

(3) 交点配对：将交点按顺序两两配对，每对交点构成扫描线与多边形的一个相交区间。

(4) 区间填充：将相交区间内的像素置为多边形颜色，其他区间内的像素设置为背景颜色。

从上面的讨论可以看出，扫描转换多边形的关键是计算扫描线与多边形各边的交点。当多边形具有很多的边数时，这种求交点的计算量是很大的。为了减少求交点的计算量，可以利用边的连贯性。当一条扫描线 y_i 与多边形的某一边有交点时，其相邻扫描线 y_{i+1} 一般也与该边相交(除非 y_{i+1} 的值不在由该边两端点的 y 坐标构成的区间)，而且扫描线 y_{i+1} 与该边的交点，可以由扫描线 y_i 与该边的交点递推求得。如图 3.6 所示，线段 P_1P_2 与扫描线 y_i 相交于点 $A(x_i, y_i)$，与扫描线 y_{i+1} 相交于点 $B(x_{i+1}, y_{i+1})$，假设线段 P_1P_2 所在的直线方程为

$$y = mx + b \tag{3.1}$$

将 A、B 两点的坐标分别代入式(3.1)得

$$y_i = mx_i + b \tag{3.2}$$

$$y_{i+1} = mx_{i+1} + b \tag{3.3}$$

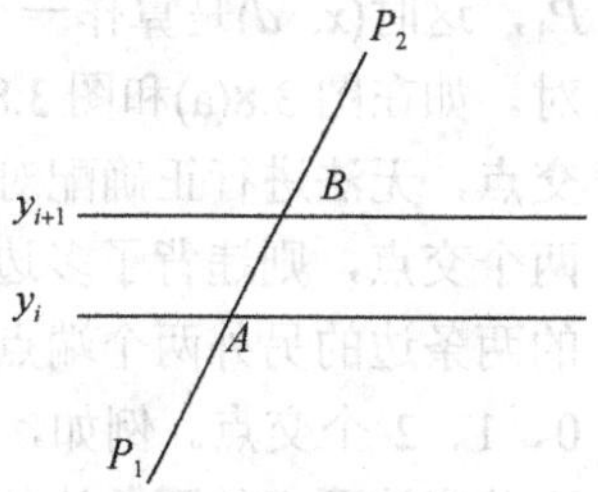

图 3.6　边的连贯性

又因为

$$y_{i+1} = y_i + 1 \tag{3.4}$$

所以由式(3.2)至式(3.4)可得

$$x_{i+1} = x_i + \frac{1}{m} \tag{3.5}$$

综合式(3.4)和式(3.5)可知，线段 P_1P_2 与扫描线 y_{i+1} 的交点 B 的坐标可由该线段与上一条扫描线(扫描线 y_i)的交点 A 的坐标得到。也就是说，若已知线段 P_1P_2 与扫描线 y_i 的交点 A 的坐标，则线段 P_1P_2 与扫描线 y_{i+1} 的交点 B 的坐标不需要计算，直接通过式(3.4)和式(3.5)得到。

3. 交点取整和取舍问题

先讨论交点的取整问题。利用边的连贯性，不需要求扫描线与多边形所有边的交点，避免了盲目求交，减少了计算量，解决了求交点的问题。但由于得到的交点的横坐标有可能是小数，而显示器是整数坐标系，所以在交点两两配对确定填充区间之前，需要对交点的横坐标取整。在交点取整时可能出现各种情况。

设多边形的非水平边与扫描线 $y=d$ 相交，交点(x, d)的横坐标为 x，x 为小数，即位于扫描线 $y=d$ 上的两个相邻像素之间，如图 3.7 所示，若采用线画图元扫描转换的四舍五入原则对 x 取整，会导致部分像素位于多边形之外。为了使生成的像素全部位于多边形之内，采取的处理方法是：若交点位于多边形的左边界上[见图 3.7(a)]，则取其右端的像素[int(x)+1, d]；若交点位于多边形的右边界上[见图 3.7(b)]，则取其左端的像素[int(x), d]。

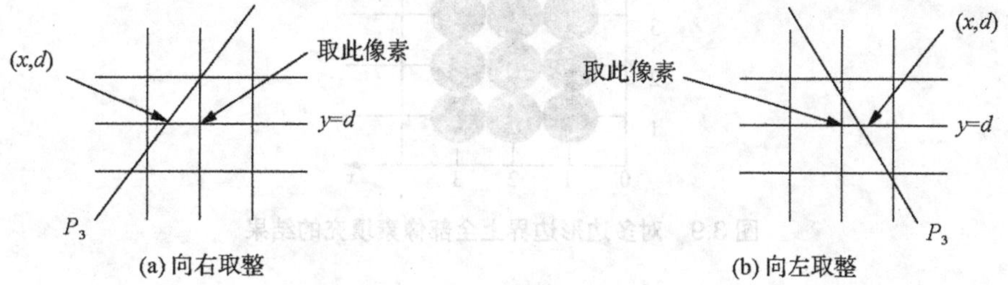

图 3.7　交点(x, d)的横坐标 x 为小数

交点的取舍问题包括两个方面：一是当扫描线与多边形相交于多边形的顶点时，交点的取舍问题；二是当交点落在某一像素点上时，交点的取舍问题。前者保证交点正确配对，后者避免填充区域扩大化。

我们先讨论第一个问题。如图 3.8 所示，扫描线与多边形的交点(x, d)为多边形的顶点

P_1，这时(x, d)是算作一个交点还是算作两个交点？若处理得不当，会影响交点的正确配对。如在图 3.8(a)和图 3.8(b)中，若将(x, d)算作两个交点，则扫描线 $y=d$ 与多边形有 3 个交点，无法进行正确配对，所以(x, d)只能算作一个交点。但在图 3.8(c)中，若将(x, d)算作两个交点，则违背了多边形的“下闭上开”原则。具体的处理方法是：检查与扫描线相交的两条边的另外两个端点的 y 值，两个 y 值中大于交点 y 值的个数是 0、1、2，来决定取 0、1、2 个交点。例如，在图 3.8(a)和图 3.8(b)中，扫描线 $y=d$ 与多边形相交于顶点 P_1，而共享该顶点的两条边的另外两个顶点的 y 值中，只有一个顶点的 y 值大于交点 y 值，所以(x, d)算作一个交点。再如，在图 3.8(c)中，扫描线 $y=d$ 与多边形相交于顶点 P_1，而共享该顶点的两条边的另外两个顶点的 y 值均小于交点 y 值，所以(x, d)算作 0 个交点，该点不被填充。

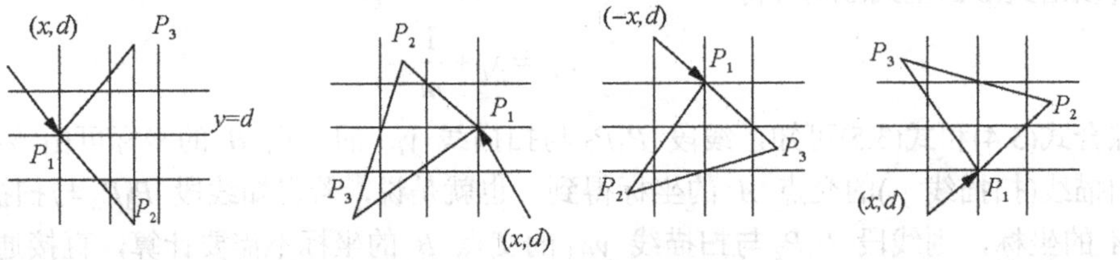

(a) 算作一个交点　(b) 算作一个交点　(c) 算作0个交点　(d) 算作两个交点

图 3.8　交点(x, d)为顶点的情况

在进行多边形的填充时，还要考虑当交点落在像素上的情况。如果将落在像素上的所有交点都进行填充，就会造成填充扩大化。例如，在对左下角坐标为(1, 1)、右上角坐标为(3, 3)的正方形进行填充时，若对落在像素上的所有交点进行填充，则得到如图 3.9 所示的结果。正方形的实际面积为 4，而填充的像素的覆盖面积为 9，显然这个区域扩大化的问题是由对落在像素上的所有交点进行填充引起的。为了解决这个问题，我们规定在填充时对多边形的边界采取“左闭右开”的原则。在具体实现时，对落在多边形左边界上的像素进行填充，如图 3.10(a)所示，而对落在多边形右边界上的像素不填充，如图 3.10(b)所示。

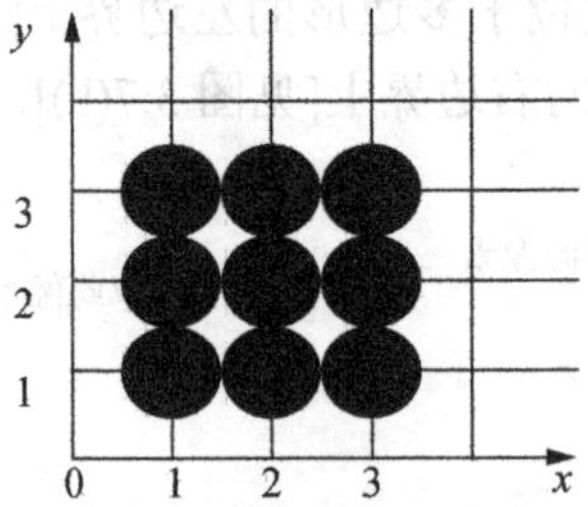

图 3.9　对多边形边界上全部像素填充的结果

4. 扫描线算法

为了实现多边形的扫描转换，可根据边的连贯性和扫描线的连贯性，按从下到上的顺序求得各条扫描线与多边形的交点序列，并将这些交点两两配对，确定填充区间并填充。此算法就是对多边形扫描转换的扫描线算法。

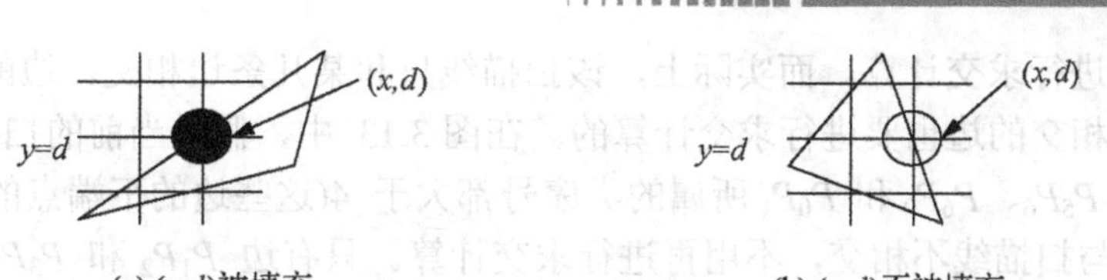

(a) (x,d)被填充　　(b) (x,d)不被填充

图 3.10　(x, d)落在像素上的情况

为了实现扫描线算法，引进了两个灵活的数据结构，它们是活性边表(Active Edge List，AEL)和边的分类表(Edge List，ET)，这两个表中的每个节点都是边结构。边结构包含边的以下 4 个信息。

(1) y_{max}：边的上端点的 y 坐标；

(2) x：在 AEL 中为当前扫描线与边的交点的 x 坐标，在 ET 中为边的下端点的 x 坐标；

(3) Δx：边的斜率的倒数；

(4) next：指向下一条边的指针。

与当前扫描线相交的边被称为活性边，并将这些活性边按与扫描线相交的交点 x 坐标递增的顺序存放在一个链表中，此链表被称为活性边表。例如，在图 3.5 中，扫描线 y=4 的活性边表如图 3.11 所示，扫描线 y=6 的活性边表如图 3.12 所示。

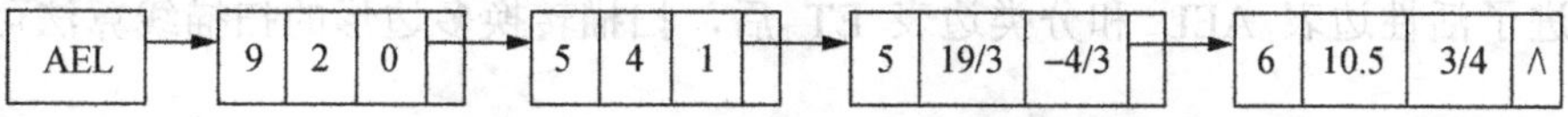

图 3.11　扫描线 y = 4 的活性边表

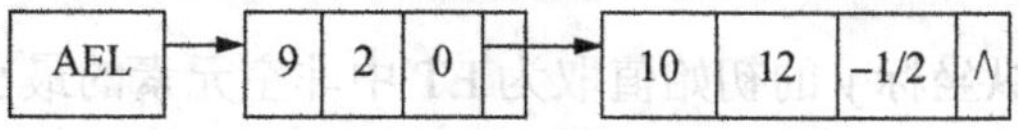

图 3.12　扫描线 y=6 的活性边表

通过活性边表，可以充分利用边的连贯性和扫描线的连贯性，减少求交计算量和提高排序效率。为了方便活性边表的建立和更新，需要建立边的分类表 ET。ET 是按边的下端点的 y 坐标对非水平边进行分类的指针数组，其包含的元素的个数为多边形的所有顶点的 y 坐标的最大值加 1。下端点的 y 坐标等于 i 的边属于第 i 类，绘图窗口中有多少扫描线，就设多少类。同一类中，各边按 x 值(x 值相等时，按 Δx 的值)递增的顺序排列成行。

在图 3.13 中，多边形 $P_0P_1P_2P_3P_4P_5P_6P_0$ 的边 P_0P_1、P_1P_2、P_2P_3、P_3P_4、P_4P_5、P_5P_6、P_6P_0 的下端点分别为 $P_1(2,5)$、$P_2(4,2)$、$P_3(8,2)$、$P_4(12,6)$、$P_5(10,10)$、$P_6(5,7)$、$P_0(2,9)$。由于多边形 $P_0P_1P_2P_3P_4P_5P_6P_0$ 的所有顶点的 y 坐标的最大值为 10，故 ET 中有 11 个元素。按照上面叙述的分类表 ET 的建立方法，则边 P_1P_2 和 P_3P_4 属于第 2 类，边 P_0P_1 属于第 5 类，边 P_4P_5 属于第 6 类，边 P_5P_6 和 P_6P_0 属于第 7 类。因为多边形 $P_0P_1P_2P_3P_4P_5P_6P_0$ 中没有任何一个边的下端点的 y 坐标等于 0、1、3、4、8、9 和 10，则指针数组 ET 的第 0 个元素、第 1 个元素、第 3 个元素、第 4 个元素、第 8 个元素、第 9 个元素和第 10 个元素都为空指针，如图 3.14 所示。

使用活性边表 AEL 是为了减少求交计算量和提高排序效率，而引进分类边表是为了避免盲目求交。当处理某一条扫描线时，为了求得它和多边形的所有交点，必须将它和多边形的所有边进行求交计算。而实际上，该扫描线只和某几条边相交。边的分类边表正是用来避免和不相交的边也要进行求交计算的。在图 3.13 中，假设当前的扫描线为 $y = 4$，由于边 P_4P_5、P_5P_6、P_6P_0 和 P_0P_1 所属的类序号都大于 4(这些边的下端点的 y 坐标都大于 4)，所以它们与扫描线不相交，不用再进行求交计算。只有边 P_1P_2 和 P_3P_4 与该扫描线相交，并且求交过程利用活性边表 AEL 很容易实现。

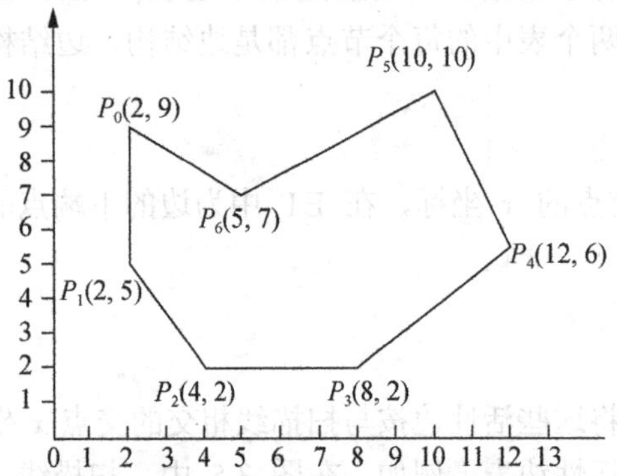

图 3.13　多边形 $P_0P_1P_2P_3P_4P_5P_6P_0$

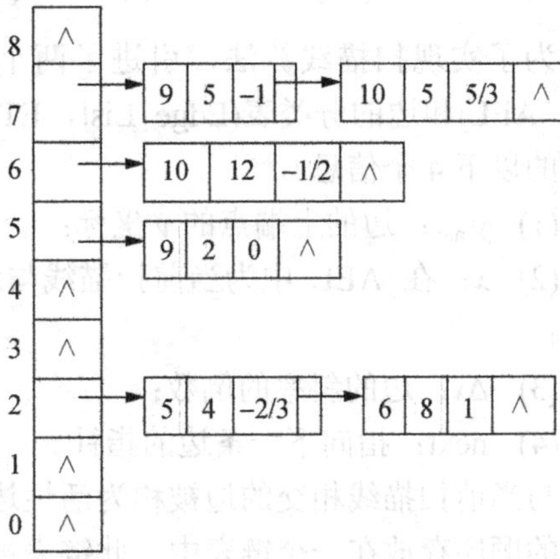

图 3.14　图 3.13 中多边形的分类边表

引进了活性边表 AEL 和分类边表 ET 后，扫描转换多边形的扫描线算法可以描述如下。

【算法 3.1】扫描转换多边形的扫描线算法。

步骤 1　建立 ET；

步骤 2　将扫描线纵坐标 y 的初始值取为 ET 中非空元素的最小序号；

步骤 3　将 AEL 设置为空；

步骤 4　执行下列步骤直至 ET 和 AEL 均为空。

(1) 如果 ET 中的第 y 类非空，则将其中的所有边取出并插入 AEL 中；

(2) 如果有新的边插入 AEL，则对 AEL 中各边进行排序；

(3) 对 AEL 中的边两两配对(1 和 2 为一对，3 和 4 为一对，……)，并将每对边中的 x 按规则取整，获得有效的填充区间，再填充；

(4) 将当前扫描线纵坐标 y 值递增 1，即 $y=y+1$；

(5) 将 AEL 中满足 $y_{max}=y$ 的边删去(因为每条边被看作是下闭上开的)；

(6) 对 AEL 中剩下的每条边的 x 递增Δx，即 $x=x+\Delta x$。

上述的扫描转换多边形的扫描线算法可以用下面的 Visual C(以下简称 VC)程序(程序 3.3)实现，该程序已经在 VC 环境下运行通过。程序运行后，单击鼠标左键输入顶点，然后单击鼠标右键填充。

【程序 3.3】扫描转换多边形的扫描线算法。

扫码观看视频讲解

```
#include <stdio.h>
#include <malloc.h>
//#include <math.h>
#include <GL/glut.h>
#pragma comment(linker,"/entry:\"mainCRTStartup\"")
```

```
#define MAX_VERTECES 20 //最多顶点数
#define WINDOWHEIGHT 300
#define ACCURACY 0.1
typedef struct Edge {
 int ymax;
 float x, deltax;
 struct Edge *nextEdge;
} Edge;
GLint verteces[MAX_VERTECES][2];
GLint pointn = 0; //verteces index
GLint windowwidth = 400, windowheight = WINDOWHEIGHT;
Edge *et[WINDOWHEIGHT] = { NULL };
GLint finish_picking_points = GL_FALSE;
GLint begin_to_draw = GL_FALSE;
void makeET(void)
{
 int p1 = 0, p2 = 1;
 int smally, bigy, smallx, bigx;
 Edge *ep1, *ep2;
 for(; p1 < pointn; p1++, p2 =(++p2)% pointn){
 if(verteces[p1][1] == verteces[p2][1])//水平线
 continue;
 else if(verteces[p1][1] < verteces[p2][1]){
 smally = verteces[p1][1];
 bigy = verteces[p2][1];
 smallx = verteces[p1][0]; //smally 对应的 x
 bigx = verteces[p2][0];
 } else {
 smally = verteces[p2][1];
 bigy = verteces[p1][1];
 smallx = verteces[p2][0];
 bigx = verteces[p1][0];
 }
 ep1 =(Edge *)malloc(sizeof(Edge));
 ep1->ymax = bigy;
 ep1->x =(float)smallx;
 ep1->deltax =(float)(smallx - bigx)/(smally - bigy);
 ep1->nextEdge = NULL;
 if(et[smally] == NULL){
 et[smally] = ep1;
 } else {
 ep2 = et[smally];
 if(ep1->x < ep2->x){
 et[smally] = ep1;
 ep1->nextEdge = ep2;
 } else if((int)(ep1->x)==(int)(ep2->x)){
 if(ep1->deltax < ep2->deltax){
 et[smally] = ep1;
 ep1->nextEdge = ep2;
} else {
 ep1->nextEdge = ep2->nextEdge;
 ep2->nextEdge = ep1;
 }
 } else {
 if(ep2->nextEdge == NULL){
 ep2->nextEdge = ep1;
 } else {
 for(; ep2->nextEdge; ep2 = ep2->nextEdge){
 if(ep1->x < ep2->nextEdge->x){
```

```
 ep1->nextEdge = ep2->nextEdge;
 ep2->nextEdge = ep1;
 } else if((int)(ep1->x)==
(int)(ep2->nextEdge->x)){
 if(ep1->deltax < ep2->nextEdge->deltax){
 ep1->nextEdge = ep2->nextEdge;
 ep2->nextEdge = ep1;
 } else {
 ep1->nextEdge = ep2->nextEdge->nextEdge;
 ep2->nextEdge->nextEdge = ep1;
 }
 }
 }
 }
 }
 }
 }
}
void draw(void)
{
 int scany = -1, x1, x2;
 Edge aelhead, *etp, *aelp1, *aelp2;
 aelhead.nextEdge = NULL;
 makeET();
 while(et[++scany] == NULL);
 while(scany < WINDOWHEIGHT){
 if(et[scany] != NULL){
 etp = et[scany];
 aelp1 = &aelhead;
 if(aelp1->nextEdge == NULL){ //et 插入 ael
 aelp1->nextEdge = etp;
 } else {
 aelp2 = aelp1->nextEdge;
 while(etp && aelp2){ //插入时排序
 if(etp->x < aelp2->x){
 aelp1->nextEdge = etp;
 etp = etp->nextEdge;
 aelp1->nextEdge->nextEdge = aelp2;
 aelp1 = aelp1->nextEdge;
 } else {
 aelp1 = aelp2;
 aelp2 = aelp2->nextEdge;
 }
 }
 if(etp != NULL)
 aelp1->nextEdge = etp;
 }
 et[scany] = NULL;
 }
 aelp1 = aelhead.nextEdge; //对 x 按规则取整并画线
 while(aelp1){
 aelp2 = aelp1->nextEdge;
 x1 =(int)aelp1->x;
 if(aelp1->x - x1 > ACCURACY){
 x1++;
 }
 x2 =(int)aelp2->x;
 if(aelp2->x - x2 < ACCURACY){
 x2--;
```

```
}
if(x2 <= x1){ //处理向下凸出的顶点
glBegin(GL_POINTS);
glVertex2i(x1, scany);
glEnd();
}else {
glBegin(GL_POINTS);
for(;x1 <= x2; x1++)
glVertex2i(x1, scany);
glEnd();
}
aelp1 = aelp2->nextEdge;
}
scany++; //去除 y==ymax 的边，x 加 deltax
aelp1 = &aelhead;
aelp2 = aelhead.nextEdge;
while(aelp2){
if(aelp2->ymax == scany){
aelp2 = aelp2->nextEdge;
free(aelp1->nextEdge);
aelp1->nextEdge = aelp2;
} else {
aelp1 = aelp2;
aelp2 = aelp2->nextEdge;
aelp1->x += aelp1->deltax;
}
}
if(aelhead.nextEdge == NULL)
break;
}
}
void init(void)
{
glClearColor(0.0, 0.0, 0.0, 0.0);
glShadeModel(GL_FLAT);
}
void display(void)
{
int k;
glClear(GL_COLOR_BUFFER_BIT);
glColor3f(0.0, 1.0, 0.0);
glBegin(GL_POINTS);
//glBegin(GL_LINE_STRIP);
for(k = 0; k < pointn; k++)
glVertex2i(verteces[k][0], verteces[k][1]);
glEnd();
if(begin_to_draw == GL_TRUE){
glColor3f(1.0, 1.0, 1.0);
draw();
}
glutSwapBuffers();
}
void keyboard(unsigned char key, int x, int y)
{
switch(key){
case 'r':
case 'R':
pointn = 0;
finish_picking_points = GL_FALSE;
begin_to_draw = GL_FALSE;
```

```
 break;
 case 'b':
 case 'B':
 begin_to_draw = GL_FALSE;
 break;
 case 'n':
 case 'N':
 begin_to_draw = GL_TRUE;
 break;
 }
 glutPostRedisplay();
}
void mouse(int button, int state, int x, int y)
{
 if(button == GLUT_LEFT_BUTTON && state == GLUT_DOWN){
 if(finish_picking_points == GL_FALSE){
 verteces[pointn][0] = x;
 verteces[pointn][1] = windowheight - y;
 pointn++;
 }
 } else if(button == GLUT_RIGHT_BUTTON && state == GLUT_DOWN){
 finish_picking_points = GL_TRUE;
 begin_to_draw = GL_TRUE;
 }
glutPostRedisplay();
}
void reshape(int w, int h)
{
 windowwidth = w;
 windowheight = h;
 glViewport(0, 0,(GLsizei)w,(GLsizei)h);
 glMatrixMode(GL_PROJECTION);
 glLoadIdentity();
 gluOrtho2D(0.0,(GLdouble)w, 0.0,(GLdouble)h);
}
int main(int argc, char **argv)
{
 glutInit(&argc, argv);
 glutInitDisplayMode(GLUT_DOUBLE | GLUT_RGB); /*Declare initial
display mode(single buffer and RGBA). */
 glutInitWindowSize(windowwidth, windowheight); /*Declare initial
window size. */
 glutInitWindowPosition(300, 300); /*Declare initial window position.
*/
 glutCreateWindow("扫描线算法"); /*Open window with "hello"in its title
bar. */
 init(); /*Call initialization routines. */
 glutDisplayFunc(display); /*Register callback function to display
graphics. */
 glutMouseFunc(mouse);
 //glutSpecialFunc(special);
 glutKeyboardFunc(keyboard);
 glutReshapeFunc(reshape);
 //glutMotionFunc(motion);
 //glutPassiveMotionFunc(motion);
 glutMainLoop(); /*Enter main loop and process events. */
 return 0; /* ANSI C requires main to return int. */
}
```

3.2.2 边填充算法

在扫描转换多边形的扫描线算法中，为了获得有效的填充区间，需要对活性边表 AEL 中的边进行排序。如果填充扫描线位于多边形内的区间段，不是采用两两配对后得到有效填充区间的方法，而是采用求余运算，就可免去排序的工作量，进一步提高效率。

假设 A 是一个给定的正整数，M 为任一正整数，则 M 的余定义为 $A-M$，记为 $\overline{M}$。显然 $A \geqslant M$。当计算机中用 n 个二进制位来表示 M 时，可取 $A=2^n-1$。从求余运算的定义容易发现求余运算具有 $\overline{\overline{M}}=M$ 的性质，即对 M 做偶数次求余运算，其结果仍为 M；而对 M 做奇数次求余运算结果为 $\overline{M}$。

在光栅图形中，如某区域已着上值为 M 的某种颜色，则该上述求余运算的性质反映出来的现象是：对该区域的颜色值做偶数次求余运算后，该区域的颜色值不变；而做奇数次求余运算后，该区域的颜色则变为值为 $\overline{M}$ 的颜色。这一现象可用于多边形的扫描转换中，就称为边填充算法。此时求余运算可用位异或显示模式实现，下面的等式说明了这一点：

$$\overline{M}=A-M=M \text{ XOR } A$$

$$\overline{\overline{M}}=(M \text{ XOR } A) \text{ XOR } A=M$$

边填充算法有两种形式：一种是以扫描线为中心的边填充算法，另一种是以边为中心的边填充算法。

算法 3.1 扫描转换多边形的扫描线算法的步骤 4 中的第(2)和第(3)步骤的功能是完成当前扫描线位于多边形内的区段的填充工作。以扫描线为中心的边填充算法就是对扫描转换多边形的扫描线算法的步骤 4 中的第(2)和第(3)步骤进行修改，其基本原理、方法、交点的取整和取舍原则等都与扫描算法相同，所以这里不再叙述，只给出与扫描线算法不同的部分。以扫描线为中心的边填充算法可简述如下。

【算法 3.2】以扫描线为中心的边填充算法。

设 $x_1,x_2,\cdots,x_m$ 是当前扫描线与多边形边的交点的 x 坐标的数列(没有排序)，填充该扫描线上位于多边形内的区间由下面的步骤完成。

步骤 1　将当前扫描线上的所有像素着上值为 $\overline{M}$ 的颜色；

步骤 2　求余：

```
for(i=1; i<=m; i++)
{在当前扫描线从横坐标为 i x 的交点向右求余};
```

完成上面两个步骤后，扫描线上位于多边形内部的像素被奇数次求余，故被着上值为 M 的颜色；位于多边形外部的像素被偶数次求余，故被着上值为 M 的颜色。以扫描线为中心的边填充算法的执行过程如图 3.15 所示。

这样，当对绘图窗口内的每条扫描线都实施了上述两个步骤后，位于多边形内部的像素都着上值为 M 的颜色；而位于多边形外部的像素都着上值为 $\overline{M}$ 的颜色，从而完成了多边形的扫描转换工作。

上述的以扫描线为中心的边填充算法可以用程序 3.4 实现，该程序已经在 VC 环境下运行通过。

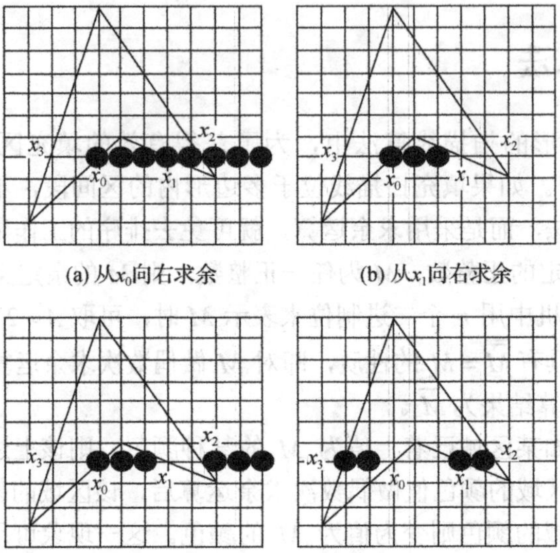

(a) 从x_0向右求余　(b) 从x_1向右求余

(c) 从x_2向右求余　(d) 从x_3向右求余

图 3.15　以扫描线为中心的填充过程

【程序 3.4】以扫描线为中心的边填充算法。

扫码观看视频讲解

```
// 2dcadView.cpp : implementation of the CMy2dcadView class
#include "stdafx.h"
#include "2dcad.h"
#include "2dcadDoc.h"
#include "2dcadView.h"
#ifdef _DEBUG
#define new DEBUG_NEW
#undef THIS_FILE
static char THIS_FILE[] = __FILE__;
#endif
/////////////////////////////////////////////////////////////////////////////
///////
// CMy2dcadView
IMPLEMENT_DYNCREATE(CMy2dcadView, CView)
BEGIN_MESSAGE_MAP(CMy2dcadView, CView)
 //{{AFX_MSG_MAP(CMy2dcadView)
 ON_WM_RBUTTONDOWN()
 ON_WM_LBUTTONDOWN()
 //}}AFX_MSG_MAP
 // Standard printing commands
 ON_COMMAND(ID_FILE_PRINT, CView::OnFilePrint)
 ON_COMMAND(ID_FILE_PRINT_DIRECT, CView::OnFilePrint)
 ON_COMMAND(ID_FILE_PRINT_PREVIEW, CView::OnFilePrintPreview)
END_MESSAGE_MAP()
/////////////////////////////////////////////////////////////////////////////
///////
// CMy2dcadView construction/destruction
CMy2dcadView::CMy2dcadView()
{
 // TODO: add construction code here
 int i;
 npoint=0;
 for(i=0;i<20;i++){
 lhpoint[i][0]=0;
```

```
 lhpoint[i][1]=0;
 }
 for(i=0;i<600;i++)et[i]=NULL;
}
CMy2dcadView::~CMy2dcadView()
{
}
BOOL CMy2dcadView::PreCreateWindow(CREATESTRUCT& cs)
{
 // TODO: Modify the Window class or styles here by modifying
 // the CREATESTRUCT cs
 return CView::PreCreateWindow(cs);
}
////////////////////////////////////////////////////////////////////////////
///////
// CMy2dcadView drawing
void CMy2dcadView::OnDraw(CDC* pDC)
{
 CMy2dcadDoc* pDoc = GetDocument();
 ASSERT_VALID(pDoc);
 // TODO: add draw code for native data here
 CRect rectClient;
 CBrush brushBkColor;
 GetClientRect(rectClient);
 brushBkColor.CreateSolidBrush(RGB(0,0,0));
 pDC->DPtoLP(rectClient);
 pDC->FillRect(rectClient,&brushBkColor);
}
////////////////////////////////////////////////////////////////////////////
///////
// CMy2dcadView printing
BOOL CMy2dcadView::OnPreparePrinting(CPrintInfo* pInfo)
{
 // default preparation
 return DoPreparePrinting(pInfo);
}
void CMy2dcadView::OnBeginPrinting(CDC* /*pDC*/, CPrintInfo* /*pInfo*/)
{
 // TODO: add extra initialization before printing
}
void CMy2dcadView::OnEndPrinting(CDC* /*pDC*/, CPrintInfo* /*pInfo*/)
{
 // TODO: add cleanup after printing
}
////////////////////////////////////////////////////////////////////////////
///////
// CMy2dcadView diagnostics
#ifdef _DEBUG
void CMy2dcadView::AssertValid()const
{
 CView::AssertValid();
}
void CMy2dcadView::Dump(CDumpContext& dc)const
{
 CView::Dump(dc);
}
CMy2dcadDoc* CMy2dcadView::GetDocument()// non-debug version is inline
{
 ASSERT(m_pDocument->IsKindOf(RUNTIME_CLASS(CMy2dcadDoc)));
 return(CMy2dcadDoc*)m_pDocument;
```

```
}
#endif //_DEBUG
/////////////////////////////////////////////////////////////////////
///////
// CMy2dcadView message handlers
void CMy2dcadView::makeet()
{
 int p1 = 0, p2 = 1;
 int smally, bigy, smallx, bigx;
 Edge *ep1;
 for(; p1 < npoint; p1++, p2 =(++p2)% npoint){
 if(lhpoint[p1][1] == lhpoint[p2][1])//水平线
 continue;
 else if(lhpoint[p1][1] < lhpoint[p2][1]){
 smally = lhpoint[p1][1];
 bigy = lhpoint[p2][1];
 smallx = lhpoint[p1][0]; //smally 对应的 x
 bigx = lhpoint[p2][0];
 } else {
 smally = lhpoint[p2][1];
 bigy = lhpoint[p1][1];
 smallx = lhpoint[p2][0];
 bigx = lhpoint[p1][0];
 }
 ep1 = new Edge;
 ep1->ymax = bigy;
 ep1->x =(float)smallx;
 ep1->deltax =(float)(smallx - bigx)/(smally - bigy);
 ep1->nextEdge = et[smally];
 et[smally]=ep1;
 }
}
void CMy2dcadView::OnRButtonDown(UINT nFlags, CPoint point)
{
 // TODO: Add your message handler code here and/or call default
 CView::OnRButtonDown(nFlags, point);
 CClientDC dc(this);
 COLORREF Color;
 int r,g,b;
 int scany = -1, x1, x2;
 int i,j;
 //int a[600]; //用来记录每行每个像素的求余次数
 //若以后数据多了，可以用一个简单的链表来存储这些信息
 Edge aelhead, *etp, *aelp1, *aelp2;
 aelhead.nextEdge = NULL;
 makeet();
 while(et[++scany] == NULL);
 while(scany < 600){
 if(et[scany] != NULL){
 etp = et[scany];
 aelp1 = &aelhead;
 while(etp){
 aelp2=etp->nextEdge;
 etp->nextEdge=aelp1->nextEdge;
 aelp1->nextEdge=etp;
etp=aelp2;
 }
 et[scany] = NULL;
 }
```

```
 aelp1 = aelhead.nextEdge; //对 x 按规则取整并画线
 while(aelp1){
 x1 =(int)aelp1->x;
 x1++;
 for(i=x1;i<600;i++){
 Color=dc.GetPixel(i,scany);
 r=255-GetRValue(Color);
 g=255-GetGValue(Color);
 b=255-GetBValue(Color);
 dc.SetPixel(i,scany,RGB(r,g,b));
 }
 aelp1=aelp1->nextEdge;
 }
 scany++; //去除 y==ymax 的边，x 加 deltax
 aelp1 = &aelhead;
 aelp2 = aelhead.nextEdge;
 while(aelp2){
 if(aelp2->ymax == scany){
 aelp2 = aelp2->nextEdge;
 delete aelp1->nextEdge;
 aelp1->nextEdge = aelp2;
 } else {
 aelp1 = aelp2;
 aelp2 = aelp2->nextEdge;
 aelp1->x += aelp1->deltax;
 }
 }
 if(aelhead.nextEdge == NULL)
 break;
 }
 npoint=20;
}
void CMy2dcadView::OnLButtonDown(UINT nFlags, CPoint point)
{
 // TODO: Add your message handler code here and/or call default
 CClientDC dc(this);
 if(npoint<20){
 lhpoint[npoint][0]=point.x;
 lhpoint[npoint][1]=point.y;
 dc.SetPixel(point.x,point.y,RGB(255,255,255));
 npoint++;
 }
 CView::OnLButtonDown(nFlags, point);
}
```

以边为中心的边填充算法就是对多边形逐边进行求余运算，即对多边形的每一非水平边上的像素向右求余。以边为中心的边填充算法可叙述如下。

【算法 3.3】以边为中心的边填充算法。

步骤 1　将绘图窗口内的每个像素的颜色值置为$\overline{M}$(如图 3.16 中置为白色)；

步骤 2　逐边求余。对多边形的每一条非水平边上所有像素向右求余。

需要注意的是，在步骤 2 的逐边求余之前，需要对多边形的每一条非水平所在的线段进行扫描转换，得到该边上的所有像素，然后进行求余运算。

以边为中心的边填充算法的执行过程如图 3.16 所示。

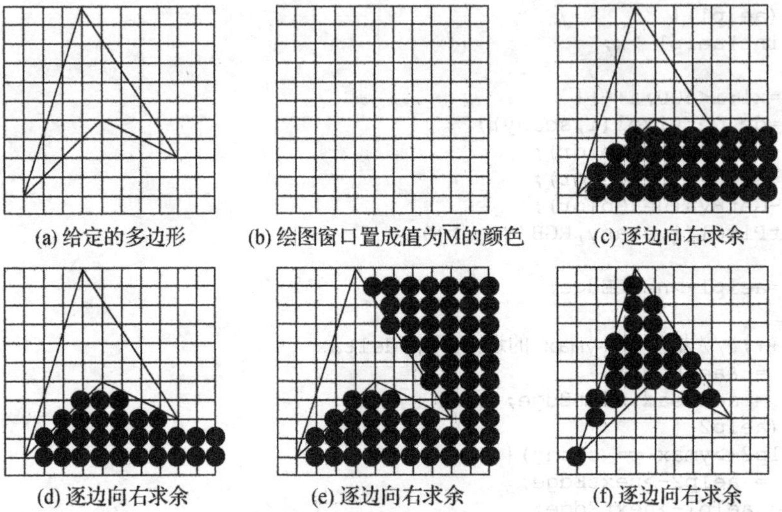

图 3.16 以边为中心的填充过程

上述的以扫描线为中心的边填充算法可以用程序 3.5 实现，该程序已经在 VC 环境下运行通过。

【程序 3.5】以边为中心的边填充算法。

扫码观看视频讲解

```
// 2dcadView.cpp : implementation of the CMy2dcadView class
#include "stdafx.h"
#include "2dcad.h"
#include "2dcadDoc.h"
#include "2dcadView.h"
#ifdef _DEBUG
#define new DEBUG_NEW
#undef THIS_FILE
static char THIS_FILE[] = __FILE__;
#endif
/////////////////////////////////////////////////////////////////////////////
// CMy2dcadView
IMPLEMENT_DYNCREATE(CMy2dcadView, CView)
BEGIN_MESSAGE_MAP(CMy2dcadView, CView)
 //{{AFX_MSG_MAP(CMy2dcadView)
 ON_WM_RBUTTONDOWN()
 ON_WM_LBUTTONDOWN()
 //}}AFX_MSG_MAP
 // Standard printing commands
 ON_COMMAND(ID_FILE_PRINT, CView::OnFilePrint)
 ON_COMMAND(ID_FILE_PRINT_DIRECT, CView::OnFilePrint)
 ON_COMMAND(ID_FILE_PRINT_PREVIEW, CView::OnFilePrintPreview)
END_MESSAGE_MAP()
/////////////////////////////////////////////////////////////////////////////
// CMy2dcadView construction/destruction
CMy2dcadView::CMy2dcadView()
{
 // TODO: add construction code here
 int i;
 npoint=0;
 for(i=0;i<20;i++){
 lhpoint[i][0]=0;
 lhpoint[i][1]=0;
```

```
 }
 for(i=0;i<600;i++)et[i]=NULL;
}
CMy2dcadView::~CMy2dcadView()
{
}
BOOL CMy2dcadView::PreCreateWindow(CREATESTRUCT& cs)
{
 // TODO: Modify the Window class or styles here by modifying
 // the CREATESTRUCT cs
 return CView::PreCreateWindow(cs);
}
//////////////////////////////////////////////////////////////////////
// CMy2dcadView drawing
void CMy2dcadView::OnDraw(CDC* pDC)
{
 CMy2dcadDoc* pDoc = GetDocument();
 ASSERT_VALID(pDoc);
 // TODO: add draw code for native data here
 CRect rectClient; //设置背景颜色
 CBrush brushBkColor;
 GetClientRect(rectClient);
 brushBkColor.CreateSolidBrush(RGB(0,0,0));
 pDC->DPtoLP(rectClient);
 pDC->FillRect(rectClient,&brushBkColor);
}
//////////////////////////////////////////////////////////////////////
// CMy2dcadView printing
BOOL CMy2dcadView::OnPreparePrinting(CPrintInfo* pInfo)
{
 // default preparation
 return DoPreparePrinting(pInfo);
}
void CMy2dcadView::OnBeginPrinting(CDC* /*pDC*/, CPrintInfo* /*pInfo*/)
{
 // TODO: add extra initialization before printing
}
void CMy2dcadView::OnEndPrinting(CDC* /*pDC*/, CPrintInfo* /*pInfo*/)
{
 // TODO: add cleanup after printing
}
//////////////////////////////////////////////////////////////////////
// CMy2dcadView diagnostics
#ifdef _DEBUG
void CMy2dcadView::AssertValid()const
{
 CView::AssertValid();
}
void CMy2dcadView::Dump(CDumpContext& dc)const
{
 CView::Dump(dc);
}
CMy2dcadDoc* CMy2dcadView::GetDocument()// non-debug version is inline
{
 ASSERT(m_pDocument->IsKindOf(RUNTIME_CLASS(CMy2dcadDoc)));
 return(CMy2dcadDoc*)m_pDocument;
}
#endif //_DEBUG
//////////////////////////////////////////////////////////////////////
// CMy2dcadView message handlers
```

```
void CMy2dcadView::makeet()
{
 int p1 = 0, p2 = 1;
 int smally, bigy, smallx, bigx;
 Edge *ep1;
 for(; p1 < npoint; p1++, p2 =(++p2)% npoint){
 if(lhpoint[p1][1] == lhpoint[p2][1])//水平线
 continue;
 else if(lhpoint[p1][1] < lhpoint[p2][1]){
 smally = lhpoint[p1][1];
 bigy = lhpoint[p2][1];
 smallx = lhpoint[p1][0]; //smally 对应的 x
 bigx = lhpoint[p2][0];
 } else {
 smally = lhpoint[p2][1];
 bigy = lhpoint[p1][1];
 smallx = lhpoint[p2][0];
 bigx = lhpoint[p1][0];
 }
 ep1 = new Edge;
 ep1->ymax = bigy;
 ep1->x =(float)smallx;
 ep1->deltax =(float)(smallx - bigx)/(smally - bigy);
 ep1->nextEdge = et[smally];
et[smally]=ep1;
 }
}
void CMy2dcadView::OnRButtonDown(UINT nFlags, CPoint point)
{
 // TODO: Add your message handler code here and/or call default
 CView::OnRButtonDown(nFlags, point);
 CClientDC dc(this);
 COLORREF Color;
 int scany = -1;
 int i=0,j=0;
 int k;
 int r,g,b;
 Edge *etp;
 makeet();
 while(et[++scany] == NULL);
 while(scany < 600){ //每条边的每个像素开始向右求余
 if(et[scany] != NULL){
 etp = et[scany];
 while(etp){
 i=scany;
 while(i<etp->ymax){
 j=(int)etp->x;
 j++;
 while(j<600){
 Color=dc.GetPixel(j,i); //对每个像素取反
 r=255-GetRValue(Color);
 g=255-GetGValue(Color);
 b=255-GetBValue(Color);
 dc.SetPixel(j,i,RGB(r,g,b));
 j++;}
 etp->x+=etp->deltax;
 i++;
 }
 etp=etp->nextEdge;
```

```
 }
 et[scany] = NULL;
 }
 scany++;
 }
 npoint=20;
}
void CMy2dcadView::OnLButtonDown(UINT nFlags, CPoint point)
{
 // TODO: Add your message handler code here and/or call default
 CClientDC dc(this);
 if(npoint<20){
 lhpoint[npoint][0]=point.x; //记录鼠标左键单击的点的坐标
lhpoint[npoint][1]=point.y;
 dc.SetPixel(point.x,point.y,RGB(255,255,255));
 //画出鼠标左键单击的点
 npoint++;
 }
 CView::OnLButtonDown(nFlags, point);
}
```

以边为中心的边填充算法也被称为边缘填充算法。此算法之所以被称为边缘填充算法，是因为它一边画多边形的边界，一边向右求余，当多边形的所有边界画完后，多边形的扫描转换也随之完成。

与扫描线算法相比，边填充算法的数据结构和程序结构都简单得多，但该算法执行时需要对帧缓冲器中的大批像素反复赋值，故速度不如扫描线算法快。

3.2.3　种子填充算法

多边形的扫描转换算法是按扫描线的顺序进行的。而种子填充算法则采用不同的思想：先将区域内的一个像素(称为种子点)赋予指定的颜色，然后将该像素的颜色值扩展到整个区域内其他的像素。

这里所说的区域是指已经表示成点阵形式的填充图形，是像素的集合。在光栅图形中，区域可采用内点表示和边界表示两种形式。内点表示是指枚举出区域内所有像素的表示方法。在内点表示中，区域内的所有像素着同一颜色，而区域边界上的像素着不同的颜色。边界表示是指枚举出区域边界上所有像素的表示方法。在边界表示中，区域边界上的所有像素着同一颜色，而区域内的像素着不同的颜色。在图 3.17 中，○表示边界点，●表示内点，区域的内点表示就是所有●的集合，边界表示是所有○的集合。

种子填充算法要求区域是连通的。区域的连通情况分为四连通区域和八连通区域两种。四连通区域任取区域内两个像素，若在该区域内，通过上、下、左、右 4 个方向的运动(见图 3.18)，这两个像素可以相互到达，则称该区域为四连通的。图 3.19(a)所示的区域为内点表示的四连通区域，图 3.19(b)所示的区域为边界表示的四连通区域。

八连通区域任取区域内两个像素，若在该区域内，通过水平、垂直、4 个对角线、8 个方向的运动(见图 3.19)，这两个像素可以相互到达，则称该区域为八连通的。图 3.21(a)所示的区域为内点表示的八连通区域，图 3.21(b)所示的区域为边界表示的八连通区域。

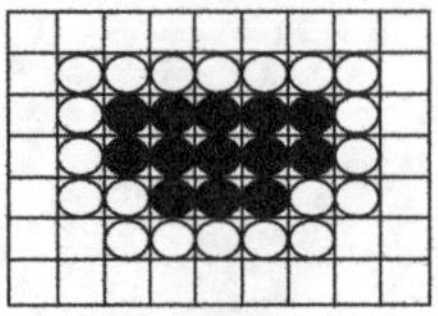

图 3.17　区域的内点表示和边界表示

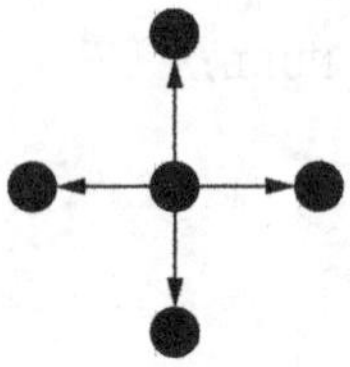

图 3.18　4 个运动方向

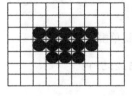

(a) 内点表示的四连通区域　　(b) 边界表示的四连通区域

图 3.19　四连通区域

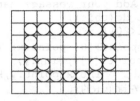

从四连通区域和八连通区域的定义可知，四连通区域也一定是八连通区域。如图 3.20 所示中的区域既是四连通区域也是八连通区域。但八连通区域不一定是四连通区域，如图 3.21 所示中的区域仅是八连通区域。

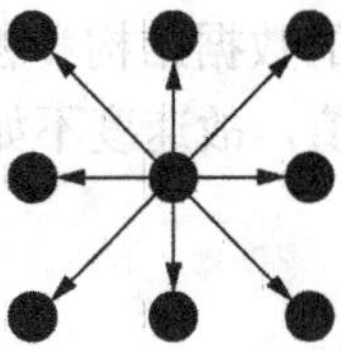

图 3.20　8 个运动方向

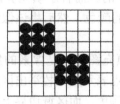

(a) 内点表示的八连通区域　　(b) 边界表示的八连通区域

图 3.21　八连通区域

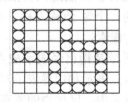

需要指出的是，四连通区域可以看作是八连通区域，但它看作是四连通区域或看作是八连通区域时，边界是不同的。看作是四连通区域时，边界只需要是八连通；而作为八连通区域，边界必须是四连通的。在图 3.22 中，若把●表示的像素组成的集合看作是四连通的，则它的边界由标有○的像素组成；若将它看作八连通区域，则它的边界由标有○和◇的像素组成。

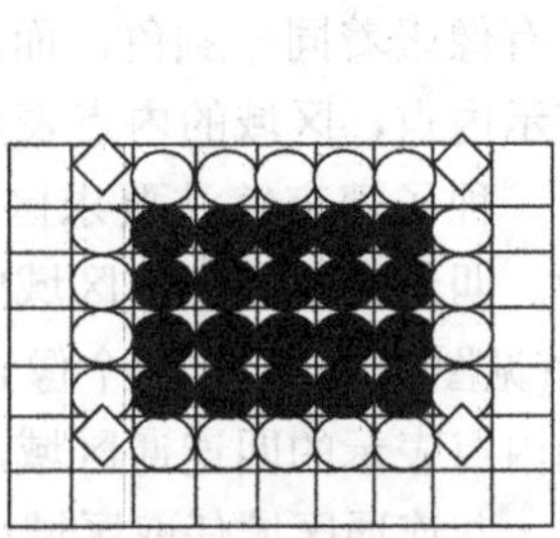

图 3.22　四连通区域和八连通区域的不同边界

1. 递归填充算法

设 oldcolor 为内点表示的四连通区域原来的颜色值(简称原色)，任取区域内一点(x,y)

为种子点，要将区域重新填充值为 newcolor 的新颜色。递归填充算法如下：先判断像素(x,y)的颜色，若它的值不等于 oldcolor，说明该像素要么位于区域之外，要么它的颜色值已被置成 newcolor，不需要再填充，算法停止；否则设置该像素的颜色值为 newcolor，然后对它的上下左右 4 个相邻像素做同样处理。递归填充算法可用下面的递归程序实现(程序 3.6)。

【程序 3.6】内点表示的四连通区域的递归填充算法。

```
void FloodFill4(int x,int y,int oldcolor,int newcolor)
{ if(getpixel(x,y)==oldcolor)
{ putpixel(x,y,newcolor);
 FloodFill4(x,y+1,oldcolor,newcolor);
 FloodFill4(x,y-1,oldcolor,newcolor);
 FloodFill4(x-1,y,oldcolor,newcolor);
 FloodFill4(x+1,y,oldcolor,newcolor);
}
}/* end of FloodFill4 */
```

扫码观看视频讲解

图 3.23 为运行程序 3.6 的一个例子。图 3.23(a)中，标有■的像素组成了一个四连通内点表示区域，标有●的像素为种子点。图 3.23(b)表示上述递归填充算法的填充过程，方格内的数字表示各像素填充新颜色的先后顺序。

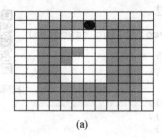

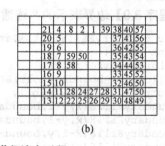

图 3.23　内点表示的四连区域的递归填充过程

当区域是用边界表示时，四连通区域就不能用程序 3.6 来实现。这时四连通区域的递归填充算法可以描述为：设(x,y)为边界表示的四连通区域内的一点(种子点)，区域边界上像素的颜色值为 boundarycolor，种子填充的目的是要将整个区域填充值为 newcolor 的新颜色。递归的填充过程如下：先判断像素(x,y)的颜色，若它的值不等于 boundarycolor 或 newcolor，说明该像素要么位于区域之内并且还没有设置成 newcolor，设置像素(x,y)的颜色值为 newcolor，然后对它的上下左右 4 个相邻像素做同样处理。边界表示的四连通区域的递归填充算法可用下面的递归程序(程序 3.7)实现。

【程序 3.7】边界表示的四连通区域的递归填充算法。

```
void BoundaryFill4(int x,int y,int boundarycolor,int newcolor)
{ int color;
 color=getpixel(x,y);
 if((color!=boundarycolr)&&(color!=newcolor))
{ putpixel(x,y,newcolor);
 BoundaryFill4(x,y+1,boundarycolor,newcolor);
 BoundaryFill4(x,y-1,boundarycolor,newcolor);
 BoundaryFill4(x-1,y,boundarycolor,newcolor);
 BoundaryFill4(x+1,y,boundarycolor,newcolor);
}
}/* end of BoundaryFill4 */
```

扫码观看视频讲解

对于内点表示和边界表示的八连通区域，只要将程序 3.6 和程序 3.7 中的递归填充相邻的 4 个像素扩增到相邻的 8 个像素，即可得到内点表示和边界表示的八连通区域递归填充程序(程序 3.8 和程序 3.9)。

【程序 3.8】内点表示的八连通区域的递归填充算法。

扫码观看视频讲解

```
void FloodFill8(int x,int y,int oldcolor,int newcolor)
{ if(getpixel(x,y)==oldcolor)
{ putpixel(x,y,newcolor);
 FloodFill8(x,y+1,oldcolor,newcolor);
 FloodFill8(x,y-1,oldcolor,newcolor);
 FloodFill8(x-1,y,oldcolor,newcolor);
 FloodFill8(x+1,y,oldcolor,newcolor);
 FloodFill8(x+1,y+1,oldcolor,newcolor);
FloodFill8(x-1,y+1,oldcolor,newcolor);
 FloodFill8(x+1,y-1,oldcolor,newcolor);
 FloodFill8(x-1,y-1,oldcolor,newcolor);
}
}/* end of FloodFill8 */
```

其中，(x, y)为种子点，oldcolor 为内点表示的四连通区域的原色，newcolor 是区域要重新填充的新颜色值。

【程序 3.9】边界表示的八连通区域的递归填充算法。

扫码观看视频讲解

```
void BoundaryFill8(int x,int y,int boundarycolor,int newcolor)
{ int color;
 color=getpixel(x,y);
 if((color!=boundarycolr)&&(color!=newcolor))
{ putpixel(x,y,newcolor);
 BoundaryFill8(x,y+1,boundarycolor,newcolor);
 BoundaryFill8(x,y-1,boundarycolor,newcolor);
 BoundaryFill8(x-1,y,boundarycolor,newcolor);
 BoundaryFill8(x+1,y+1,boundarycolor,newcolor);
 BoundaryFill8(x-1,y+1,boundarycolor,newcolor);
 BoundaryFill8(x+1,y-1,boundarycolor,newcolor);
 BoundaryFill8(x-1,y-1,boundarycolor,newcolor);
 BoundaryFill8(x+1,y,boundarycolor,newcolor);
}
}/* end of BoundaryFill8 */
```

种子填充的递归填充算法的原理和程序都比较简单，但由于多层递归，系统堆栈反复进出，费时又占用内存，故效率不高。为了减少递归，提高效率，许多改进的算法相继出现，其中扫描线算法具有很好的代表性。

2. 扫描线填充算法

扫描线填充算法的基本思想是：当给定种子点(x,y)时，首先填充(x,y)所在扫描线上位于给定区域内的区间段，然后确定与这一区间段相连通的上、下两条扫描线上位于给定区域内的区段，并依次保存下来。重复这个过程，直到填充结束。

种子填充的扫描线填充算法的具体过程如下。

【算法 3.4】种子填充的扫描线填充算法。

步骤 1 初始化。将算法设置的堆栈置空，种子点(x,y)压入堆栈。

步骤 2 出栈。若堆栈为空，则算法结束；否则取栈顶元素(x,y)，并以 y 的值为当前扫描线号。

步骤 3　填充并确定种子点所在的区段。从种子点(x,y)出发，沿着当前扫描线向左、右两个方向逐个像素进行填色，其值置为 newcolor，直到到达边界。以 x_{left} 和 x_{right} 分别表示填充的区段两端点的横坐标。

步骤 4　确定新的种子点。分别在与当前扫描线相邻的上、下两条扫描线上确定位于区间$[x_{left}, x_{right}]$内的给定区域内的区段；如果这些区段内不存在非边界且未被填充的像素，则转到步骤 2，否则取区段内的最右像素作为种子点压入堆栈，再转到步骤 2 继续执行。

内点表示的种子填充扫描线算法可用程序 3.10 实现。

【程序 3.10】内点表示的种子填充扫描线算法。

```
void CFillView::scanline_seed_fill(POINT Seedpoint, COLORREF newcolor)
{//种子填充程序，Seedpoint 为种子点，newcolor 为填充颜色，oldcolor 为区域原来的颜色
 CDC* dc=GetDC();
 POINT pixelpoint;
 COLORREF oldcolor;
 int x0,x,y,xr,xl,flag,xnextspan;
 InitStack_L();
 x=Seedpoint.x;
 y=Seedpoint.y;
 oldcolor=dc->GetPixel(Seedpoint); //取种子点处的颜色为 oldcolor
Push(Seedpoint); //种子点入栈
while(!Empty())//如果栈不为空
{
Pop(&pixelpoint); //像素点出栈
x=pixelpoint.x; //像素点 x 值
y=pixelpoint.y; //像素点 y 值
dc->SetPixel(pixelpoint,newcolor); //把像素点置为填充色
x0=x+1; //将像素向右移一位
while(dc->GetPixel(x0,y)==oldcolor)//填充右方的像素
{
dc->SetPixel(x0,y,newcolor);
x0=x0+1;
}
xr=x0-1; //最右的像素
x0=x-1;
while(dc->GetPixel(x0,y)==oldcolor)//填充左方的像素
{
dc->SetPixel(x0,y,newcolor);
x0=x0-1;
}
xl=x0+1; //最左的像素
 //检查上一条扫描线，若存在非边界未
 //填充的像素，则选取代表连续区间的
 //种子像素入栈
x0=xl;
y=y-1;
while(x0<=xr)
{flag=0;
 while((dc->GetPixel(x0,y)==oldcolor)&&(x0<xr))
 {if(flag==0)flag=1;
 x0++;
 }
 if(flag==1)
```

扫码观看视频讲解

```
{
if((x0==xr)&&(dc->GetPixel(x0,y)==oldcolor))
{
pixelpoint.x=x0;
pixelpoint.y=y;
Push(pixelpoint);}
else
{
pixelpoint.x=x0-1;
pixelpoint.y=y;
Push(pixelpoint);
}
flag=0;
}
xnextspan=x0; //此种情况是当前扫描线上 xl、xr 之间存在大于一个未填充的情况
while((dc->GetPixel(x0,y)!=oldcolor)&&(x0<=xr))
x0++;
if(xnextspan==x0)
x0++;
}
//检查上一条扫描线，若存在非边界未填充的像素，则选取代表连续区间的种子像素入栈
x0=xl;
y=y+2;
while(x0<=xr)
{flag=0;
while((dc->GetPixel(x0,y)==oldcolor)&&(x0<xr))
{if(flag==0)flag=1;
x0++;
}
if(flag==1)
{
if((x0==xr)&&(dc->GetPixel(x0,y)==oldcolor))
{
pixelpoint.x=x0;
pixelpoint.y=y;
Push(pixelpoint);}
else
{
pixelpoint.x=x0-1;
pixelpoint.y=y;
Push(pixelpoint);}
flag=0;
}
xnextspan=x0; //此种情况是当前扫描线上 xl、xr 之间存在大于一个未填充的情况
while((dc->GetPixel(x0,y)!=oldcolor)&&(x0<=xr))
x0++;
if(xnextspan==x0)
x0++;
}
}
}
```

上述算法对每一个待填充区段，只需压栈一次；而在递归填充算法中，每个像素都需要压栈和出栈。因此扫描线算法的效率提高了很多。

图 3.24 为运行程序 3.10 的一个例子。图 3.24 中，标有○的像素是边界点，已被设置成边界颜色。标有●的像素为种子点。灰色的方格表示区域内已被填充新颜色的像素。方格内的数字表示相应像素作为种子点进入堆栈的先后顺序。图 3.24(a)表示为对种子点所

在当前扫描线区段进行填充的结果和堆栈状态。图 3.24(b)表示对下一扫描区段填充的情况和堆栈状态。图 3.24(c)与图 3.24(d)类似。本例中堆栈的最大深度为 4。

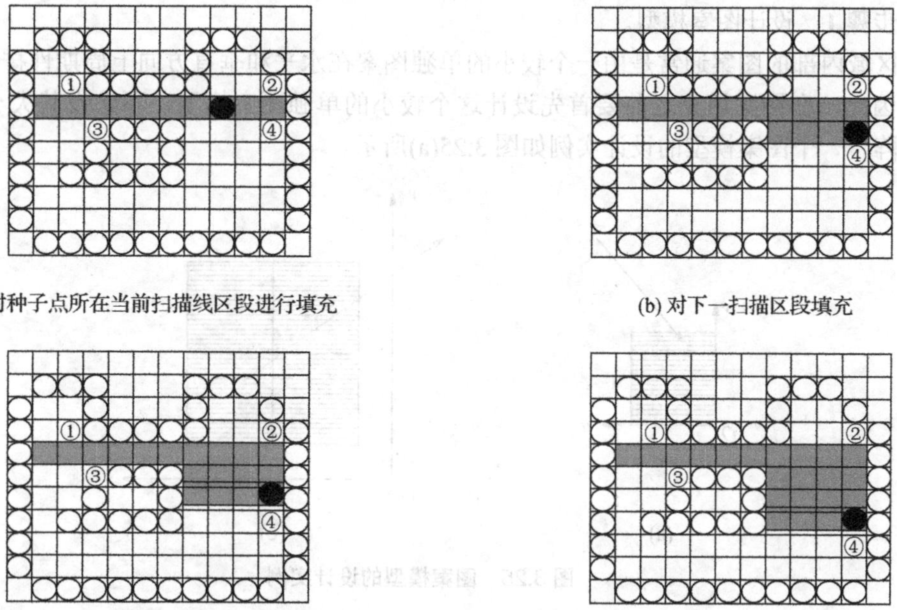

(a) 对种子点所在当前扫描线区段进行填充　　(b) 对下一扫描区段填充

(c) 对种子点所在当前扫描线区段进行填充　　(d) 对下一扫描区段填充

图 3.24　边界表示的种子填充扫描线算法的执行过程

3.3　图案填充

前面介绍的区域填充算法都是把区域内的全部像素设置成同一种颜色。但在实际应用中，人们往往不是要求在区域内部填充单一的颜色，而是用一种图案来填充区域，如阴影线等。本节先介绍使用扫描转换的图案填充，然后叙述不用扫描转换的图案填充。

3.3.1　使用扫描转换的图案填充

使用扫描转换的图案填充就是在进行扫描转换的同时填充图案。具体的实现方法是：把图案看作是由 m 行 n 列的点阵组成的区域上的图案，然后根据图案的类型进行填充。图案根据点阵中像素的类型可以分为像素图案和位图图案两类。在像素图案中，每个像素包含的颜色信息，需用多个二进制位来表示；而在位图图案中，每个像素只占一个二进制位，其值为 0 或 1，不包含具体颜色的信息。

1. 像素图案填充

图案填充实际上就是在填充区域时，将一个尺寸较小的单独图案像铺地板一样重复被使用以填满整个区域。区域边界附近可能需要根据区域的大小对图案进行适当的裁剪。因此，要填充图案，只需将区域填充的扫描转换算法进行一些修改，将其中指定的像素颜色用图案中对应位置的像素颜色来代替即可。

图案填充的步骤如下所述。

步骤 1 设计图案模型。

区域内部的图案通常是由一个较小的单独图案在水平和垂直方向上周期性排列而构成的。因此，在图案填充之前要首先设计这个较小的单独图案模型，不妨设其大小为 $m \times n$ 的点阵。一个图案模型的设计实例如图 3.25(a)所示。

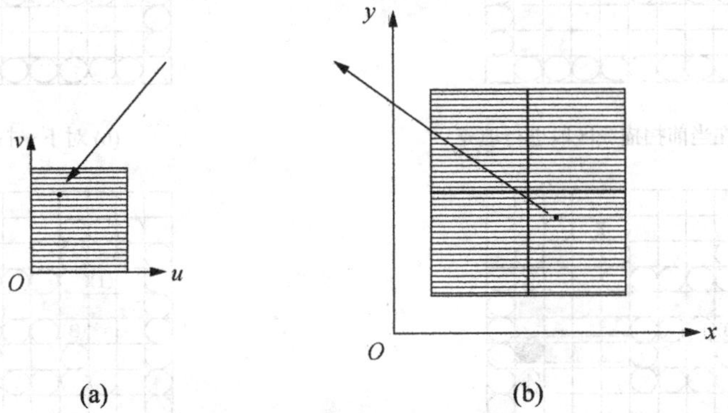

图 3.25 图案模型的设计实例

步骤 2 建立图案模型和区域之间的映射关系。

开始在区域内部填充图案之前，必须确定图案的参考点，以确定图案的左下角与区域的哪个位置对齐，并由此确定图案中的像素点与区域中的像素点的对应关系。

在窗口系统中，通常将窗口的坐标原点作为图案的参考点，图案的矩形边框指定在坐标轴上。这样一来，指定区域中的像素点(x, y)在图案中的对应像素点为$(x \bmod m, y \bmod n)$，如图 3.25(b)所示，图案模型和区域之间的映射关系为

$$\begin{cases} u = x \bmod m \\ v = y \bmod n \end{cases} \tag{3.6}$$

其中，mod 为取模运算。

步骤 3 填充。

在填充像素图案时，只需将扫描转换算法中的像素点(x, y)赋值为图案中的对应像素$(x \bmod m, y \bmod n)$的颜色即可，如图 3.25(b)所示。

在式(3.6)的映射方式下，当区域运动时，填充其内部的图案并不跟着运动，如图 3.26 所示。这种效果适合动画中漫游图像的情况，如透过车窗看外面的景物。

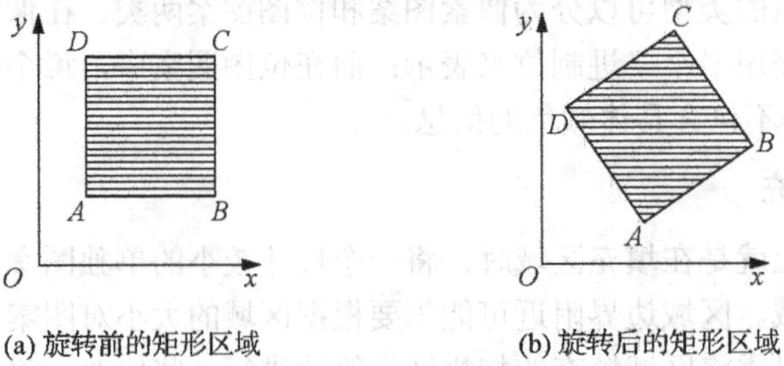

(a) 旋转前的矩形区域　　(b) 旋转后的矩形区域

图 3.26 矩形区域旋转，其内部的图案保持不动

当区域移动时，要使其内部的图案也跟着移动，需要在区域上建立局部坐标系 $x'O'y'$，如图 3.27(a)所示区域中的像素点(x', y')在图案中的对应像素点为$(x' \bmod m, y' \bmod n)$，建立 $x'O'y'$和图案空间 uOv 之间的映射关系如下：

$$\begin{cases} u = x' \bmod M \\ v = y' \bmod N \end{cases} \tag{3.7}$$

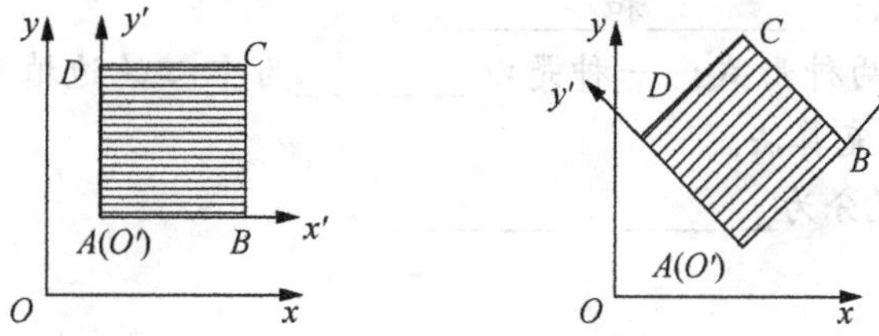

(a) 旋转前的矩形区域　　(b) 旋转后的矩形区域

图 3.27　矩形区域旋转，其内部的图案跟着旋转

在式(3.7)的映射方式下，当区域运动时，填充其内部的图案也跟着运动，如图 3.27 所示。这种效果适用于图案作为区域表面属性的情况，如桌面与其上的木纹等。

2. 位图图案填充

位图图案填充有两种填充模式：透明模式(Transparent Mode)和不透明模式(Opaque Mode)。使用不透明模式填充位图图案时，如果图案中的对应像素为 1，则区域中对应的像素颜色为前景色；否则，区域中对应的像素颜色为背景色，如图 3.28(c)所示。当用透明模式填充位图图案时，如果图案中的对应像素为 1，则区域中对应的像素颜色为前景色；否则，区域中对应的像素颜色不变。这种填充方式类似于透过纱窗看景物，景物的一部分被遮挡，而另一部分仍然可见，如图 3.28(d)所示。

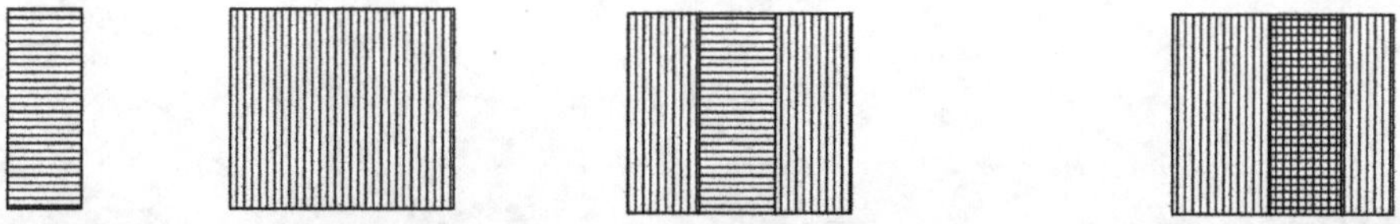

(a) 位图图案　(b) 矩形区域　(c) 位图图案以不透明模式填充区域　(d) 位图图案以透明模式填充区域

图 3.28　用位图图案填充区域

3.3.2　不用扫描转换的图案填充

前面讲的是在扫描转换的同时填充图案的方法。实际上对于那些采用位图描述的字符、图符和特殊符号来说，不存在扫描转换问题，直接可以使用写位图的方法。

假设位图的点阵大小为 $M \times N$，要写入的位置为(x,y)，此位置就是图案参考点，则图案填充过程中像素点的对应关系是：对所有的 $0 \leqslant i \leqslant M$，$0 \leqslant j \leqslant N$，图案中的像素点$(i, j)$对应于填充区域中的像素点$(x+i, y+j)$，其颜色的替换关系与使用扫描转换的图案填充的方法相同。

课后习题

一、填空题

1. 多边形表示方法：________和________。

2. 边填充算法有两种形式：一种是以________为中心的边填充算法；另一种是以________为中心的边填充算法。

3. 区域的连通情况分为________、________。

二、简答题

1. 简述一条扫描线上的填充过程。

2. 简述如何将使用扫描转换的图案填充实现。

3. 简述逐点判断法的缺点。

第 4 章

二维图形变换

教学提示： 图形变换是计算机图形学的基础内容之一。通过图形变换，可将简单的图形变换成较为复杂的图形，如可用二维图形表示三维形体。通过对静态图形进行快速变换还可以得到图形的动态显示效果。本章内容分为以下几个部分：图形变换的数学基础知识、二维图形基本变换、单一基本组合变换以及多个基本变换的组合变换。

教学目标： 通过本章的学习，要求学生对二维图形变换的方法有全面了解，并着重掌握二维图形基本变换、单一基本组合变换以及多个基本变换的组合变换等。

4.1 数学基础

在图形变换过程中需要大量使用矢量、矩阵表示及其运算，本节首先对其有关内容进行简要回顾。

4.1.1 向量及其性质

向量的运算有：向量的加减法运算(对一般向量规定加法运算)和向量数乘法运算。用 $\boldsymbol{u}$、$\boldsymbol{v}$、$\boldsymbol{w}$ 表示一个向量空间 $\boldsymbol{V}$ 中的任意 3 个向量。向量的加法运算具有下列性质。

(1) 封闭性：$\boldsymbol{u}+\boldsymbol{v}\in \boldsymbol{V}$，$\forall \boldsymbol{u},\boldsymbol{v}\in \boldsymbol{V}$。

(2) 交换性：$\boldsymbol{u}+\boldsymbol{v}=\boldsymbol{v}+\boldsymbol{u}$。

(3) 结合性：$(u+v)+w=u+(v+w)$。

对于零向量这个特殊向量，它满足以下条件：对于$\forall \boldsymbol{u}\in \boldsymbol{V}$，有：$\boldsymbol{u}+\boldsymbol{0}=\boldsymbol{u}$。

另外，对于每个向量 $\boldsymbol{u}$ 都有一个负向量，用 $-\boldsymbol{u}$ 表示，它满足：$\boldsymbol{u}+(-\boldsymbol{u})=\boldsymbol{0}$。

向量的加法运算可以用平行四边形法则或者三角形法则来表示。已知两向量 $\boldsymbol{A}$ 和 $\boldsymbol{B}$，$\boldsymbol{C}$ 为 $\boldsymbol{A}$ 和 $\boldsymbol{B}$ 向量之和，其平行四边形法则如图 4.1(a)所示，三角形法则如图 4.1(b)所示。

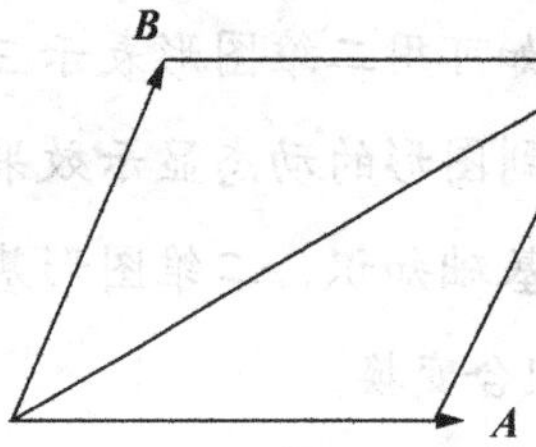

(a) 平行四边形法则

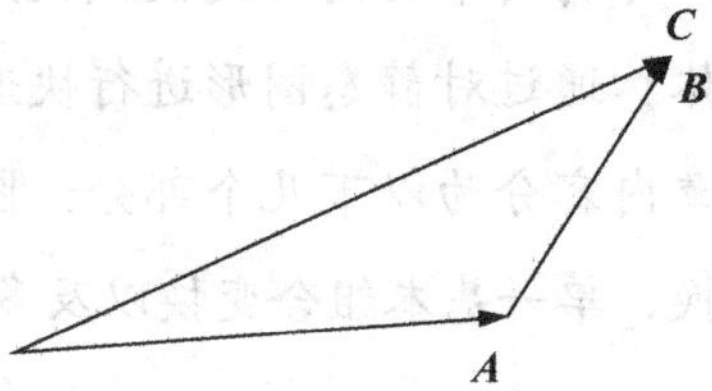

(b) 三角形法则

图 4.1 向量的加法运算

向量数乘法运算的定义如下：对于任意数和向量 $\boldsymbol{u}$，$a\boldsymbol{u}$ 必然是向量空间 $\boldsymbol{V}$ 中的一个向量。数乘向量的运算满足分配律。因此有：

$$a(\boldsymbol{u}+\boldsymbol{v})=a\boldsymbol{u}+a\boldsymbol{v}$$

$$(a+\beta)\boldsymbol{u}=a\boldsymbol{u}+\beta \boldsymbol{u}$$

如果 a 是实数，则数乘向量的运算所得到的新向量的大小由该实数的绝对值与向量的模相乘得到，方向则与实数的正负有关。如实数为正，不改变向量的方向；否则与原向量的方向相反。

$$\lambda a = c\begin{cases} \text{大小} & \|c\| = |\lambda|\cdot\|a\| \\ \text{方向}\begin{cases} \lambda > 0 \\ \lambda < 0 \end{cases} & \begin{matrix} c\text{平行于}a \\ c\text{平行于}-a \end{matrix} \end{cases}$$

4.1.2 向量点积

设有向量 $\boldsymbol{v}_1(x_1,y_1,z_1)$、$\boldsymbol{v}_2(x_2,y_2,z_2)$，有关它们的运算如下所述。

(1) 两个向量之和：$\boldsymbol{v}_1+\boldsymbol{v}_2=(x_1+x_2,y_1+y_2,z_1+z_2)$。

(2) 两个向量的点积：$\boldsymbol{v}_1\cdot\boldsymbol{v}_2=(x_1\cdot x_2+y_1\cdot y_2+z_1\cdot z_2)$。

(3) 向量的长度：$|\boldsymbol{v}_1|=(\boldsymbol{v}_1\cdot\boldsymbol{v}_2)^{1/2}=(x_1\cdot x_2+y_1\cdot y_2+z_1\cdot z_2)^{1/2}$ 。

(4) 两个向量的叉积：

$$\boldsymbol{v}_1\times\boldsymbol{v}_2=\begin{vmatrix} i & j & k \\ x_1 & y_1 & z_1 \\ x_2 & y_2 & z_2 \end{vmatrix}=(y_1z_2-y_2z_1,z_1x_2-z_2x_1,x_1y_2-x_2y_1)$$

4.1.3 矩阵

设有一个 m 行 n 列矩阵 $\boldsymbol{A}$：

$$\boldsymbol{A}=\begin{bmatrix} a_{11} & a_{12} & \cdots a_{1n} \\ \vdots & \cdots & \vdots \\ a_{m1} & a_{m2} & \cdots a_{mn} \end{bmatrix}$$

这个 m 行 n 列的矩阵是 $m\times n$ 个数按一定位置排列的一个整体，简称 $m\times n$ 矩阵。其中，$a_{11}, a_{12}, \cdots, a_{1n}$ 叫作矩阵的行；$a_{11}, a_{21}, \cdots, a_{m1}$ 叫作矩阵的列；a_{ij} 为矩阵的第 i 行第 j 列元素。通常用大写字母 $\boldsymbol{A}$、$\boldsymbol{B}\cdots$表示矩阵。上面这个矩阵可简记为 $\boldsymbol{A}$ 或 $\boldsymbol{A}_{m\times n}$ 或$(a_{ij})_{m\times n}$。如果 $m=n$，则 $\boldsymbol{A}$ 可简称为方阵或者 n 阶矩阵。

当 $m=1$ 时，$(a_{11}, a_{12}, \cdots, a_{1n})$可简称为 n 元行矩阵，亦称为行向量。

当 $n=1$ 时，$\begin{bmatrix} a_{11} \\ a_{21} \\ \vdots \\ a_{m1} \end{bmatrix}$ 可简称为一个 m 元列矩阵，亦称为列向量。

必须指出，两个矩阵只有在其行数、列数都相同且所有对应位置的元素都相等时，才是相等的。

4.1.4 矩阵乘法

设矩阵 $\boldsymbol{A}=(a_{ij})_{2\times 3}$，矩阵 $\boldsymbol{B}=(b_{ij})_{3\times 2}$，则两矩阵的乘积为

$$\boldsymbol{C}=\boldsymbol{A}\cdot\boldsymbol{B}=\begin{bmatrix} a_{11} & a_{12} & a_{13} \\ a_{21} & a_{22} & a_{23} \end{bmatrix}\begin{bmatrix} b_{11} & b_{12} \\ b_{21} & b_{22} \\ b_{31} & b_{32} \end{bmatrix}$$

$$=\begin{bmatrix} a_{11}b_{11}+a_{12}b_{21}+a_{13}b_{31} & a_{11}b_{12}+a_{12}b_{22}+a_{13}b_{32} \\ a_{21}b_{11}+a_{22}b_{21}+a_{23}b_{31} & a_{21}b_{12}+a_{22}b_{22}+a_{23}b_{32} \end{bmatrix}$$

注意，任意两个矩阵，只有在前一矩阵的列数等于后一矩阵的行数时才能相乘，即

$$\boldsymbol{C}=(\boldsymbol{C}_{ij})_{m\times p}=\boldsymbol{A}_{m\times n}\cdot\boldsymbol{B}_{n\times p}$$

4.1.5 矩阵的转置

把矩阵 $\boldsymbol{A}=(a_{ij})_{m\times n}$ 的行、列互换而得到的 $n\times m$ 矩阵叫作 $\boldsymbol{A}$ 的转置矩阵，记为 $\boldsymbol{A}^{\mathrm{T}}$：

$$\boldsymbol{A}^{\mathrm{T}}=\begin{bmatrix} a_{11} & a_{12} & \cdots a_{m1} \\ a_{12} & a_{22} & \cdots a_{m2} \\ \vdots & \vdots & \vdots \\ a_{1n} & a_{2n} & \cdots a_{mn} \end{bmatrix}$$

矩阵的转置具有如下几点基本性质：

(1) $(\boldsymbol{A}^{\mathrm{T}})^{\mathrm{T}}=\boldsymbol{A}$。

(2) $(\boldsymbol{A}+\boldsymbol{B})^{\mathrm{T}}=\boldsymbol{A}^{\mathrm{T}}+\boldsymbol{B}^{\mathrm{T}}$。

(3) $(\alpha\boldsymbol{A})^{\mathrm{T}}=\alpha\boldsymbol{A}^{\mathrm{T}}$。

(4) $(\boldsymbol{A}\cdot\boldsymbol{B})^{\mathrm{T}}=\boldsymbol{B}^{\mathrm{T}}\cdot\boldsymbol{A}^{\mathrm{T}}$。

当 $\boldsymbol{A}$ 是一个 n 阶方阵，而且有 $\boldsymbol{A}=\boldsymbol{A}^{\mathrm{T}}$ 时，则称 $\boldsymbol{A}$ 是一个对称矩阵。

4.1.6 矩阵的逆

对于矩阵 $\boldsymbol{A}$，若存在 $\boldsymbol{A}^{-1}$，便得 $\boldsymbol{A}\cdot\boldsymbol{A}^{-1}=\boldsymbol{A}^{-1}\cdot\boldsymbol{A}=\boldsymbol{I}$，则称 $\boldsymbol{A}^{-1}$ 为 $\boldsymbol{A}$ 的逆矩阵。

设 $\boldsymbol{A}$ 是一个 n 阶矩阵，如果有 n 阶矩阵 $\boldsymbol{B}$ 存在，使得 $\boldsymbol{A}\cdot\boldsymbol{B}=\boldsymbol{B}\cdot\boldsymbol{A}=\boldsymbol{I}$，则称 $\boldsymbol{A}$ 是一个非奇异矩阵，并称 $\boldsymbol{B}$ 是 $\boldsymbol{A}$ 的逆。否则，便称 $\boldsymbol{A}$ 是一个奇异矩阵。由于 $\boldsymbol{A}$、$\boldsymbol{B}$ 处于对称地位，故当 $\boldsymbol{A}$ 非奇异时，其逆 $\boldsymbol{B}$ 也非奇异，而且 $\boldsymbol{A}$ 也就是 $\boldsymbol{B}$ 的逆，即 $\boldsymbol{A}$、$\boldsymbol{B}$ 互为逆。

任何非奇异矩阵 $\boldsymbol{A}$ 都只能有一个逆矩阵。

4.1.7 齐次坐标

齐次坐标是 Maxwell E. A.在 1946 年从几何的角度提出来的，20 世纪 60 年代被应用于计算机图形学。其基本思想是把一个 n 维空间的几何问题转换到 n+1 维空间中去解决。从形式上来说，用一个有 n+1 个分量的向量去表示一个有 n 个分量的向量的方法称为齐次坐标表示。如二维平面上的点(x,y)的齐次坐标表示为(hx,hy,h)，h 是任一不为 0 的比例系数。于是，只要给定一个点的齐次坐标表示(x,y,h)，就能得到这个点的二维笛卡儿直角坐标$(x/h,y/h)$。齐次坐标表示不是唯一的，通常当 h=1 时，称为规格化齐次坐标。在计算机图形学中，常用的是规格化齐次坐标。

为什么要用齐次坐标表示，其优越性主要有以下两点。

(1) 提供了用矩阵运算把二维、三维甚至高维空间中的一个点集从一个坐标系变换到另一个坐标系的有效方法。

(2) 可以表示无穷远点。例如 n+1 维中，h=0 的齐次坐标实际上表示了一个 n 维的无

穷远点。对二维的齐次坐标(a, b, h)，当 $h\to 0$ 时，表示 $ax+by=0$ 的直线，即在 $y=-(a/b)x$ 上的连续点(x,y)逐渐趋近于无穷远，但其斜率不变。在三维情况下，利用齐次坐标表示视点在原点时的投影变换，其几何意义会更加清晰。

4.2 基本变换

二维图形变换的基本变换包括平移、比例和旋转 3 种。

4.2.1 平移变换

平移是一物体从一个位置到另一个位置所做的直线移动。如果要把一个位于 $P(x, y)$的点移到新位置 $P'(x', y')$时，只要在原坐标上加上平移距离 T_x 及 T_y 即可(见图 4.2)，即

$$\begin{cases} x' = x + T_x \\ y' = y + T_y \end{cases} \tag{4.1}$$

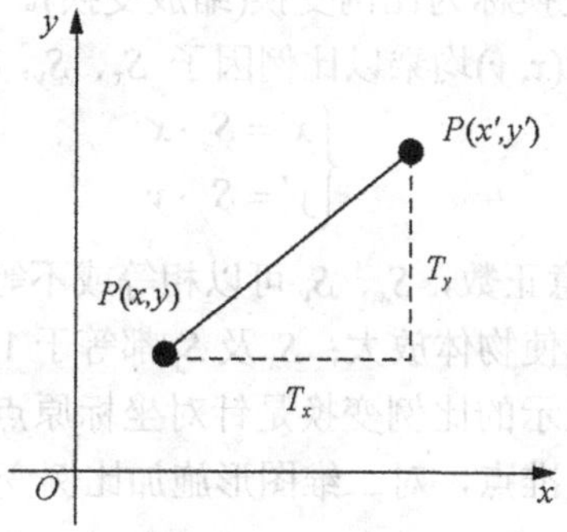

图 4.2　平移变换

上式中的平移距离(T_x, T_y)称为平移向量或位移向量。如果用向量形式来表示位移前后的两个点：

$$P = \begin{bmatrix} x \\ y \end{bmatrix},\quad P' = \begin{bmatrix} x' \\ y' \end{bmatrix}$$

而平移向量表示为

$$\boldsymbol{T} = \begin{bmatrix} T_x \\ T_y \end{bmatrix}$$

那么，可以用矩阵相加来表示 P 点的位移：

$$\begin{bmatrix} x' \\ y' \end{bmatrix} = \begin{bmatrix} x \\ y \end{bmatrix} + \begin{bmatrix} T_x \\ T_y \end{bmatrix} \tag{4.2}$$

记为

$$P' = P + T \tag{4.3}$$

采用齐次坐标技术，对于平移变换，式(4.2)可写为

$$\begin{bmatrix} x' \\ y' \\ 1 \end{bmatrix} = \begin{bmatrix} 1 & 0 & T_x \\ 0 & 1 & T_y \\ 0 & 0 & 1 \end{bmatrix} \begin{bmatrix} x \\ y \\ 1 \end{bmatrix} \tag{4.4}$$

对于含有平移距离 T_x 及 T_y 的 3×3 的变换矩阵，可引入以下缩写符号：

$$T(T_x, T_y) = \begin{bmatrix} 1 & 0 & T_x \\ 0 & 1 & T_y \\ 0 & 0 & 1 \end{bmatrix} \tag{4.5}$$

用上述符号可写出平移变换的矩阵形式缩写：

$$P' = T(T_x, T_y) \cdot P \tag{4.6}$$

式中，$P'=[x'\ y'\ 1]T$，$P=[x\ y\ 1]T$，它们均为 3×1 的矩阵，在做矩阵运算时是一个三元素列向量。

4.2.2 比例变换

用来改变一物体大小的变换称为比例变换(缩放变换)。如果要对一个多边形进行比例变换，那么可把各顶点的坐标(x, y)均乘以比例因子 S_x、S_y，以产生变换后的坐标(x', y')。

$$\begin{cases} x' = S_x \cdot x \\ y' = S_y \cdot y \end{cases} \tag{4.7}$$

其中，S_x 及 S_y 可以是任意正数，S_x、S_y 可以相等或不等。如果比例因子数值小于 1，则物体尺寸减小；大于 1，则使物体放大；S_x 及 S_y 都等于 1，则物体大小形状不变。

需要注意的是，式(4.7)表示的比例变换是针对坐标原点的，如图 4.3(a)所示。可以以坐标平面内的任意一点作为基准点，对二维图形施加比例变换，如图 4.3(b)所示。

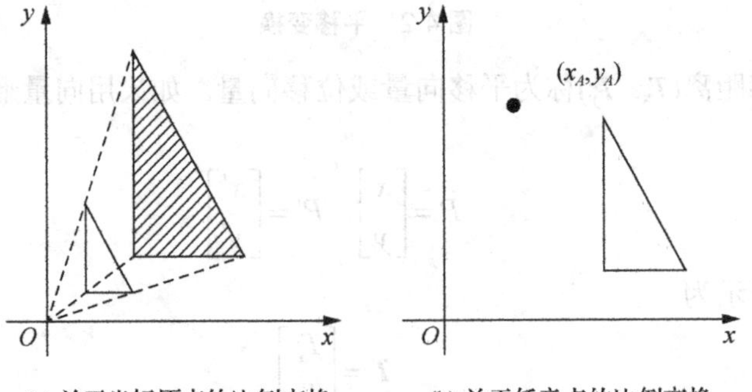

(a) 关于坐标原点的比例变换　　(b) 关于任意点的比例变换

图 4.3　比例变换

如果令

$$S = \begin{bmatrix} S_x & 0 \\ 0 & S_y \end{bmatrix}$$

则比例变换可以表示成以下的矩阵形式：

$$\begin{bmatrix} x' \\ y' \end{bmatrix} = \begin{bmatrix} S_x & 0 \\ 0 & S_y \end{bmatrix} \begin{bmatrix} x \\ y \end{bmatrix} \tag{4.8}$$

记为

$$P' = S \cdot P \tag{4.9}$$

采用齐次坐标技术，可由式(4.4)写出比例变换的矩阵形式：

$$\begin{bmatrix} x' \\ y' \\ 1 \end{bmatrix} = \begin{bmatrix} S_x & 0 & 0 \\ 0 & S_y & 0 \\ 0 & 0 & 1 \end{bmatrix} \begin{bmatrix} x \\ y \\ 1 \end{bmatrix} \tag{4.10}$$

缩写为

$$P' = S(S_x, S_y) \cdot P \tag{4.11}$$

其中

$$S(S_x, S_y) = \begin{bmatrix} S_x & 0 & 0 \\ 0 & S_y & 0 \\ 0 & 0 & 1 \end{bmatrix} \tag{4.12}$$

是用参数 S_x 及 S_y 表示的 3×3 的比例变换矩阵。

4.2.3 旋转变换

物体上的各点绕一固定点沿圆周路径做转动称为旋转变换。我们可用旋转角表示旋转量的大小。

一个点由位置(x, y)旋转到(x', y')的角度为自水平轴算起的角度，θ 为旋转角(见图 4.4)。可由三角关系得

$$\begin{aligned} x' &= r\cos(\theta+\varphi) = r\cos\theta\cos\varphi - r\sin\theta\sin\varphi \\ &= x\cos\theta - y\sin\theta \\ y' &= r\sin(\theta+\varphi) = r\cos\theta\sin\varphi + r\sin\theta\cos\varphi \\ &= x\sin\theta + y\cos\theta \end{aligned}$$

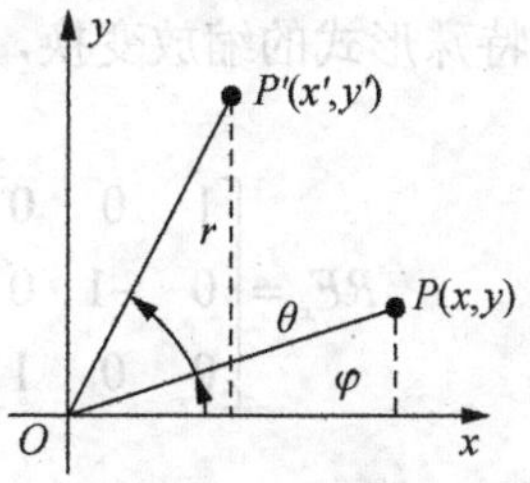

图 4.4 旋转变换

相对于坐标原点的旋转变换公式如下：

$$\begin{cases} x' = x\cos\theta - y\sin\theta \\ y' = y\cos\theta + x\sin\theta \end{cases} \tag{4.13}$$

如果令

$$R=\begin{bmatrix}\cos\theta & -\sin\theta\\ \sin\theta & \cos\theta\end{bmatrix}$$

则有

$$\begin{bmatrix}x'\\ y'\end{bmatrix}=\begin{bmatrix}\cos\theta & -\sin\theta\\ \sin\theta & \cos\theta\end{bmatrix}\begin{bmatrix}x\\ y\end{bmatrix} \tag{4.14}$$

记为

$$P'=R\cdot P \tag{4.15}$$

需要注意的是，这里讨论的是绕坐标原点所做的旋转变换，实际上可以绕坐标平面中任意点进行图形的旋转变换。

式(4.14)的旋转变换方程可写为以下矩阵形式：

$$\begin{bmatrix}x'\\ y'\\ 1\end{bmatrix}=\begin{bmatrix}\cos\theta & -\sin\theta & 0\\ \sin\theta & \cos\theta & 0\\ 0 & 0 & 1\end{bmatrix}\begin{bmatrix}x\\ y\\ 1\end{bmatrix} \tag{4.16}$$

或写为

$$P'=R(\theta)\cdot P \tag{4.17}$$

其中

$$R(\theta)=\begin{bmatrix}\cos\theta & -\sin\theta & 0\\ \sin\theta & \cos\theta & 0\\ 0 & 0 & 1\end{bmatrix} \tag{4.18}$$

为一个含有参数θ的 3×3 的旋转变换矩阵。

4.2.4 对称变换与错切变换

1. 对称变换

(1) 关于 x 轴对称变换。

关于 x 轴的对称变换是一种特殊形式的缩放变换，其中，$S_x=1$，$S_y=-1$，如图 4.5 所示，其变换矩阵为

$$RF_x=\begin{bmatrix}1 & 0 & 0\\ 0 & -1 & 0\\ 0 & 0 & 1\end{bmatrix} \tag{4.19}$$

(2) 关于 y 轴对称变换。

关于 y 轴的对称变换是一种特殊形式的缩放变换，其中，$S_x=-1$，$S_y=1$，如图 4.6 所示，其变换矩阵为

$$RF_y=\begin{bmatrix}-1 & 0 & 0\\ 0 & 1 & 0\\ 0 & 0 & 1\end{bmatrix} \tag{4.20}$$

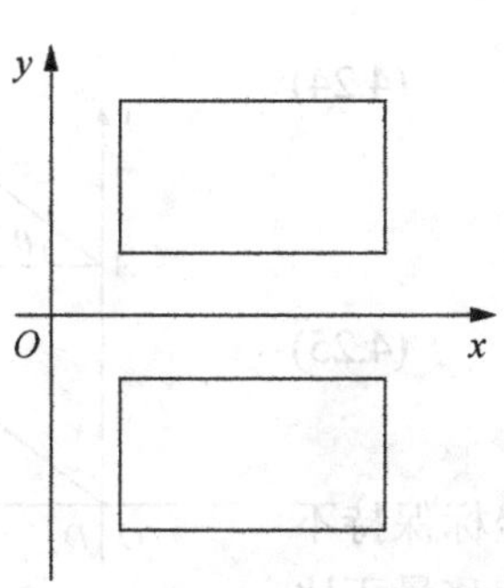

图 4.5　关于 x 轴对称变换

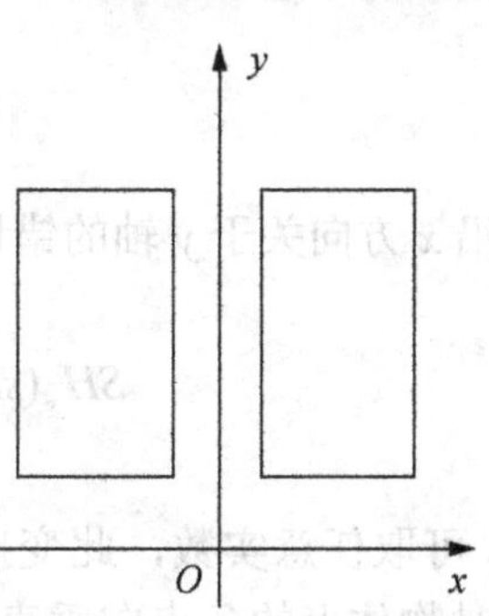

图 4.6　关于 y 轴对称变换

(3)　关于坐标原点的对称变换。

关于坐标原点的对称变换，是一种特殊形式的缩放变换，其中，S_x=−1，S_y=−1，如图 4.7 所示，其变换矩阵为

$$RF_O=\begin{bmatrix}-1 & 0 & 0\\ 0 & -1 & 0\\ 0 & 0 & 1\end{bmatrix} \tag{4.21}$$

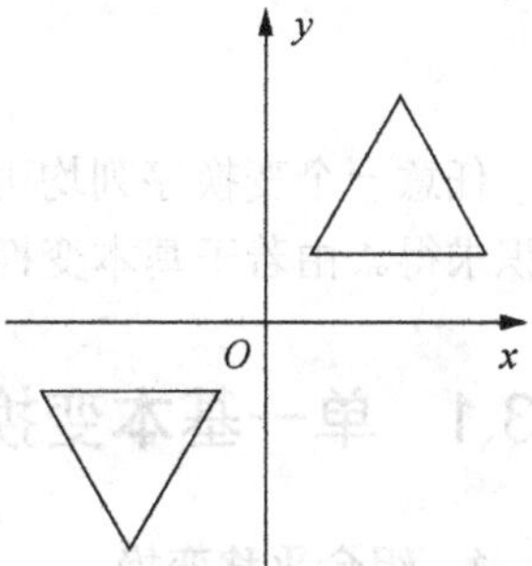

图 4.7　关于坐标原点的对称变换

2. 错切变换

错切变换可使物体产生变形，即物体产生扭转或称为错切。常用的两种错切变换是沿 x 方向或沿 y 方向错切变换。

(1)　沿 x 方向关于 y 轴的错切。

在图 4.8 中，对矩形 ABCD 沿 x 轴方向进行错切变换，得到矩形 A′B′CD。错切的角度为θ，令 sh_x=tanθ，假定点(x, y)经错切变换后变为(x′, y′)，由图 4.8 可知：

$$\begin{cases}x'=x+y\cdot sh_x\\ y'=y\end{cases} \tag{4.22}$$

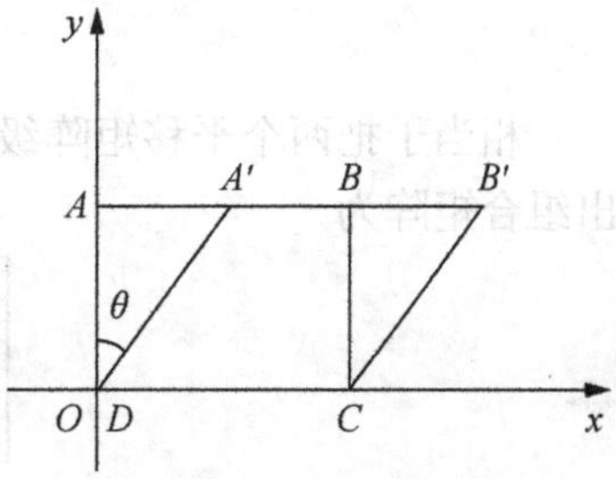

图 4.8　沿 x 方向的错切

从而沿 x 方向关于 y 轴的错切的变换矩阵为

$$SH_y(sh_x)=\begin{bmatrix}1 & sh_x & 0\\ 0 & 1 & 0\\ 0 & 0 & 1\end{bmatrix} \tag{4.23}$$

式(4.23)中 sh_x 可取任意实数。此变换只影响 x 坐标，y 坐标保持不变。变换时物体上的各点水平偏移一段距离，偏移量正比于 y 值。

(2)　沿 y 方向关于 x 轴的错切。

在图 4.9 中，对矩形 ABCD 沿 y 轴方向进行错切变换，得到矩形 AB′C′D。错切的角度为θ，令 sh_y=cotθ，假定点(x, y)经错切变换后变为(x′, y′)，由图 4.9 可知：

$$\begin{cases}x' = x \\ y' = y + x \cdot sh_y\end{cases} \tag{4.24}$$

从而沿 x 方向关于 y 轴的错切的变换矩阵为

$$SH_x(sh_y) = \begin{bmatrix}1 & 0 & 0 \\ sh_y & 1 & 0 \\ 0 & 0 & 1\end{bmatrix} \tag{4.25}$$

式中，sh_y 可取任意实数，此变换只影响 y 坐标，x 坐标保持不变。变换时物体上的各点向垂直方向偏移一段距离，偏移量正比于 x 值。

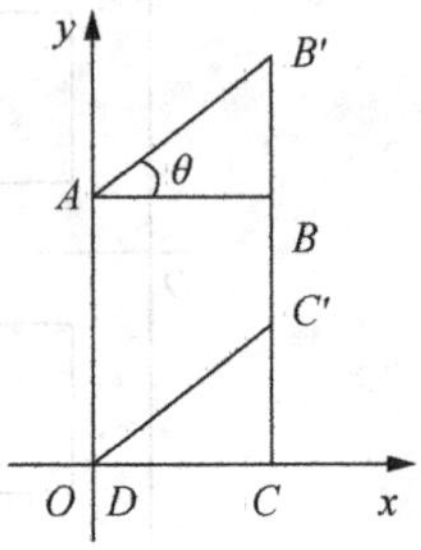

图 4.9　沿 y 方向的错切

4.3　组 合 变 换

任意一个变换序列均可表示为一个组合变换矩阵。组合变换矩阵可由基本变换矩阵的乘积求得。由若干基本变换矩阵相乘求得组合变换矩阵的方法称为矩阵的级联。

4.3.1　单一基本变换的组合变换

1．组合平移变换

要对一物体连续平移两次，假定两次平移的距离为(T_{x1}, T_{y1})及(T_{x2}, T_{y2})，则

$$\begin{aligned}P' &= T(T_{x2}, T_{y2}) \cdot \{T(T_{x1}, T_{y1}) \cdot P\} \\ &= \{T(T_{x2}, T_{y2}) \cdot T(T_{x1}, T_{y1})\} \cdot P\end{aligned} \tag{4.26}$$

相当于把两个平移矩阵级联起来，然后把此组合矩阵作用到各坐标点上。由此可计算出组合矩阵为

$$\begin{bmatrix}1 & 0 & T_{x2} \\ 0 & 1 & T_{y2} \\ 0 & 0 & 1\end{bmatrix}\begin{bmatrix}1 & 0 & T_{x1} \\ 0 & 1 & T_{y1} \\ 0 & 0 & 1\end{bmatrix} = \begin{bmatrix}1 & 0 & T_{x1}+T_{x2} \\ 0 & 1 & T_{y1}+T_{y2} \\ 0 & 0 & 1\end{bmatrix} \tag{4.27}$$

式(4.27)表明，进行连续两次平移，实际上是把平移距离相加，即

$$T(T_{x2}, T_{y2}) \cdot T(T_{x1}, T_{y1}) = T(T_{x1} + T_{x2}, T_{y1} + T_{y2}) \tag{4.28}$$

坐标点进行组合平移变换时，可用以下矩阵形式表示：

$$P' = T(T_{x1} + T_{x2}, T_{y1} + T_{y2}) \cdot P \tag{4.29}$$

2．组合比例变换

作用于点 P 的两次连续的比例变换的变换矩阵为

$$\begin{bmatrix}S_{x2} & 0 & 0 \\ 0 & S_{y2} & 0 \\ 0 & 0 & 1\end{bmatrix}\begin{bmatrix}S_{x1} & 0 & 0 \\ 0 & S_{y1} & 0 \\ 0 & 0 & 1\end{bmatrix} = \begin{bmatrix}S_{x1} \cdot S_{x2} & 0 & 0 \\ 0 & S_{y1} \cdot S_{y2} & 0 \\ 0 & 0 & 1\end{bmatrix} \tag{4.30}$$

即

$$S(S_{x2},S_{y2})\cdot S(S_{x1},S_{y1})=S(S_{x1}\cdot S_{x2},S_{y1}\cdot S_{y2}) \tag{4.31}$$

由上式可见，连续进行两次比例变换，实际上是把相应的比例因子相乘。例如，若要连续两次把物体的尺寸放大 3 倍，则物体的最后尺寸放大到原来的 9 倍。

3．组合旋转变换

连续两次旋转的组合变换矩阵可用下式表示：

$$R(\theta_2)\cdot R(\theta_1)=R(\theta_1+\theta_2) \tag{4.32}$$

与组合平移的情况相似，连续旋转实际上是把旋转角相加。

4.3.2　多个基本变换的组合变换

1．相对于任一固定点的比例变换

由基本平移变换矩阵及比例变换矩阵，可得到相对于任一固定点 $A(x_A, y_A)$的比例运算的组合矩阵。此时实际上是进行由三个基本变换形成的一个变换序列。此变换序列如图 4.10 所示。首先把图形及固定点一起平移，使固定点移到坐标原点上；其次把图形相对于原点进行比例变换；最后把图形及固定点一起平移，使固定点又回到原来位置。

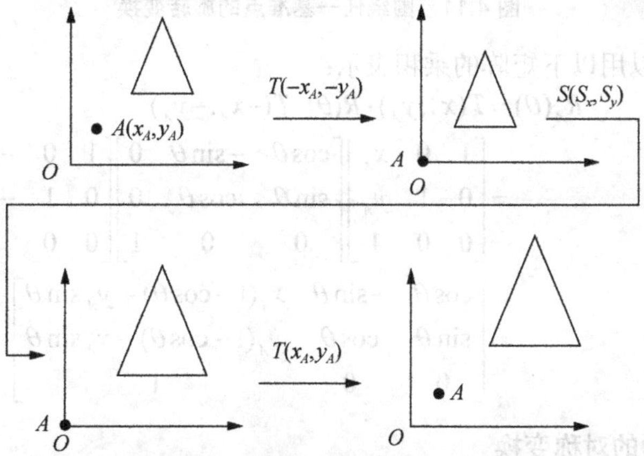

图 4.10　相对于任一固定点的比例变换

此变换序列可表示为

$$P'=S_A(S_x,S_y)\cdot P$$

其中变换矩阵 $S_A(S_x, S_y)$为

$$\begin{aligned}S_A(S_x,S_y)&=T(x_A,y_A)\cdot S(S_x,S_y)\cdot T(-x_A,-y_A)\\&=\begin{bmatrix}1&0&x_A\\0&1&y_A\\0&0&1\end{bmatrix}\begin{bmatrix}S_x&0&0\\0&S_y&0\\0&0&1\end{bmatrix}\begin{bmatrix}1&0&-x_A\\0&1&-y_A\\0&0&1\end{bmatrix}\\&=\begin{bmatrix}S_x&0&x_A(1-S_x)\\0&S_y&y_A(1-S_y)\\0&0&1\end{bmatrix}\end{aligned} \tag{4.33}$$

2. 围绕任一基准点的旋转变换

图 4.11 所示为围绕任一基准点 $A(x_A, y_A)$旋转时，由一个变换序列得到一个组合矩阵的过程。首先，把物体平移，使基准点与坐标原点重合；然后，把物体绕原点旋转；最后，把物体平移，使基准点回到原来位置。

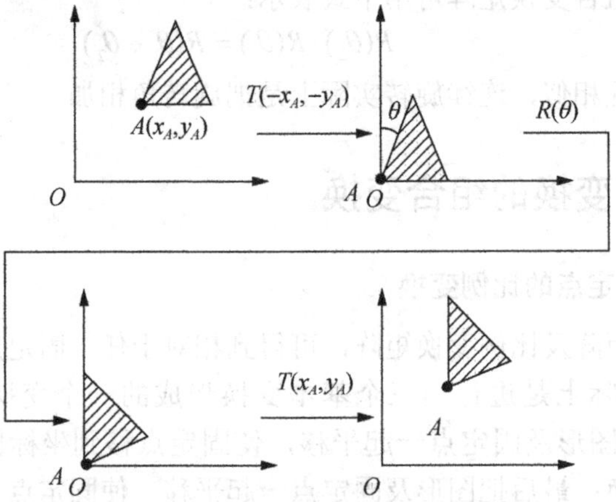

图 4.11 围绕任一基准点的旋转变换

此变换序列可以用以下矩阵的乘积表示：

$$\begin{aligned}R_A(\theta)&=T(x_A,y_A)\cdot R(\theta)\cdot T(-x_A,-y_A)\\&=\begin{bmatrix}1&0&x_A\\0&1&y_A\\0&0&1\end{bmatrix}\begin{bmatrix}\cos\theta&-\sin\theta&0\\\sin\theta&\cos\theta&0\\0&0&1\end{bmatrix}\begin{bmatrix}1&0&-x_A\\0&1&-y_A\\0&0&1\end{bmatrix}\\&=\begin{bmatrix}\cos\theta&-\sin\theta&x_A(1-\cos\theta)+y_A\sin\theta\\\sin\theta&\cos\theta&y_A(1-\cos\theta)-x_A\sin\theta\\0&0&1\end{bmatrix}\end{aligned}\tag{4.34}$$

3. 关于任意轴的对称变换

以任一直线 l 为对称轴的对称变换可以用变换合成的方法按如下步骤完成(见图 4.12)。

(1) 平移使 l 过坐标原点，记变换为 T_1，图形 A 被变换到 A_1。

(2) 旋转 θ 角，使 l 和 OX 轴重合，记变换为 R_1，图形 A_l 被变换到 A_2。

(3) 求图形 A_2 关于 x 轴的对称图形 A_3，记变换为 RF_x。

(4) 旋转-θ 角，记变换为 R_2，图形 A_3 被变换到 A_4。

(5) 平移使 l 回到其原先的位置，记变换为 T_2，图形 A_4 被变换到 A_5。A_5 即为 A 关于 l 的对称图形。总的变换为

$$T_2\cdot R_2\cdot RF_x\cdot R_1\cdot T_1\tag{4.35}$$

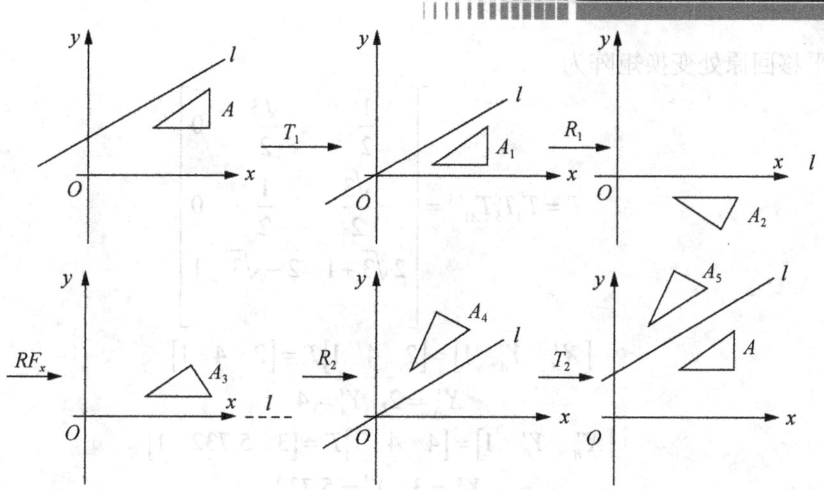

图 4.12　关于任意轴的对称变换

4.3.3　组合变换举例

已知图 4.13 中所示三角形 *ABC* 各顶点的坐标 *A*(2,4)、*B*(4,4)、*C*(4,1)，相对 *A* 点逆时针旋转 60°，各顶点分别到达 *A*′、*B*′、*C*′。试计算 *A*′、*B*′、*C*′ 的坐标值。(要求用齐次坐标进行变换，列出变换矩阵。)

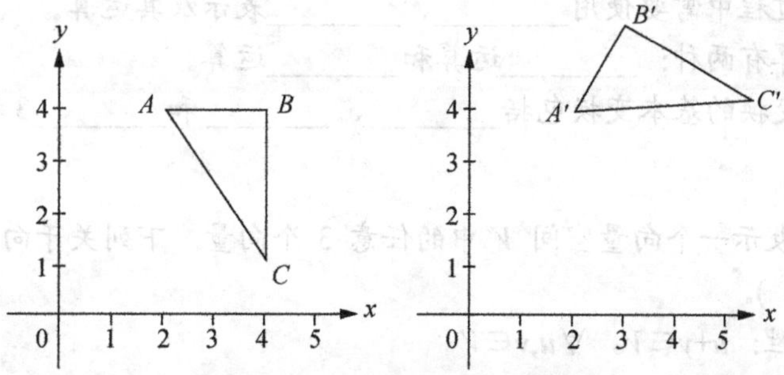

图 4.13　三角形的组合变换

将坐标系原点平移到 *A* 点：

$$T_A = \begin{bmatrix} 1 & 0 & 0 \\ 0 & 1 & 0 \\ -2 & -4 & 1 \end{bmatrix}$$

△*ABC* 绕新坐标系原点逆时针旋转 60°

$$T_S = \begin{bmatrix} \cos 60^\circ & \sin 60^\circ & 0 \\ -\sin 60^\circ & \cos 60^\circ & 0 \\ 0 & 0 & 1 \end{bmatrix}$$

$$T_A^{-1} = \begin{bmatrix} 1 & 0 & 0 \\ 0 & 1 & 0 \\ 2 & 4 & 1 \end{bmatrix}$$

坐标平移回原处变换矩阵为

$$T = T_A T_S T_{A1}^{-1} = \begin{bmatrix} \frac{1}{2} & \frac{\sqrt{3}}{2} & 0 \\ -\frac{\sqrt{3}}{2} & \frac{1}{2} & 0 \\ 2\sqrt{3}+1 & 2-\sqrt{3} & 1 \end{bmatrix}$$

$$[X'_A \quad Y'_A \quad 1] = [2 \quad 4 \quad 1]T = [2 \quad 4 \quad 1]$$

$$X'_A = 2,\ Y'_A = 4$$

$$[X'_B \quad Y'_B \quad 1] = [4 \quad 4 \quad 1]T = [3 \quad 5.732 \quad 1]$$

$$X'_B = 3,\ Y'_B = 5.732$$

$$[X'_C \quad Y'_C \quad 1] = [4 \quad 1 \quad 1]T = [5.598 \quad 4.232 \quad 1]$$

$$X'_C = 5.598,\ Y'_C = 4.232$$

课 后 习 题

一、填空题

1. 图形变换过程中需要使用________、________表示及其运算。
2. 向量的运算有两种：________运算和________运算。
3. 二维图形变换的基本变换包括________、________和________3种。

二、选择题

用 u、v、w 表示一个向量空间 V 中的任意 3 个向量。下列关于向量的加法运算性质说法正确的是(　　)。

A. 封闭性：$u+v \in V,\ \forall u,v \in V$

B. 交换性：$u+v=v+u$

C. 结合性：$(u+v)+w=u+(v+w)$

三、简答题

1. 设有向量 $v_1(x_1,y_1,z_1)$、$v_2(x_2,y_2,z_2)$，简述有关它们的运算，三点即可。
2. 简述齐次坐标的优点。

第5章 二维图形的裁剪

教学提示：图形的开窗与裁剪是计算机图形中图形运算的基础，它们在计算机图形技术中占有重要的地位。有了开窗与裁剪的概念后，在图形系统中，用户定义的各种复杂图形不仅不再受显示设备中的显示范围的限制，而且还能非常方便地观察各种图形的输出显示，使用户可以把图形的输入和图形的输出两个不同的过程联系在一起。本章主要介绍与开窗、裁剪有关的基本概念，包括图形学常用的坐标系窗口和视区间的变换，以及线段的裁剪算法、多边形的裁剪算法、圆的裁剪算法和文本的裁剪算法等。

教学目标：通过本章的学习，掌握窗口和视区间的变换等基本概念，重点掌握线段、多边形和文本的裁剪算法，对圆的裁剪算法有所了解。

5.1 图形的开窗

用计算机处理图形，离不开各种坐标系，这些坐标系决定了计算机处理图形的原始数据来源与图形的最终显示位置，建立了图形与数之间的联系。因此在介绍开窗和裁剪之前，先介绍计算机图形学中常用的坐标系。

5.1.1 计算机图形学中常用的坐标系

计算机图形学中最常用的坐标系有世界坐标系、局部坐标系、屏幕坐标系等，下面分别给予介绍。

1. 世界坐标系

计算机本身只能处理数字，图形在计算机内部也是以数字的形式进行存储和处理的。坐标系用于建立数与图形之间的联系。为了使被显示的图形数字化，用户需要在图形对象所在的空间定义一个坐标系，这个坐标系称为世界坐标系(World Coordinate)。由于用户通常选用自己熟悉的方式建立世界坐标系，所以世界坐标系也称为用户坐标系(User Coordinate)。用户常用的坐标系有极坐标系、对数坐标系、球面坐标系、直角坐标系等。在实际应用中，具体坐标系的选择要使该坐标系的长度和坐标轴的方向便于对显示对象的描述。

2. 局部坐标系

为了简化图形对象的描述，用户有时采用相对于物体的坐标系，这个坐标系称为局部坐标系(Local Coordinate)。局部坐标系建立在物体之上，它和物体之间的相对位置保持不变。当一个对象的局部坐标系和世界坐标系之间的关系确定之后，该对象在世界坐标系中的位置也就被确定了。

3. 屏幕坐标系

当计算机对图形做了必要的处理后，要将它在图形显示器或绘图纸上绘制出来，就要在二维的图形显示器或绘图纸上定义一个坐标系，这个坐标系就称为屏幕坐标系(Screen Coordinate)或设备坐标系(Device Coordinate)。该坐标系通常取为直角坐标系，其坐标轴平行于屏幕或绘图纸边缘，长度单位取为一个像素的长度或绘图机的步长，坐标为整数，坐标系的原点和坐标轴的方向随显示设备的不同而不同。通常的微机显示器的屏幕坐标系采取图 5.1 所示的方式。

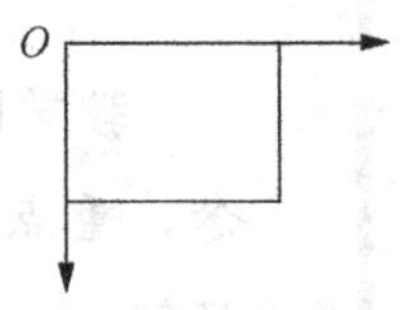

图 5.1 屏幕坐标系

5.1.2 窗口与视区的坐标变换

1. 窗口与视区

在世界坐标系中描述的图形往往是复杂和庞大的。但在实际的应用中，我们可能只对某一局部区域感兴趣，只将这一局部区域内的图形显示在屏幕上，这一局部区域需要用户在世界坐标系中指定。考虑到处理的方便性，通常指定为矩形区域，这个矩形区域称为窗口(window)。指定或选取这样的一个矩形区域称为开窗口或开窗。

当用户在世界坐标系中开窗后，需要将窗口内的图形显示在屏幕上。一般来说，并不是将窗口内的图形显示在整个屏幕上，而是在屏幕上指定一个小于屏幕的矩形区域来显示窗口内的图形，屏幕上的这个矩形区域称为视区(viewport)。由于窗口和视区不在同一个坐标系中，并且它们所用的长度单位、大小和位置都不相同，所以在将窗口内的图形在视区内显示出来之前，需要做窗口到视区的变换。

2. 窗口到视区的变换

给定世界坐标系中的一个窗口和屏幕坐标系中的一个视区，可以用变换合成的方法来实现窗口到视区的变换。设世界坐标系 xOy 中窗口的左下角坐标为(x_{min}, y_{min})，两边的宽度分别为 W_x、W_y。屏幕坐标系 uOv 中窗口的左下角坐标为(u_{min}, v_{min})，两边的宽度分别为 W_u、W_v(见图 5.2)。

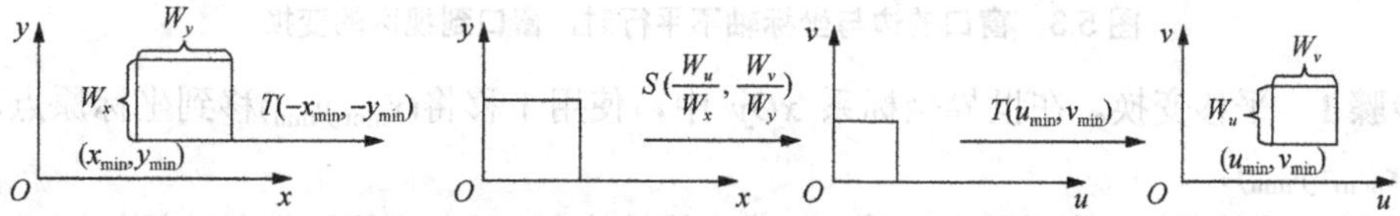

图 5.2　窗口到视区的变换

窗口到视区的变换可按下列步骤进行。

步骤 1　平移变换。在世界坐标系 xOy 中，使用平移将(x_{min},y_{min})移到坐标原点，变换为 $T(-x_{min},-y_{min})$。

步骤 2　缩放变换。在世界坐标系 xOy 中，使用缩放使窗口的大小和视区的大小相同，变换为 $S\left(\dfrac{W_u}{W_x},\dfrac{W_v}{W_y}\right)$。

步骤 3　平移变换。在屏幕坐标系 uOv 中，平移使窗口和视区重合，变换为 $T(u_{min},v_{min})$，则窗口到视区变换的变换矩阵为

$$
\begin{aligned}
M &= T(u_{min},v_{min})\cdot S\left(\frac{W_u}{W_x},\frac{W_v}{W_y}\right)\cdot T(-x_{min},-y_{min}) \\
&= \begin{bmatrix} 1 & 0 & u_{min} \\ 0 & 1 & v_{min} \\ 0 & 0 & 1 \end{bmatrix}
\begin{bmatrix} \dfrac{W_u}{W_x} & 0 & 0 \\ 0 & \dfrac{W_v}{W_y} & 0 \\ 0 & 0 & 1 \end{bmatrix}
\begin{bmatrix} 1 & 0 & -x_{min} \\ 0 & 1 & -y_{min} \\ 0 & 0 & 1 \end{bmatrix} \\
&= \begin{bmatrix} \dfrac{W_u}{W_x} & 0 & -x_{min}\dfrac{W_u}{W_x}+u_{min} \\ 0 & \dfrac{W_v}{W_y} & -y_{min}\dfrac{W_v}{W_y}+v_{min} \\ 0 & 0 & 1 \end{bmatrix}
\end{aligned}
\tag{5.1}
$$

当窗口的边不与坐标轴平行，而是有一个倾斜角时(见图 5.3)，窗口到视区的变换步骤可描述如下。

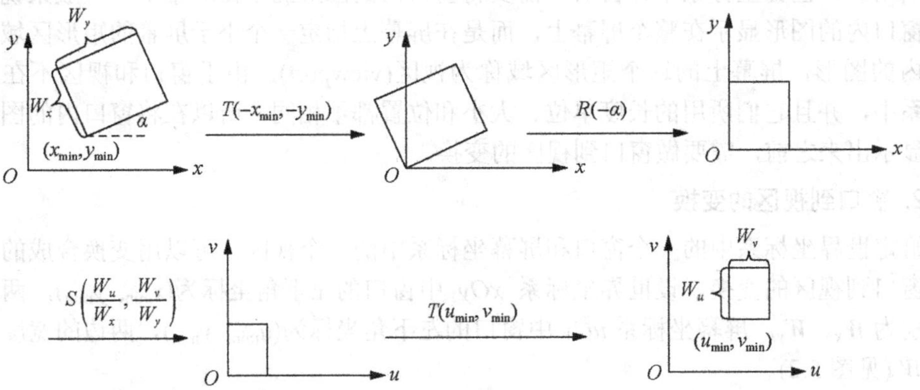

图 5.3　窗口的边与坐标轴不平行时，窗口到视区的变换

步骤 1　平移变换。在世界坐标系 xOy 中，使用平移将$(x_{\min},y_{\min})$移到坐标原点，变换为 $T(-x_{\min},-y_{\min})$。

步骤 2　旋转变换。在世界坐标系 xOy 中，旋转使窗口边与坐标轴重合，变换为 $R(-\alpha)$。

步骤 3　缩放变换。在世界坐标系 xOy 中，缩放使窗口的大小和视区的大小相同，变换为 $S\left(\dfrac{W_u}{W_x},\dfrac{W_v}{W_y}\right)$。

步骤 4　平移变换。在屏幕坐标系 uOv 中，平移使窗口和视区重合，变换为 $T(x_{\min},y_{\min})$，则窗口到视区变换的变换矩阵为

$$M=T(u_{\min},v_{\min})\cdot S\left(\frac{W_u}{W_x},\frac{W_v}{W_y}\right)\cdot R(-\alpha)\cdot T(-x_{\min},-y_{\min})$$

$$=\begin{bmatrix}1&0&u_{\min}\\0&1&v_{\min}\\0&0&1\end{bmatrix}\begin{bmatrix}\frac{W_u}{W_x}&0&0\\0&\frac{W_v}{W_y}&0\\0&0&1\end{bmatrix}\begin{bmatrix}\cos\alpha&\sin\alpha&0\\-\sin\alpha&\cos\alpha&0\\0&0&1\end{bmatrix}\begin{bmatrix}1&0&-x_{\min}\\0&1&-y_{\min}\\0&0&1\end{bmatrix}\quad(5.2)$$

$$=\begin{bmatrix}\frac{W_u}{W_x}\cos\alpha&\frac{W_u}{W_x}\sin\alpha&-\frac{W_u}{W_x}(x_{\min}\cdot\cos\alpha+y_{\min}\cdot\sin\alpha)+u_{\min}\\-\frac{W_v}{W_y}\sin\alpha&\frac{W_v}{W_y}\cos\alpha&\frac{W_v}{W_y}(x_{\min}\cdot\sin\alpha-y_{\min}\cdot\cos\alpha)+v_{\min}\\0&0&1\end{bmatrix}$$

5.2　线段裁剪算法

线段的裁剪算法虽然比较简单，但也比较重要。因为复杂的高次曲线都是用折线段来逼近的，从而其裁剪问题可以转化为直线段的裁剪问题。在本节中，我们假设裁剪窗口为矩形窗口，其左下角顶点和右上角顶点的坐标分别为(x_{min}, y_{min})和(x_{max}, y_{max})，如图 5.4 所示。

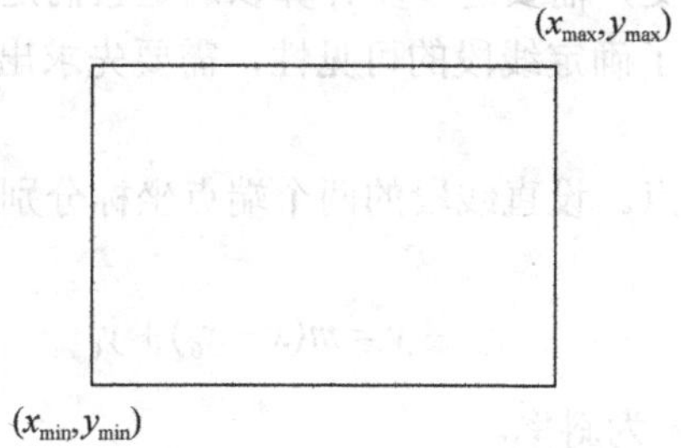

图 5.4　矩形裁剪窗口

5.2.1　裁剪端点

直线段端点的裁剪比较简单。点(x,y)在窗口内的充分必要条件是

$$x_{min} \leqslant x \leqslant x_{max}，y_{min} \leqslant y \leqslant y_{max} \tag{5.3}$$

其中，当等号成立时，点位于窗口的边界上，也认为是可见的。

5.2.2　利用求解联立方程组的线段裁剪

待裁剪的线段与裁剪窗口的位置关系有下面 3 种。

(1)　完全可见，即线段的两个端点都在窗口内，如图 5.5 中的线段 AB，这时显示该线段。

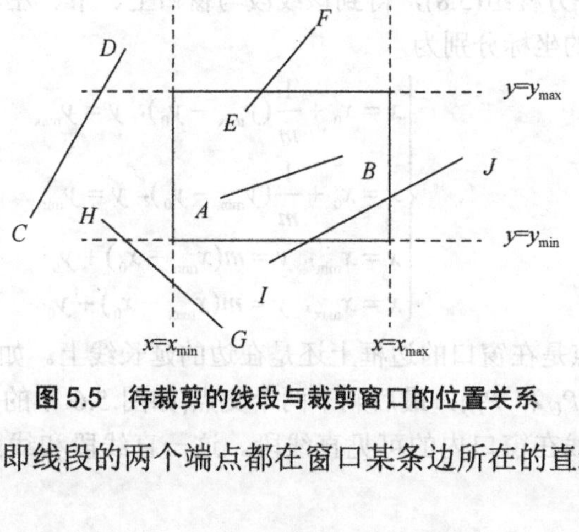

图 5.5　待裁剪的线段与裁剪窗口的位置关系

(2)　显然不可见。即线段的两个端点都在窗口某条边所在的直线的同一侧，如图 5.5

中的线段 CD，这时不显示该线段。

(3) 线段至少有一个端点在窗口之外，但非显然不可见。如图 5.5 中的线段 EF、IJ，此时需要进一步确定线段是否有可见部分，如果有可见部分，则求出可见部分。

可见，对直线段的裁剪，就是输出显示它在裁剪窗口内的可见部分。如果线段的两个端点都在裁剪窗口内，则输出其已知的两个端点坐标并显示这条直线段；如果线段的一个端点在裁剪窗口内，一个端点在裁剪窗口外，则线段与窗口有一个交点，交点与窗口内的端点之间的连线是该线段的可见部分；如果线段的两个端点都在窗口的外面，线段与窗口有可能相交，也有可能不相交，需要进一步计算以确定它们是否相交。

根据上述分析可知，为了确定线段的可见性，需要先求出线段与窗口的交点，然后对交点的性质做分析。

先求直线段与窗口的交点。设直线段的两个端点坐标分别为 $P_0(x_0,y_0)$、$P_1(x_1,y_1)$，则直线段的点斜式方程为

$$y = m(x - x_0) + y_0 \tag{5.4}$$

其中，$m=\dfrac{\Delta y}{\Delta x}=\dfrac{y_1 - y_0}{x_1 - x_0}$，为斜率。

该直线段与窗口下边交点的坐标满足方程组：

$$\begin{cases} y = m(x - x_0) + y_0 \\ y = y_{\min} \end{cases} \tag{5.5}$$

该直线段与窗口上边交点的坐标满足方程组：

$$\begin{cases} y = m(x - x_0) + y_0 \\ y = y_{\max} \end{cases} \tag{5.6}$$

该直线段与窗口左边交点的坐标满足方程组：

$$\begin{cases} y = m(x - x_0) + y_0 \\ x = x_{\min} \end{cases} \tag{5.7}$$

该直线段与窗口右边交点的坐标满足方程组：

$$\begin{cases} y = m(x - x_0) + y_0 \\ x = x_{\max} \end{cases} \tag{5.8}$$

求解方程组(5.5)～方程组(5.8)，得到该线段与窗口上、下、左、右 4 个边所在直线的交点 P_U、P_D、P_L、P_R 的坐标分别为

$$\begin{cases} x = x_0 + \dfrac{1}{m}(y_{\max} - y_0)，y = y_{\max} \\ x = x_0 + \dfrac{1}{m}(y_{\min} - y_0)，y = y_{\min} \\ x = x_{\min}，y = m(x_{\min} - x_0) + y_0 \\ x = x_{\max}，y = m(x_{\max} - x_0) + y_0 \end{cases} \tag{5.9}$$

然后判断这些交点是在窗口的边框上还是在边的延长线上。如果在延长线上，则删除该交点(如图 5.6 中的 P_U 和 P_D)，最后剩下两个交点(如图 5.6 中的 P_L 和 P_R)，这两个交点之间的连线给出了直线在窗口内的可见直线段。这一直线段和线段 P_0P_1 的公共部分(如

图 5.6 中的 P_0P_R)就是线段 P_0P_1 在窗口内的可见部分。

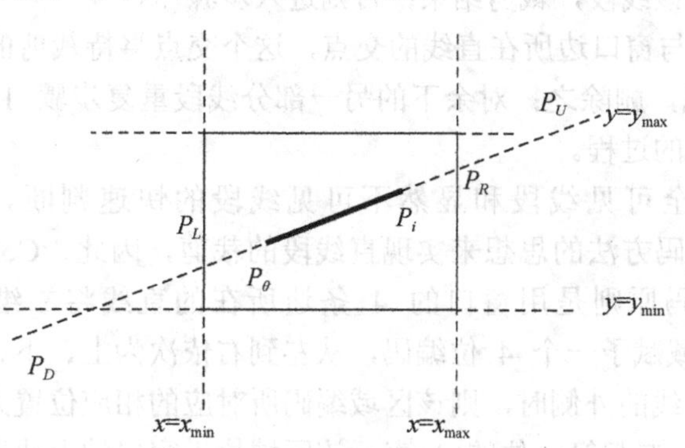

图 5.6 直线段的裁剪

上面在求解直线段与窗口的交点时用的是直线的非参数表示形式。事实上，我们也可以用直线的参数表示形式来进行。下面就将直线写成参数形式来求解直线段与窗口的交点。

我们仍然假设直线段的两个端点坐标分别为 $P_0(x_0, y_0)$、$P_1(x_1, y_1)$，则直线段的参数方程为

$$\begin{cases} x = x_0 + t_l(x_1 - x_0) \\ y = y_0 + t_l(y_1 - y_0) \end{cases} \qquad t_l \in [0,1] \tag{5.10}$$

裁剪窗口的下边所在直线的参数方程为

$$\begin{cases} x = x_{\min} + t_e(x_{\max} - x_{\min}) \\ y = y_{\min} + t_e(y_{\max} - y_{\min}) \end{cases} \qquad t_e \in [0,1] \tag{5.11}$$

则线段 P_0P_1 所在的直线与窗口下边所在的直线的交点满足方程组：

$$\begin{cases} x_{\min} + t_e(x_{\max} - x_{\min}) = x_0 + t_l(x_1 - x_0) \\ y_{\min} = y_0 + t_l(y_1 - y_0) \end{cases} \tag{5.12}$$

求解方程组(5.12)得到交点所对应的参数对(t_l, t_e)，当且仅当 $t_l \in [0,1]$并且 $t_e \in [0,1]$时，所对应的交点才是有效交点(如图 5.6 中的 P_L和 P_R)，即真正落在窗口的边框上，而不是它们的延长线上。

通过求解联立方程组的线段裁剪方法可以清楚地解释线段二维裁剪的含义，原理非常简单，但由于需要求解方程组，速度很慢，不是一个有效的直线段裁剪方法。下面介绍一种有效的也是最常用的直线段裁剪算法。

5.2.3 Cohen-Sutherland 线段裁剪

Cohen-Sutherland 算法是由 Dan Cohen 和 Ivan Sutherland 在 1974 年提出的，它的大概步骤如下所述。

步骤 1 判断线段的两个端点是否都在窗口内，如果是，线段完全可见，显示该线段，裁剪结束；否则进入步骤 2。

步骤 2 判断线段是否为显然不可见，即线段的两个端点均落在窗口某边所在直线的

外侧，如果是，删除该线段，裁剪结束；否则进入步骤 3。

步骤 3 求线段与窗口边所在直线的交点，这个交点将待裁剪的线段分成两部分，其中一部分显然不可见，删除之；对余下的另一部分线段重复步骤 1、2，直至结束。整个裁剪过程是一个重复的过程。

为了实现对完全可见线段和显然不可见线段的快速判断，Dan Cohen 和 Ivan Sutherland 提出用编码方法的思想来实现直线段的裁剪，因此，Cohen-Sutherland 算法也叫编码算法。其编码原则是用窗口的 4 条边所在的直线将二维平面分成 9 个区域(见图 5.7)，每个区域赋予一个 4 位编码，从左到右依次为上、下、右、左。当某一区域位于窗口某边所在直线的外侧时，则该区域编码所对应的相应位置为 1，否则为 0。如某区域的编码为 1010，左起第一位的 1 表示该区域位于窗口的上边所在直线的上方，左起第三位的 1 表示该区域位于窗口的右边所在直线的右方。

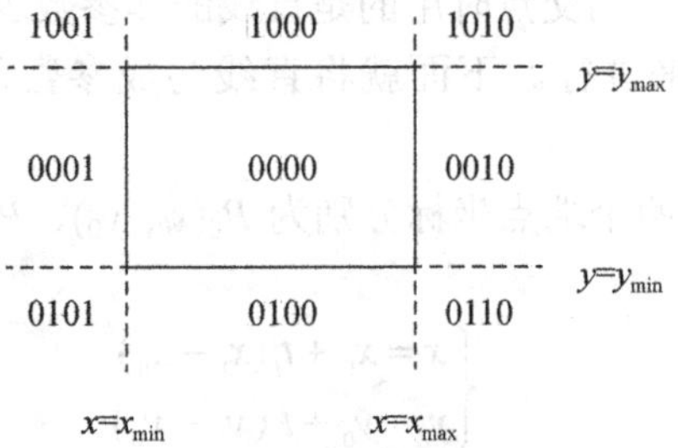

图 5.7 区域编码

当要裁剪一条线段时，首先根据线段的两个端点所在的区域，确定这两个端点的编码。如果两个端点的编码均为 0000，说明这两个端点都落在窗口内，那么整条线段也就落在窗口内，应显示该线段。如图 5.5 中的线段 AB，端点 A 和端点 B 的编码都为 0000，则线段 AB 完全可见。如果两个端点的编码与结果不为 0000，则该线段显然不可见，删除之。如图 5.5 中的线段 CD，端点 C 和端点 D 的编码分别为 0001 和 1001，0001 和 1001 做逻辑与运算，结果为 0001，非零，所以线段 CD 显然不可见。

如果线段既不是完全可见，也非显然不可见，需要求交。在求交之前，先确定与窗口的哪一条边相交，这可根据线段两个端点的编码的值来判断。如图 5.8 中的线段 P_0P_1，P_0 的编码为 0101，P_1 的编码为 1010，P_0 编码左起第二位为 1，而 P_1 编码左起第二位为 0，说明线段 P_0P_1 与窗口的下边所在的直线有交点，计算交点 H，则 P_0H 必在窗口外，删除之。对余下的线段 HP_1 重复上述过程。由于 H 的编码为 0001，编码左起第四位为 1，而 P_1 编码左起第四位为 0，说明线段 HP_1 与窗口的左边所在的直线有交点，计算交点 I，则 HI 必在窗口外，删除之。对余下的线段 IP_1 重复上述过程。由于 I 的编码为 0000，编码左起第一位为 0，而 P_1 编码左起第一位为 1，说明线段 IP_1 与窗口的上边所在的直线有交点，计算交点 K，则 KP_1 必在窗口外，删除之。对余下的线段 IK 重复上述过程。由于 K 的编码为 0010，编码左起第三位为 1，而 I 编码左起第三位为 0，说明线段 IK 与窗口的右边所在的直线有交点，计算交点 J，则 JK 必在窗口外，删除之。由于 I 和 J 的编码为 0000，说明余下的线段 IJ 完全落在窗口内，裁剪结束。

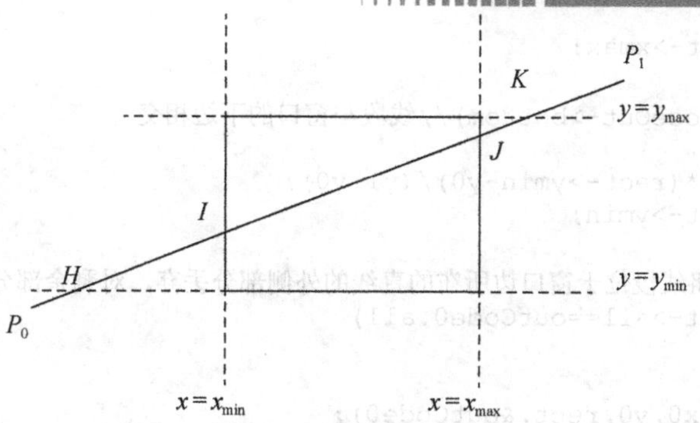

图 5.8　直线段的裁剪

在具体编程实现时，可将求交测试的顺序固定。如左、上、右、下，当然也可以上、右、下、左。只有当相应的位不相同时，才对线段与窗口所对应的边求交。

【程序 5.1】线段的 Cohen-Sutherland 裁剪算法。

扫码观看视频讲解

```
void CCutView::CohenSutherlandLineClip(float x0, float y0, float x1,
float
y1, MyRect *rect)
{ //对以(x0,y0)、(x1,y1)为两端点的直线进行裁剪
 boolean accept,done;
 OutCode outCode0, outCode1;
 OutCode *outCodeOut;
 float x,y;
 accept=FALSE;
 done=FALSE;
 CompOutCode(x0,y0,rect,&outCode0);
 CompOutCode(x1,y1,rect,&outCode1);
 do{
 if(outCode0.all==0&&outCode1.all==0)//完全可见
 {accept=TRUE;
 done=TRUE;
 }
 else
 {if((outCode0.all&outCode1.all)!=0)//显然不可见
 done=TRUE;
 else //求交测试
 {
 if(outCode0.all!=0)//判断哪一点在窗口之外
 outCodeOut=&outCode0;
 else
 outCodeOut=&outCode1;
 if(outCodeOut->left)//线段与窗口的左边相交
 {
 y=y0+(y1-y0)*(rect->xmin-x0)/(x1-x0);
 x=(float)rect->xmin;
 }
 else if(outCodeOut->top)//线段与窗口的上边相交
 {
 x=x0+(x1-x0)*(rect->ymax-y0)/(y1-y0);
 y=(float)rect->ymax;
 }
 else if(outCodeOut->right)//线段与窗口的右边相交
 {
 y=y0+(y1-y0)*(rect->xmax-x0)/(x1-x0);
```

```
x=(float)rect->xmax;
}
else if(outCodeOut->bottom)//线段与窗口的下边相交
{
x=x0+(x1-x0)*(rect->ymin-y0)/(y1-y0);
y=(float)rect->ymin;
}
//以交点为界，将线段位于窗口边所在的直线的外侧部分丢弃，对剩余部分继续裁剪
if(outCodeOut->all==outCode0.all)
{x0=x;
y0=y;
CompOutCode(x0,y0,rect,&outCode0);
}
else
{x1=x;
y1=y;
CompOutCode(x1,y1,rect,&outCode1);
}
}
}}while(!done);
if(accept)
{
CDC* dc=GetDC();
dc->MoveTo((long)x0,(long)y0); //画裁剪后的直线
dc->LineTo((long)x1,(long)y1);
}
}
void CCutView::CompOutCode(float x, float y, MyRect *rect, OutCode
*outCode)
{//计算端点的编码，x,y 为端点，rect 为裁剪矩形，outCode 为编码
outCode->all=0;
outCode->top=outCode->bottom=0;
if(y<(float)rect->ymax)
{outCode->top=1;
outCode->all+=8;
}
else if(y>(float)rect->ymin)
{
outCode->bottom=1;
outCode->all+=4;
}
outCode->right=outCode->left=0;
if(x>(float)rect->xmax)
{
outCode->right=1;
outCode->all+=2;
}
else if(x<(float)rect->xmin)
{
outCode->left=1;
outCode->all+=1;
}
}
```

5.2.4 参数化的线段裁剪

设裁剪窗口为矩形窗口，待裁剪线段为 P_0P_1，如图 5.9(a)所示。设 M 为窗口边界上

的任一点，N 是窗口边界在 M 点的内法向量，则线段 P_0P_1 用参数方程表示如下：

$$P(t)=(P_1-P_0)t+P_0 \qquad 0\leqslant t\leqslant 1 \tag{5.13}$$

对线段 P_0P_1 上的任一点 $P(t)$，有下面 3 种可能性：

(1) $N[P(t)-M]<0$，这时 $P(t)$一定在窗口的外侧；

(2) $N[P(t)-M]=0$，这时 $P(t)$一定在窗口的边界或其延长线上；

(3) $N[P(t)-M]>0$，这时 $P(t)$一定在窗口的内侧。

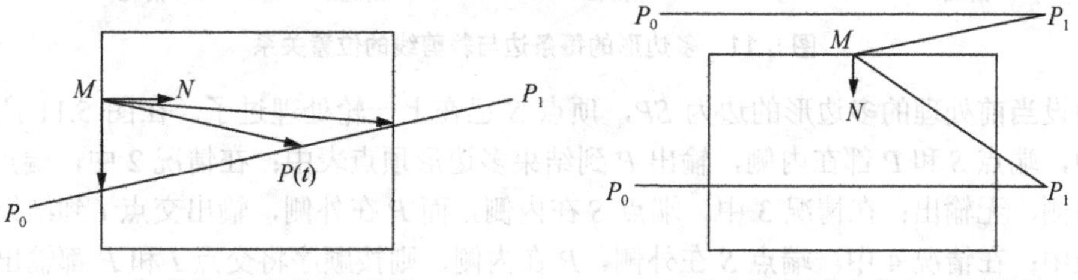

(a) 裁剪窗口与待裁剪线段　　(b) 待裁剪线段与裁剪窗口的边平行

图 5.9　线段裁剪

5.3　多边形裁剪算法

学习了直线段的裁剪后，对于多边形的裁剪，人们容易产生一种错觉：认为多边形的裁剪就是对其各个边裁剪的组合。如果这样做的话，原来封闭的多边形，经裁剪后变为不封闭，如图 5.10 所示。为了使封闭的多边形经裁剪后仍是封闭的多边形，本节介绍最常用的两个多边形裁剪算法：Sutherland-Hodgman 算法和 Weiler-Atherton 算法。

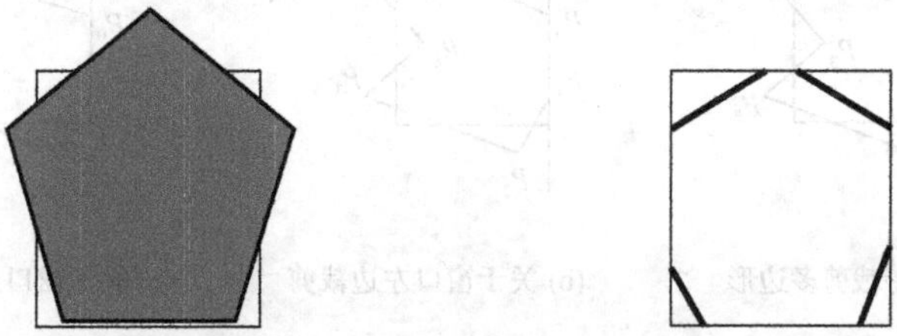

(a) 原多边形　　(b) 边裁剪结果

图 5.10　多边形裁剪

5.3.1　Sutherland-Hodgman 算法

Sutherland-Hodgman 算法的基本思想是用窗口的 4 条边所在的直线依次来裁剪多边形。裁剪窗口的每条边所在的直线将二维平面分成两部分，包含裁剪窗口的一部分为内侧，另一部分不包含窗口，称为外侧。多边形的每条边与裁剪线的位置关系有 4 种情况，如图 5.11 所示。

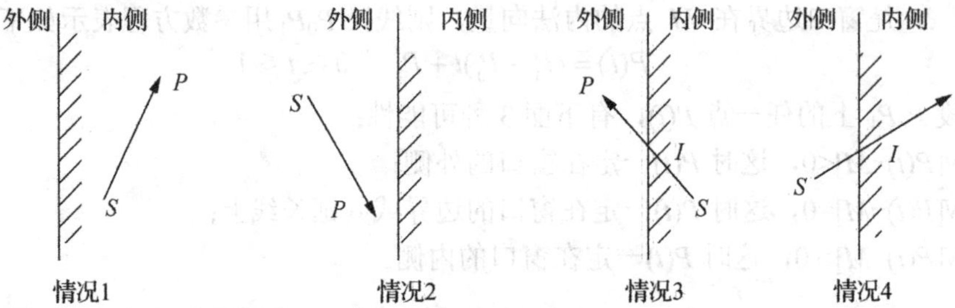

图 5.11　多边形的每条边与裁剪线的位置关系

假设当前处理的多边形的边为 SP，顶点 S 已在上一轮处理过了。在图 5.11 所示的情况 1 中，端点 S 和 P 都在内侧，输出 P 到结果多边形顶点表中；在情况 2 中，端点 S 和 P 都在外侧，无输出；在情况 3 中，端点 S 在内侧，而 P 在外侧，输出交点 I 到结果多边形顶点表中；在情况 4 中，端点 S 在外侧，P 在内侧，则按顺序将交点 I 和 P 都输出到结果多边形顶点表中。

上述算法仅是用窗口的一条裁剪边对多边形进行裁剪得到的一个结果多边形顶点序列，这个顶点序列作为下一条裁剪线的输入。裁剪过程是一个流水线过程。如图 5.12(a)所示，假设待裁剪的多边形为 $P_0P_1P_2P_3P_4P_0$，窗口的裁剪顺序为左边、上边、右边、下边。经窗口的左边裁剪后，得到多边形 $P_0P_1P_2P_3P_4P_5P_0$，如图 5.12(b)所示；经窗口的上边裁剪后，得到多边形 $P_0P_1P_2P_3P_4P_5P_6P_0$，如图 5.12(c)所示；经窗口的右边裁剪后，得到多边形 $P_0P_1P_2P_3P_4P_5P_6P_7P_0$，如图 5.12(d)所示；经窗口的下边裁剪后，得到最终的结果多边形 $P_0P_1P_2P_3P_4P_5P_6P_7P_8P_0$，如图 5.12(e)所示。

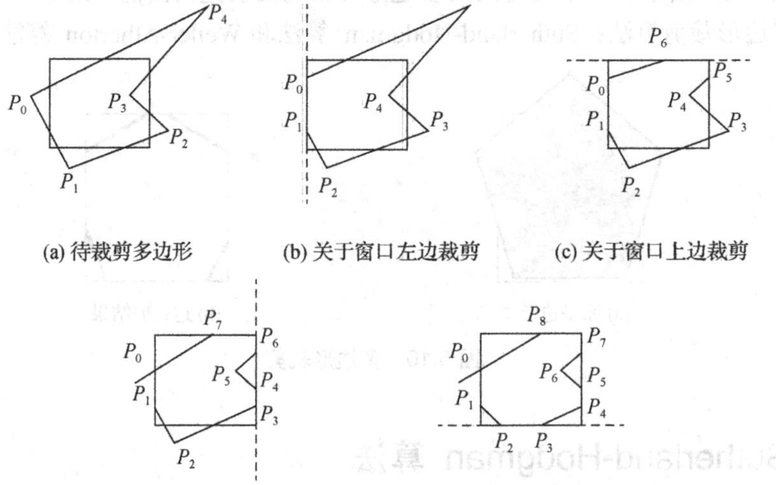

(a) 待裁剪多边形　(b) 关于窗口左边裁剪　(c) 关于窗口上边裁剪

(d) 关于窗口右边裁剪　(e) 关于窗口下边裁剪

图 5.12　多边形的逐边裁剪

从图 5.12 可以看出，裁剪后的结果多边形的顶点由两部分组成，一部分是落在窗口内的原多边形的顶点，另一部分是多边形的边与裁剪边的交点。只要将这两部分顶点按照一定的顺序连接起来就可得到裁剪结果多边形。

Sutherland-Hodgman 多边形裁剪算法的 VC 程序见程序 5.2(裁剪窗口为矩形，被裁剪多边形为任意多边形)。

【程序 5.2】Sutherland-Hodgman 多边形裁剪算法。

```
void CCutView::SutherlandHodgmanPolygonClip(int inLength1, VertexArray
inVertexArray, int *outLength, VertexArray outVertexArray, Edge clipBoundary)
{//inVertexArray 为输入多边形的顶点数组，outVertexArray 为输出多边形的顶点数组
//多边形的裁剪是按裁剪边的上边、右边、下边、左边顺序
//画多边形时可以是顺时针也可以是逆时针
clipBoundary 裁剪边
Vertex *s,*p,I;
int j;
*outLength=0;
s=&(inVertexArray[inLength1-1]);
for(j=0;j<inLength1;j++)
{p=&(inVertexArray[j]);
if(Inside(p,clipBoundary))
{if(Inside(s,clipBoundary))
Output(p,outLength,outVertexArray);
//情况 1
else
{Intersect(s,p,clipBoundary,&I);
//情况 4
Output(&I,outLength,outVertexArray);
Output(p,outLength,outVertexArray);
}
}
else if(Inside(s,clipBoundary))
{
Intersect(s,p,clipBoundary,&I);
//情况 2
Output(&I,outLength,outVertexArray);
}
//情况 3，没有输出
s=p;
}
for(int r=0;r<*outLength;r++)//把裁剪后的多边形放入输入顶点数组，以备下一条边裁剪用
{inVertexArray[r].x=outVertexArray[r].x;
 inVertexArray[r].y=outVertexArray[r].y;
}
 inLength=*outLength; //输出边数也相应地变化
}
void CCutView::Intersect(Vertex *s, Vertex *p, Edge clipBoundary, Vertex
*I)
{//求交点用 I 返回，s、p 为被裁剪的边的顶点，clipBoundary 为裁剪边
if(clipBoundary[0].y==clipBoundary[1].y)
//水平裁剪边
{
I->y=clipBoundary[0].y;
I->x=s->x+(clipBoundary[0].y-s->y)*(p->x-s->x)/(p->y-s->y); }
else
//竖直裁剪边
{
I->x=clipBoundary[0].x;
I->y=s->y+(clipBoundary[0].x-s->x)*(p->y-s->y)/(p->x-s->x);
}
}
boolean CCutView::Inside(Vertex *testVertex, Edge clipBoundary)
```

扫码观看视频讲解

```
{//判断是哪一条裁剪边，testVertex 为被裁剪线段的顶点，裁剪边为 clipBoundary
if(clipBoundary[1].x>clipBoundary[0].x)
//裁剪边为窗口的上边
{if(testVertex->y>=clipBoundary[0].y)
return TRUE;
}
else if(clipBoundary[1].x<clipBoundary[0].x)
//裁剪边为窗口的下边
{if(testVertex->y<=clipBoundary[0].y)
return TRUE;
}
else if(clipBoundary[1].y>clipBoundary[0].y)
//裁剪边为窗口的右边
{if(testVertex->x<=clipBoundary[0].x)
return TRUE;
}
else if(clipBoundary[1].y<clipBoundary[0].y)
//裁剪边为窗口的左边
{if(testVertex->x>=clipBoundary[0].x)
return TRUE;
}
return FALSE;
}
void CCutView::Output(Vertex *newVertex, int *outLength, VertexArray
outVertexArray)
{//将新的节点 newVertex 加入一次裁剪后的多边形顶点表 outVertexArray
outVertexArray[*outLength].x=newVertex->x;
outVertexArray[*outLength].y=newVertex->y;
(*outLength)++;
}
```

5.3.2 Weiler-Atherton 算法

在 Sutherland-Hodgman 多边形裁剪算法中，待裁剪多边形是任意的，既可以是凸的，也可以是凹的，甚至可以是带内环的，但裁剪窗口是矩形的(可以推广到任意凸多边形，详情参看其他参考书)。而在实际应用中，不仅待裁剪多边形是任意的，而且要求裁剪窗口也需要是任意的，如图 5.13 所示。在这种情况下，我们可以用 Weiler-Atherton 裁剪算法，此算法是在 1977 年由韦勒(Weiler)和阿瑟顿(Atherton)提出的。

设被裁剪多边形为主多边形 *PS*，裁剪窗口为裁剪多边形 *PW*，并且约定多边形外部边界的顶点顺序取顺时针方向，内环的顶点顺序取逆时针方向。因此，沿多边形的一条边走动，其右边为多边形的内部。

Weiler-Atherton 裁剪算法从 *PS* 的任一顶点出发，跟踪检测 *PS* 的每一条边，当 *PS* 与 *PW* 的有效边框相交时(实交点)，按如下规则处理。

(1) 若 *PS* 的边进入 *PW*(由不可见侧进入可见侧)，则输出该边的可见直线段，同时继续沿着 *PS* 的边往下处理。

(2) 若 *PS* 的边是从 *PW* 内出来(由可见侧进入不可见侧)，则 *PS* 的边与 *PW* 一定有实交点(称为前交点)，求出前交点，输出该边的可见直线段，并从前交点开始，沿窗口边界顺时针检测 *PW* 的边，即用窗口的有效边界去裁剪 *PS* 的边，找到 *PS* 与 *PW* 最靠近前交点的新交点，同时输出由前交点到此新交点之间窗边上的线段。

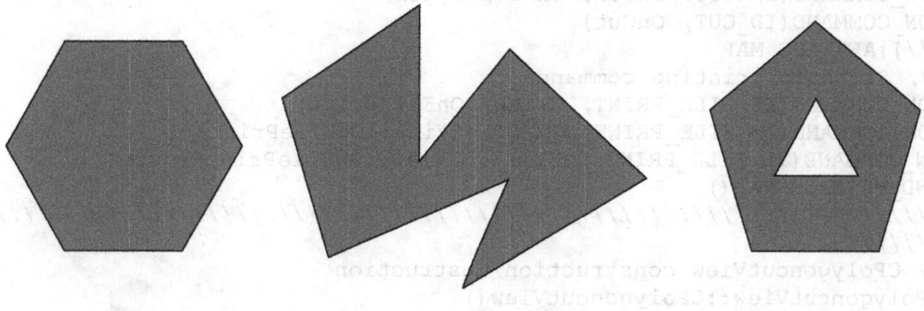

(a) 凸多边形　　(b) 凹多边形　　(c) 带内环的多边形

图 5.13　裁剪窗口和被裁剪多边形均为任意多边形

(3) 返回到前交点，再沿着 *PS* 处理各条边，直到处理完 *PS* 的每一条边，回到起点为止。图 5.14 说明了 Weiler-Atherton 裁剪算法的执行过程。程序 5.3 为 Weiler-Atherton 多边形裁剪算法的源代码。

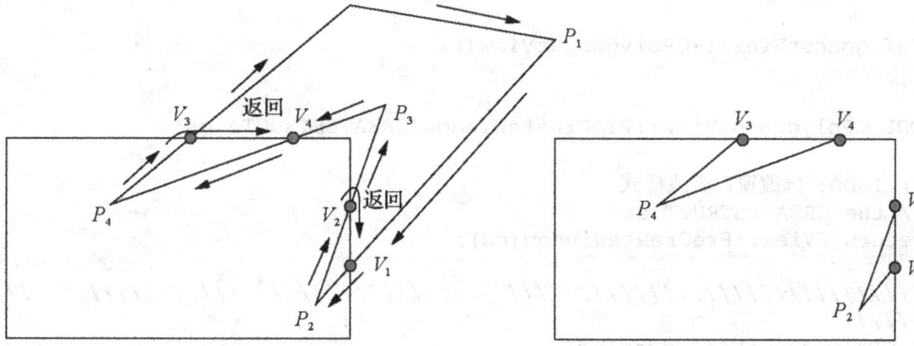

(a) 裁剪前　　(b) 裁剪后

图 5.14　Weiler-Atherton 裁剪算法的执行过程

【程序 5.3】Weiler-Atherton 多边形裁剪算法。

扫码观看视频讲解

```
//裁剪窗口和被裁剪多边形均为任意凸凹多边形
// polygoncutView.cpp : implementation of the CPolygoncutView class
#include "stdafx.h"
#include "polygoncut.h"
#include "polygoncutDoc.h"
#include "polygoncutView.h"
#ifdef _DEBUG
#define new DEBUG_NEW
#undef THIS_FILE
static char THIS_FILE[] = __FILE__;
#endif
//////////////////////////////////////////////////////////////////////////
///////
// CPolygoncutView
IMPLEMENT_DYNCREATE(CPolygoncutView, CView)
BEGIN_MESSAGE_MAP(CPolygoncutView, CView)
 //{{AFX_MSG_MAP(CPolygoncutView)
 ON_WM_LBUTTONDOWN()
 ON_WM_MOUSEMOVE()
```

```
 ON_COMMAND(ID_POLYGON, OnPolygon)
 ON_COMMAND(ID_CUTPOLYGON, OnCutpolygon)
 ON_COMMAND(ID_CUT, OnCut)
 //}}AFX_MSG_MAP
 // Standard printing commands
 ON_COMMAND(ID_FILE_PRINT, CView::OnFilePrint)
 ON_COMMAND(ID_FILE_PRINT_DIRECT, CView::OnFilePrint)
ON_COMMAND(ID_FILE_PRINT_PREVIEW, CView::OnFilePrintPreview)
END_MESSAGE_MAP()
//////////////////////////////////////////////////////////////////////
///////
// CPolygoncutView construction/destruction
CPolygoncutView::CPolygoncutView()
{
 inLength=0;
 cutinLength=0;
 finalLength=0;
 DrawType=new BYTE;
 * DrawType=SELECT;
 DrawStep=0;
 pointstart.x=0;
 pointstart.y=0;
}
CPolygoncutView::~CPolygoncutView()
{
}
BOOL CPolygoncutView::PreCreateWindow(CREATESTRUCT& cs)
{
 // TODO: 修改窗口类或样式
 // the CREATESTRUCT cs
 return CView::PreCreateWindow(cs);
}
//////////////////////////////////////////////////////////////////////
///////
// CPolygoncutView drawing
void CPolygoncutView::OnDraw(CDC* pDC)
{
 CPolygoncutDoc* pDoc = GetDocument();
 ASSERT_VALID(pDoc);
 // TODO: 为本地数据添加绘制代码
}
//////////////////////////////////////////////////////////////////////
///////
// CPolygoncutView printing
BOOL CPolygoncutView::OnPreparePrinting(CPrintInfo* pInfo)
{
 // default preparation
 return DoPreparePrinting(pInfo);
}
void CPolygoncutView::OnBeginPrinting(CDC* /*pDC*/, CPrintInfo*
/*pInfo*/)
{
 // TODO: 在打印前添加额外的初始化
}
void CPolygoncutView::OnEndPrinting(CDC* /*pDC*/, CPrintInfo* /*pInfo*/)
{
 // TODO: add cleanup after printing
}
//////////////////////////////////////////////////////////////////////
```

```
///////
// CPolygoncutView diagnostics
#ifdef _DEBUG
void CPolygoncutView::AssertValid()const
{
 CView::AssertValid();
}
void CPolygoncutView::Dump(CDumpContext& dc)const
{
 CView::Dump(dc);
}
CPolygoncutDoc* CPolygoncutView::GetDocument()//非调试版本是内联的
{
 ASSERT(m_pDocument->IsKindOf(RUNTIME_CLASS(CPolygoncutDoc)));
 return(CPolygoncutDoc*)m_pDocument;
}
#endif //_DEBUG
//////////////////////////////////////////////////////////////////////
///////
// CPolygoncutView message handlers
void CPolygoncutView::OnLButtonDown(UINT nFlags, CPoint point)
{
CDC* dc=GetDC();
PrePoint=point;
switch(*DrawType)
{
case POLYGON: //当前状态为画主多边形
if(DrawStep)
{if(((point.x-pointstart.x)<3&&(point.x-pointstart.x)>-3)&&((point.y-
pointstart.y)<3&&(point.y-pointstart.y)>-3))
 {DrawStep=0;
 *DrawType=0;
 MessageBox("被裁剪多边形画完");
}
else{
linenode->Start=point;
InitialPolygon[inLength].x=(int)point.x;
InitialPolygon[inLength].y=(int)point.y;
inLength++;
}
}
if(!DrawStep&&(*DrawType)!=0)
{
linenode=new LINENODE;
linenode->Start=point;
pointstart=point;
InitialPolygon[inLength].x=(int)point.x;
InitialPolygon[inLength].y=(int)point.y;
inLength++;
DrawStep=1;
}
break;
case CUTPOLYGON: //当前状态为画裁剪多边形
if(DrawStep)
{if(((point.x-pointstart.x)<3&&(point.x-pointstart.x)>-3)&&((point.y-p-o
intstart.y)<3&&(point.y-pointstart.y)>-3))
 {DrawStep=0;
 *DrawType=0;
 MessageBox("裁剪多边形画完");
```

```
}
else{
linenode->Start=point;
IniCutPolygon[cutinLength].x=(int)point.x;
IniCutPolygon[cutinLength].y=(int)point.y;
cutinLength++;
}
}
if(!DrawStep&&(*DrawType)!=0)
{
linenode=new LINENODE;
linenode->Start=point;
pointstart=point;
IniCutPolygon[cutinLength].x=(int)point.x;
IniCutPolygon[cutinLength].y=(int)point.y;
cutinLength++;
DrawStep=1;
}
break;
}
 CView::OnLButtonDown(nFlags, point);
}
void CPolygoncutView::OnMouseMove(UINT nFlags, CPoint point)
{
 CDC * dc=GetDC();
 int iR;
if(DrawStep==0)
return;
switch(*DrawType)
{
case POLYGON: //当前状态为画裁剪多边形，实现橡皮筋技术
 if(DrawStep)
 {iR=dc->SetROP2(R2_NOTXORPEN);
 dc->MoveTo(linenode->Start);
 dc->LineTo(PrePoint);
 dc->MoveTo(linenode->Start);
 dc->LineTo(point);
 PrePoint=point;
 dc->SetROP2(iR);
 }
 break;
 case CUTPOLYGON: //当前状态为画主多边形，实现橡皮筋技术
 if(DrawStep)
 {iR=dc->SetROP2(R2_NOTXORPEN);
 dc->MoveTo(linenode->Start);
 dc->LineTo(PrePoint);
 dc->MoveTo(linenode->Start);
 dc->LineTo(point);
 PrePoint=point;
 dc->SetROP2(iR);
 }
 break;
}
 CView::OnMouseMove(nFlags, point);
}
void CPolygoncutView::OnPolygon()
{
DrawType=new BYTE;
*DrawType=POLYGON;
```

```
 inLength=0;
MessageBox("画裁剪多边形和主多边形的方向要相同");
}
void CPolygoncutView::OnCutpolygon()
{
DrawType=new BYTE;
*DrawType=CUTPOLYGON;
cutinLength=0;
MessageBox("画裁剪多边形和主多边形的方向要相同");
}
int Max(int x,int y)
{
if(x>=y)
return x;
return y;
}
int Min(int x ,int y)
{if(x<=y)
return x;
return y;
}
void CPolygoncutView::InitialLink(VertexNode *LinkPolygon, VertexNode
*CutLinkPolygon)
//初始化链表，把鼠标所画的裁剪多边形和主多边形从数组存储转化为用链表存储
//LinkPolygon，主多边形顶点链表头指针 CutLinkPolygon 裁剪多边形顶点链表头指针
{int i,j;
VertexNode *q,*s;
q=CutLinkPolygon;
for(j=0;j<cutinLength;j++)
{q->next=new VertexNode;
q->Vertexpoint.x=IniCutPolygon[j].x;
q->Vertexpoint.y=IniCutPolygon[j].y;
q->flag=2;
q->neiandnum.number=j;
s=q;
q=q->next;
}
s->next=CutLinkPolygon; //此链表是个环形的链表，最后一个结点指向头结点
VertexNode *p;
p=LinkPolygon;
for(i=0;i<inLength;i++)
{
p->next=new VertexNode;
p->Vertexpoint.x=InitialPolygon[i].x;
p->Vertexpoint.y=InitialPolygon[i].y;
p->flag=2;
p->neiandnum.number=i;
s=p;
p=p->next;
}
s->next=LinkPolygon; //此链表是个环形的链表，最后一个结点指向头结点
}
int CPolygoncutView::TestInside(Edge Edge1)
//检测有向边 Edge1 的尾结点是否在主多边形内 InitialPolygon 主多边形顶点数组
//如果在主多边形内，则返回 1，否则返回 0
{
int count=0;
for(int i=0;i<inLength;i++)
```

```
{if(Edge1[0].y>Min(InitialPolygon[i%inLength].y,InitialPolygon[(i+1)%
inLength].y)&&Max(InitialPolygon[i%inLength].y,InitialPolygon[(i+1)%
inLength].y)>=Edge1[0].y)
{float
a1=(float)(InitialPolygon[i%inLength].y-
InitialPolygon[(i+1)%inLength].y);
float
b1=(float)(InitialPolygon[(i+1)%inLength].x-
InitialPolygon[i%inLength].x);
float
c1=(float)(InitialPolygon[i%inLength].x*InitialPolygon[(i+1)%inLength].y
-InitialPolygon[(i+1)%inLength].x*InitialPolygon[i%inLength].y);
float x=-(b1*Edge1[0].y+c1)/a1;
if(Edge1[0].x<x)
count++;
}}
if(count%2==1)
return 1;
return 0;
}
int CPolygoncutView::GetConnection(Edge Edge1, Edge Edge2, Vertex *I)
//边 Edge1、Edge2 所在直线的交点，没考虑两直线有重合部分的情况
{
float a1=(float)(Edge1[0].y-Edge1[1].y);
float b1=(float)(Edge1[1].x-Edge1[0].x);
float c1=(float)(Edge1[0].x*Edge1[1].y-Edge1[1].x*Edge1[0].y);
float a2=(float)(Edge2[0].y-Edge2[1].y);
float b2=(float)(Edge2[1].x-Edge2[0].x);
float c2=(float)(Edge2[0].x*Edge2[1].y-Edge2[1].x*Edge2[0].y);
if(Edge1[0].x==Edge1[1].x&&Edge2[0].x!=Edge2[1].x)//边 Edge1 为垂直线
{
float y=-(a2*Edge1[0].x+c2)/b2;
if(y>=Min(Edge1[0].y,Edge1[1].y)&&y<=Max(Edge1[0].y,Edge1[1].y))
{(*I).x=(int)Edge1[0].x;
(*I).y=(int)y;
return 1;}
return 0;
}
else if(Edge1[0].x!=Edge1[1].x&&Edge2[0].x==Edge2[1].x)//边 Edge2 为垂直线
{ float y=-(a1*Edge2[0].x+c1)/b1;
if(y>=Min(Edge2[0].y,Edge2[1].y)&&y<=Max(Edge2[0].y,Edge2[1].y))
{(*I).x=(int)Edge2[0].x;
(*I).y=(int)y;
return 1;}
return 0;
}
else if(Edge1[0].y==Edge1[1].y&&Edge2[0].y!=Edge2[1].y)//边 Edge1 为水平线
{
float x=-(b2*Edge1[0].y+c2)/a2;
if(x>=Min(Edge1[0].x,Edge1[1].x)&&x<=Max(Edge1[0].x,Edge1[1].x))
{
(*I).x=(int)x;
(*I).y=(int)Edge1[0].y;
return 1;}
return 0;
}
else if(Edge1[0].y!=Edge1[1].y&&Edge2[0].y==Edge2[1].y)//边 Edge2 为水平线
{
float x=-(b1*Edge2[0].y+c1)/a1;
```

```
if(x>=Min(Edge2[0].x,Edge2[1].x)&&x<=Max(Edge2[0].x,Edge2[1].x))
{
(*I).x=(int)x;
(*I).y=(int)Edge2[0].y;
return 1;}
return 0;
}
else if(Edge1[0].y==Edge1[1].y&&Edge2[0].y==Edge2[1].y)//都为水平线
return 0;
else if(Edge1[0].x==Edge1[1].x&&Edge2[0].x==Edge2[1].x)//都为垂直线
return 0;
else if(b1/a1==b2/a2)//两边平行
return 0;
else
{
(*I).y=(int)((c2*a1-c1*a2)/(b1*a2-b2*a1)); //非水平线和垂直线的情况
(*I).x=(int)((c2*b1-c1*b2)/(a1*b2-a2*b1));
return 1;
}
}
void CPolygoncutView::SaveConnection(Vertex *I, int addressi, int
addressj,VertexNode *LinkPolygon ,VertexNode *CutLinkPolygon)
//把求得的有效交点按在边上的顺序插入链表(裁剪和被裁剪的多边形定点链表)中，I 交点的
结点的指针
//结点在裁剪多边形第 addressi+1 个顶点和 addressi+2 顶点之间的边上
//结点在主多边形第 addressj+1 个顶点和 addressj+2 顶点之间的边上
//LinkPolygon 主多边形顶点表的第 1 个顶点指针
//CutLinkPolygon 裁剪多边形顶点表的第 1 个顶点指针
{int flag=0;
VertexNode *q;
q=new VertexNode;
VertexNode *p;
p=new VertexNode;
VertexNode *s,*t;
s= CutLinkPolygon;
do
{if((s->flag==2)&&(s->neiandnum.number==addressi))
flag=1;
t=s;
s=s->next;
}
while(s!=CutLinkPolygon&&flag==0);
if(s->flag==-1)
{if(t->Vertexpoint.x!=(*I).x)
{if(t->Vertexpoint.x<(*I).x)
{while(t->next->Vertexpoint.x<(*I).x)
t=t->next;
}
else
{while(t->next->Vertexpoint.x>(*I).x)
t=t->next;
}
}
else
{if(t->Vertexpoint.y<(*I).y)
{while(t->next->Vertexpoint.y<(*I).y)
t=t->next;
}
```

```
else
{while(t->next->Vertexpoint.y>(*I).y)
t=t->next;
}
}
}
p->Vertexpoint.x=(*I).x;
p->Vertexpoint.y=(*I).y;
p->flag=-1;
p->neiandnum.neighbor=q; //插入裁剪多边形的交点同时指向插入主多边形交点：将前一个
                         //交点同时插入第二个交点位置
p->next=t->next;
t->next=p;
s= LinkPolygon;
flag=0;
do
{if((s->flag==2)&&(s->neiandnum.number==addressj))
flag=1;
t=s;
s=s->next;
}
while(s!=LinkPolygon&&flag==0);
if(s->flag==-1)
{if(t->Vertexpoint.x!=(*I).x)
{if(t->Vertexpoint.x<(*I).x)
{while(t->next->Vertexpoint.x<(*I).x)
t=t->next;
}
else
{while(t->next->Vertexpoint.x>(*I).x)
t=t->next;
}
}
else
{if(t->Vertexpoint.y<(*I).y)
{while(t->next->Vertexpoint.y<(*I).y)
t=t->next;
}
else
{while(t->next->Vertexpoint.y>(*I).y)
t=t->next;
}
}
}
q->Vertexpoint.x=(*I).x;
q->Vertexpoint.y=(*I).y;
q->flag=-1;
q->neiandnum.neighbor=p; //插入主多边形的交点同时指向插入裁剪多边形交点
q->next=t->next;
t->next=q;
}
void CPolygoncutView::LableConnection(VertexNode *CutLinkPolygon, int
firstflag)
// 为每个交点标记出入点，firstflag 为裁剪多边形上从第一个顶点开始遇到的第一个交点的
// 出入点标记
//firstflag 为 1，表示为出点；为 0，表示为入点
{
VertexNode * q,*p;
```

```
int flag,k=1;
q=CutLinkPolygon->next;
while(q!=CutLinkPolygon&&k==1)
{if(q->flag==-1)
k=0;
p=q;
q=q->next;
}
q=p;
if(firstflag==1)
flag=-1;
else
flag =-2;
while(q!=CutLinkPolygon)
{if(q->flag==-1)
{if(flag==-1)
{flag=-2;
q->neiandnum.neighbor->flag=-2;}
else
{q->flag=-2;
flag=-1;
}
}
q=q->next;
}
}
void CPolygoncutView::PutoutVertex(VertexNode
*CutLinkPolygon,VertexNode *LinkPolygon)
//把裁剪后的多边形的顶点保存到 FinalPolygon 数组中，finalLength 表示顶点的个数并输出
{CDC* dc=GetDC();
VertexNode * q,*p,*s;
int flag=1,k=1;
q=CutLinkPolygon->next;
while(q!=CutLinkPolygon&&k==1)
{if(q->flag<0)
k=0;
p=q;
q=q->next;
}
q=p;
while(q!=CutLinkPolygon)
{
while(q->flag!=-1&&q->flag!=-2&&q!=CutLinkPolygon)
q=q->next;
if(q==CutLinkPolygon)
break;
s=q;
do
{if(s->flag==-2)
{FinalPolygon[finalLength].x=s->Vertexpoint.x;
 FinalPolygon[finalLength].y=s->Vertexpoint.y;
 finalLength++;
 s->flag=-3;
 s=s->next;
}
else if(s->flag==-1)
{s->flag=-3;
 s=s->neiandnum.neighbor;
}
else
```

```
if(s->flag>0)
{FinalPolygon[finalLength].x=s->Vertexpoint.x;
 FinalPolygon[finalLength].y=s->Vertexpoint.y;
 finalLength++;
 s=s->next;
}
}while(s!=q);
for(int k=0;k<finalLength;k++)//画裁剪后的多边形
 {dc->MoveTo((int)FinalPolygon[k].x,(int)FinalPolygon[k].y);
dc->LineTo((int)FinalPolygon[(k+1)%finalLength].x,(int)FinalPolygon
[(k+1)%finalLength].y);
 }
finalLength=0;
q=q->next;
}
q=CutLinkPolygon;
do
{p=q->next;
delete q;
q=p;
}while(q!=CutLinkPolygon);
q=LinkPolygon;
do
{p=q->next;
delete q;
q=p;
}while(q!=LinkPolygon);
}
int CPolygoncutView::TestConnection(Edge Edge1, Edge Edge2, Vertex *I)
//检测边 Edge1 和 Edge2 是否有交点，如果有则调用 GetConnection 求交点函数
//然后进一步判断是否为有效交点，如果存在有效交点，用 I 返回，并返回 1；如不存在有效交点，
//返回 0
{
int minx,maxx,miny,maxy;
int maxx1=Max(Edge1[0].x,Edge1[1].x);
int maxx2=Max(Edge2[0].x,Edge2[1].x);
int minx1=Min(Edge1[0].x,Edge1[1].x);
int minx2=Min(Edge2[0].x,Edge2[1].x);
minx=Max(minx1,minx2);
maxx=Min(maxx1,maxx2);
if(minx<=maxx)
{
int maxy1=Max(Edge1[0].y,Edge1[1].y);
int maxy2=Max(Edge2[0].y,Edge2[1].y);
int miny1=Min(Edge1[0].y,Edge1[1].y);
int miny2=Min(Edge2[0].y,Edge2[1].y);
miny=Max(miny1,miny2);
maxy=Min(maxy1,maxy2);
if(miny<=maxy)
{if(GetConnection(Edge1,Edge2,)&&((*I).x<=maxx&&(*I).x>=minx&&(*I).y>=
miny&&(*I).y<=maxy))
return 1;
}
}
return 0;
}
void CPolygoncutView::OnCut()//当单击菜单的裁剪项时执行此函数
{ HPEN hPen,hOldPen;
 CDC* dc=GetDC();
```

```
 Edge Edge1,Edge2;
 Vertex *I;
 I=new Vertex;
 int firstflag,first=1;
 finalLength=0;
 VertexNode *LinkPolygon ,*CutLinkPolygon;
 LinkPolygon=new VertexNode; //LinkPolygon 为主多边形定点链表的头指针
 CutLinkPolygon=new VertexNode; //CutLinkPolygon 为裁剪多边形定点链表的头指针
 InitialLink(LinkPolygon, CutLinkPolygon); //初始化链表
 for(int i=0;i<cutinLength;i++)//求裁剪多边形与主多边形各条边的交点
 { Edge1[0].x=IniCutPolygon[i].x;
 Edge1[0].y=IniCutPolygon[i].y;
 Edge1[1].x=IniCutPolygon[(i+1)%cutinLength].x;
 Edge1[1].y=IniCutPolygon[(i+1)%cutinLength].y;
 for(int j=0;j<inLength;j++)
 { Edge2[0].x=InitialPolygon[j].x;
 Edge2[0].y=InitialPolygon[j].y;
 Edge2[1].x=InitialPolygon[(j+1)%inLength].x;
 Edge2[1].y=InitialPolygon[(j+1)%inLength].y;
if(TestConnection(Edge1, Edge2, I))
//判断 Edge1、Edge2 是否有交点，有交点返回 1，并把交点用 I 返回
{ SaveConnection(I, i, j,LinkPolygon ,CutLinkPolygon);// 如果有交点，则把
//交点插入链表
 if(first==1)// first 为 1 表示还没找到第一个有交点的裁剪边
 {firstflag=TestInside(Edge1);
// 判断第一个有交点的裁剪边的点在主多边形内部还是外部，如果在内部返回 1，在外部返回 0
 first=0;} //找到第一个有交点的裁剪边
 }
 }
 }
 LableConnection(CutLinkPolygon, firstflag); //标记出入点
 hPen=CreatePen(0,10,RGB(255,255,255)); //用白色的笔重画裁剪多边形和主多边形
 hOldPen=(HPEN)SelectObject(dc->m_hDC,hPen);
 for(i=0;i<inLength;i++)
 {dc->MoveTo((int)InitialPolygon[i].x,(int)InitialPolygon[i].y);
dc->LineTo((int)InitialPolygon[(i+1)%inLength].x,(int)InitialPolygon[(
i+1)%inLength].y);
 }
 for(int j=0;j< cutinLength;j++)
 {dc->MoveTo((int)IniCutPolygon[j].x,(int)IniCutPolygon[j].y);
dc->LineTo((int)IniCutPolygon[(j+1)%cutinLength].x,(int)IniCutPolygon[
(j+1)% cutinLength].y);
 }
 dc->SelectObject(hOldPen);
 DeleteObject(SelectObject(dc->m_hDC,hOldPen));
 PutoutVertex(CutLinkPolygon,LinkPolygon); //输出裁剪后的多边形
 delete I;
}
```

5.4 圆的裁剪

对于圆的裁剪，可采用“先裁剪，后生成”的方法。即利用公式，先求出窗口各边与圆的有效交点，只有位于窗口内的有效圆弧才被显示出来，位于窗口外的圆弧不被送往显

示器视区显示。为了减少盲目求窗口边框与圆的交点的次数，可先判断窗口与圆的最小的外接矩形是否相交，若窗口与圆的最小的外接矩形不相交，说明圆在窗口内或窗口外，进而可直接显示或舍弃(如果圆心在窗口，说明圆在窗口内，可直接显示，否则舍弃)。只有不满足此条件的圆，才具体求其与窗口的有效交点。

5.5 文本裁剪算法

当文本和字符的某些部分出现在窗口内，某些部分出现在窗口外时，就出现了字符的裁剪问题。根据裁剪精度的不同，字符的裁剪可分为三种情况：字符串裁剪、字符裁剪和笔画裁剪。下面分别给予介绍。

5.5.1 字符串裁剪

字符串裁剪就是当整个字符串都落在窗口内时，才显示该字符串，否则不显示。具体实现时，可先求出包含待裁剪字符串的矩形包围盒，当该包围盒完全落在窗口内时，才显示该字符串，否则不显示，如图 5.15 所示。

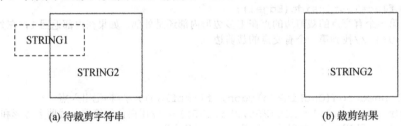

图 5.15 字符串裁剪

5.5.2 字符裁剪

字符裁剪就是当整个字符都落在窗口内时，才显示该字符，若字符在窗口外或字符边界与窗口有重叠，则不显示。具体实现时，也类似字符串裁剪，先求出包含待裁剪字符的矩形包围盒，当该包围盒完全落在窗口内时，才显示该字符，否则不显示，如图 5.16 所示。

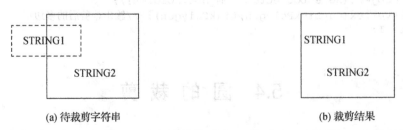

图 5.16 字符裁剪

5.5.3　笔画裁剪

对于点阵字符来说，构成字符的最小元素为像素，此时笔画裁剪转化为点裁剪，就是当构成字符的像素点落在窗口内时，才显示该点，否则不显示。对于矢量字符来说，构成字符的最小元素为直线段或曲线段，此时笔画裁剪转化为直线段裁剪或曲线段裁剪，如图 5.17 所示。

(a) 待裁剪字符串　　　　(b) 裁剪结果

图 5.17　笔画裁剪

5.6　二维图形的输出流程

在前面讲过，世界坐标系中图形最终要在屏幕坐标系的视区中显示出来，由于这是两个不同的坐标系，窗口和视区的大小也不相同，并且我们往往感兴趣的只是图形的某个局部，所以世界坐标系中的图形不能直接在屏幕坐标系中显示出来，这之间要经过窗口到视区的变换，裁剪和扫描转换等。二维图形的输出流程如图 5.18 所示。

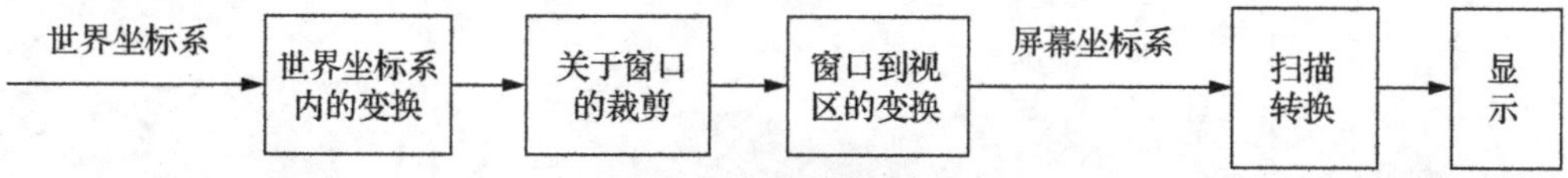

图 5.18　二维图形的输出流程

需要说明的是，图 5.18 中每一步的处理顺序并不是固定不变的，不同的图形软件包采用不同的处理顺序。

课 后 习 题

一、填空题

1. 计算机图形学中常用的坐标系有________、________、________。

2. 矩形区域称为________，指定或选取这样的一个矩形区域称为________或________。

二、选择题

下列关于待裁剪的线段与裁剪窗口的位置关系说法正确的是(　　)。

A. 完全可见，即线段的两个端点都在窗口内

B. 显然不可见，即线段的两个端点都在窗口某条边所在的直线的同一侧

C. 线段至少有一个端点在窗口之外，但非显然不可见

三、简答题

1. 简述线段裁剪的大概步骤。
2. 简述通过求解联立方程组的线段裁剪方法解释线段二维裁剪的含义的优缺点。

第6章 三维图形学基础

教学提示：本章重点介绍三维图形的几何变换和投影变换的基本原理和方法，以及三维裁剪算法的基本原理，这些都是真实感图形显示的基础。通过几何变换，可以将场景中的物体放置到恰当的位置后再予以显示；通过投影变换，可以将三维图形在二维的显示屏幕上进行显示；三维裁剪保证在屏幕的视图区内只显示用户感兴趣的图形，对于视图区以外的图形不予显示。

教学目标：通过本章的学习，要求学生对三维图形学基础基本了解，并着重掌握三维图形的几何变换、投影变换以及三维裁剪的基本原理等。

6.1 三维图形的几何变换

三维图形的平移、比例及旋转变换是对二维变换的扩展，即三维情况下应附加考虑 z 坐标的变换。三维平移是由一个三维平移向量规定平移距离；三维比例变换用来指定 3 个比例因子。而三维旋转一般不能直接由二维变换扩展得到，因为三维旋转可围绕空间任何方位的轴进行。像二维变换情况一样，三维几何变换方程也可以用变换矩阵表示。任何一个变换序列均可用一个矩阵表示，此矩阵是把序列中的各个矩阵级联到一起而得到的。

在二维图形变换的讨论中已经提出了齐次坐标表示法，即 n 维空间的点用 n+1 维向量表示。因此，对于三维空间的点需要用 4 维向量表示，而相应的变换矩阵是 4×4 阶矩阵。

6.1.1 三维坐标系的建立

三维空间比二维平面复杂。讨论三维空间，首先遇到的是两种坐标系，即右手坐标系和左手坐标系。图 6.1(a)是右手坐标系，而图 6.1(b)是左手坐标系。右手坐标系这样确定三根正交的坐标轴：伸出右手，当用大拇指指向 x 轴的正方向，食指指向 y 轴的正方向时，与手心垂直的中指方向就是 z 轴正方向。左手坐标系用左手类似确定。

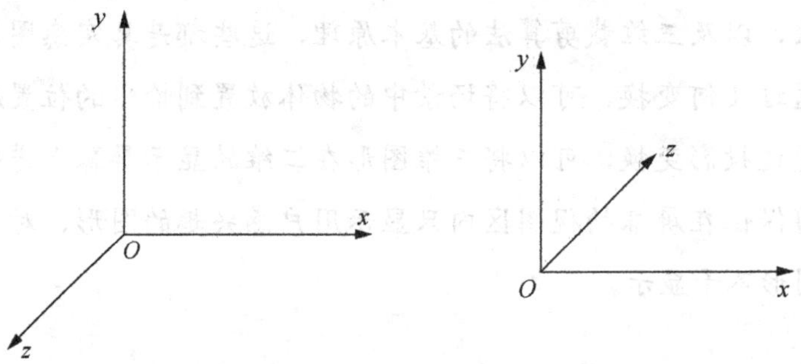

(a) 右手坐标系　　(b) 左手坐标系

图 6.1　三维空间坐标系

在计算机图形学中，两种坐标系都可以使用。右手坐标系为大多数人所熟悉，因此，在讨论图形的数学问题时常使用右手坐标系。但是左手坐标系却有一个很自然的解释：把左手坐标系中的 xy 坐标平面看成显示器的显示平面或称为观察平面，这样物体就位于观察平面的后边，当 z 值较大时，物体离观察者比较远。因此，也有的图形系统采用左手坐标系，如图形系统 CORE 标准就采用两种坐标系，以用于不同的应用场合。本书没有指明时，均指右手坐标系。

6.1.2 三维图形几何变换

二维几何变换引入齐次坐标后，变换可以用一个 3×3 的变换矩阵来表示。同样，三维几何变换也可利用齐次坐标的概念，变换可以用一个 4×4 的变换矩阵来表示。设三维空间

中的点 $P(x,y,z)$，其规格化齐次坐标为$(x,y,z,1)$，若变换矩阵为 T，T 为 4×4 的矩阵，则变换后的点 $P'=T\cdot P$。下面分别讨论平移、比例、旋转等变换。

1. 平移变换

在用三维齐次坐标表示时，把一个点由位置(x, y, z)平移至位置(x', y', z')可用以下矩阵运算实现：

$$\begin{bmatrix} x' \\ y' \\ z' \\ 1 \end{bmatrix} = \begin{bmatrix} 1 & 0 & 0 & T_x \\ 0 & 1 & 0 & T_y \\ 0 & 0 & 1 & T_z \\ 0 & 0 & 0 & 1 \end{bmatrix} \begin{bmatrix} x \\ y \\ z \\ 1 \end{bmatrix} \tag{6.1}$$

其中，参数 T_x、T_y、T_z 规定了坐标平移距离，它们可取任意实数值。式(6.1)所示的矩阵表达式与式(6.2)和式(6.3)等效。

$$\begin{cases} x' = x + T_x \\ y' = y + T_y \\ z' = z + T_z \end{cases} \tag{6.2}$$

记平移变换的变换矩阵为

$$T(T_x,T_y,T_z) = \begin{bmatrix} 1 & 0 & 0 & T_x \\ 0 & 1 & 0 & T_y \\ 0 & 0 & 1 & T_z \\ 0 & 0 & 0 & 1 \end{bmatrix} \tag{6.3}$$

2. 比例变换

设空间一点 $P(x, y, z)$以原点为中心，在三根轴上分别放大或缩小 S_x、S_y、S_z 倍，变换矩阵为

$$S(S_x,S_y,S_z) = \begin{bmatrix} S_x & 0 & 0 & 0_x \\ 0 & S_y & 0 & 0_y \\ 0 & 0 & S_z & 0_z \\ 0 & 0 & 0 & 1 \end{bmatrix} \tag{6.4}$$

3. 旋转变换

三维空间的旋转可以有绕 x、y、z 轴的旋转以及绕空间一条任意轴的旋转等，在此先讨论前面三种，绕空间一条任意轴的旋转在后面章节讨论。

1) 绕 x 轴的旋转

当点 $P(x, y, z)$绕 x 轴做角度为α的旋转到 $P'(x', y', z')$时，点的 x 坐标值不变，如图 6.2 所示，即

$$\begin{cases} x' = x \\ y' = y\cdot\cos\alpha - z\cdot\sin\alpha \\ z'' = y\cdot\sin\alpha + z\cdot\cos\alpha \end{cases} \tag{6.5}$$

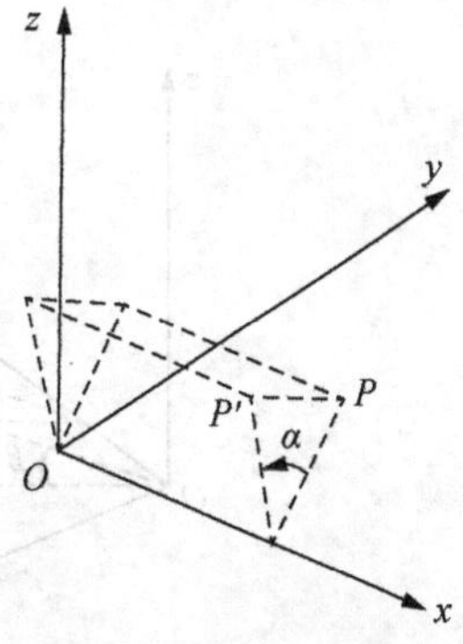

图 6.2 绕 x 轴的旋转变换

变换矩阵为

$$R_x(\alpha)=\begin{bmatrix}1 & 0 & 0 & 0\\ 0 & \cos\alpha & -\sin\alpha & 0\\ 0 & \sin\alpha & \cos\alpha & 0\\ 0 & 0 & 0 & 1\end{bmatrix} \tag{6.6}$$

2)　绕 y 轴的旋转

当点 $P(x, y, z)$绕 y 轴做角度为β的旋转到 $P'(x', y', z')$时，点的 y 坐标值不变，如图 6.3 所示，即

$$\begin{cases}x' = x\cdot\cos\beta + z\cdot\sin\beta\\ y' = y\\ z' = -x\cdot\sin\beta + z\cdot\cos\beta\end{cases} \tag{6.7}$$

变换矩阵为

$$R_y(\beta)=\begin{bmatrix}\cos\beta & 0 & \sin\beta & 0\\ 0 & 1 & 0 & 0\\ -\sin\beta & 0 & \cos\beta & 0\\ 0 & 0 & 0 & 1\end{bmatrix} \tag{6.8}$$

3)　绕 z 轴的旋转

当点 $P(x, y, z)$绕 z 轴做角度为 γ 的旋转到 $P'(x', y', z')$时，点的 z 坐标值不变，如图 6.4 所示，即

$$\begin{cases}x' = x\cdot\cos\gamma - y\cdot\sin\gamma\\ y' = x\cdot\sin\gamma + y\cdot\cos\gamma\\ z' = z\end{cases} \tag{6.9}$$

变换矩阵为

$$R_z(\gamma)=\begin{bmatrix}\cos\gamma & -\sin\gamma & 0 & 0\\ \sin\gamma & \cos\gamma & 0 & 0\\ 0 & 0 & 1 & 0\\ 0 & 0 & 0 & 1\end{bmatrix} \tag{6.10}$$

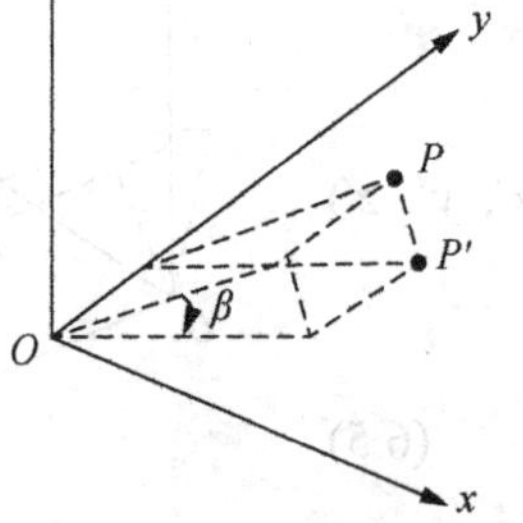

图 6.3　绕 y 轴的旋转变换

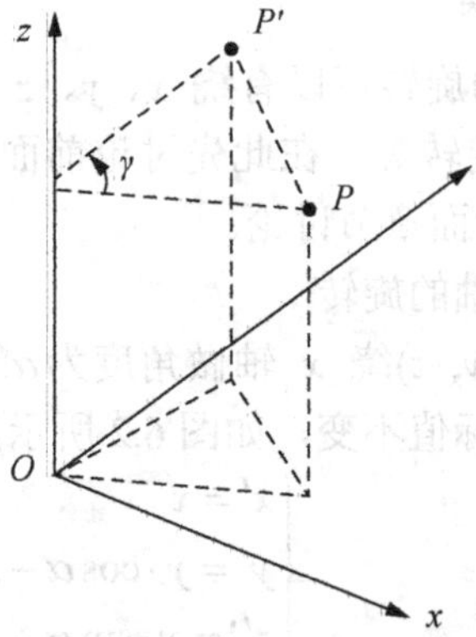

图 6.4　绕 z 轴的旋转变换

4. 反射变换

如果要对于 xy 平面进行变换，此变换实际上是改变 z 坐标的符号，而保持 x、y 坐标不变，一点相对于 xy 平面反射变换矩阵为

$$RF_{xy}=\begin{bmatrix}1&0&0&0\\0&1&0&0\\0&0&-1&0\\0&0&0&1\end{bmatrix} \tag{6.11}$$

同样，可定义相对于 yz 平面或 xz 平面进行变换的矩阵。

$$RF_{yz}=\begin{bmatrix}-1&0&0&0\\0&1&0&0\\0&0&1&0\\0&0&0&1\end{bmatrix} \tag{6.12}$$

$$RF_{zx}=\begin{bmatrix}1&0&0&0\\0&-1&0&0\\0&0&1&0\\0&0&0&1\end{bmatrix} \tag{6.13}$$

如果要实现对其他平面的反射，可把上述对于坐标平面的反射与旋转组合起来建立变换矩阵，这就与二维情况下绕任意直线反射的情况一样。

5. 错切变换

三维错切变换是指对定义一个点的三个坐标值中的两个进行变换，使三维形体发生错切变形的变换。

下面是以 z 轴为依赖轴(z 值不变)产生三维错切的变换矩阵：

$$SH_z(sh_x,sh_y)=\begin{bmatrix}1&0&sh_x&0\\0&1&sh_y&0\\0&0&1&0\\0&0&0&1\end{bmatrix} \tag{6.14}$$

其中，参数 sh_x 及 sh_y 可取任意实数。上述变换矩阵的效果是把 x 及 y 坐标改变成一个与 z 坐标成正比的量，而 z 坐标值不变。这样就使垂直于 z 轴的平面边界偏移一个与 z 成正比的量。对 x 轴及 y 轴进行错切变换的矩阵可相似地定义。

6. 围绕任意轴的旋转变换

在给定旋转轴的特征及旋转角之后，可用以下 5 步完成对任意轴的旋转。

(1) 平移物体使旋转轴通过坐标原点。

(2) 旋转物体使旋转轴与某一坐标轴重合。

(3) 进行规定的旋转。

(4) 进行反旋转使旋转轴回到原来的方位。

(5) 进行反平移使旋转轴回到原来的位置。

在进行上述变换时，可使旋转轴与三个坐标轴中的任一个重合。我们一般选取 z 轴，

下面由此出发建立变换矩阵。

首先，假定旋转轴用两点定义 $P_1(x_1,y_1,z_1)$和 $P_2(x_2,y_2,z_2)$，由此两点定义一个向量：

$$V=(x_2-x_1,y_2-y_1,z_2-z_1) \tag{6.15}$$

用此向量可求得沿旋转轴的单位向量：

$$u=\frac{V}{|V|}=(a,b,c) \tag{6.16}$$

式中向量 u 的各分量 a、b、c 为向量 V 的方向余弦：

$$a=\frac{x}{|V|},\ b=\frac{y}{|V|},\ c=\frac{z}{|V|} \tag{6.17}$$

用以下平移矩阵可把物体平移，使旋转轴通过坐标原点：

$$T(-x_1,-y_1,-z_1)=\begin{bmatrix}1&0&0&-x_1\\0&1&0&-y_1\\0&0&1&-z_1\\0&0&0&1\end{bmatrix} \tag{6.18}$$

用上述变换可把 P_1 置于原点。

要使旋转轴与 z 轴重合，可通过以下两步实现。首先，围绕 x 轴旋转，使向量 u 转到 xy 平面中；然后围绕 y 轴旋转，使 u 与 z 轴重合。

为了建立绕 x 轴旋转的变换矩阵，首先应确定使 u 转到 xz 平面所需的旋转角的正弦及余弦值。此旋转角是 u 在 yz 平面上的投影与正 z 轴之间的夹角α，如果我们指定 u 在 yz 平面上的投影为向量 $u'=(0, b, c)$，则旋转角 α 的正弦值可由 u'与沿 z 轴的单位向量 u_z 的数量积确定，即

$$\cos\alpha=\frac{u'\cdot u_z}{|u'||u_z|}=\frac{c}{d} \tag{6.19}$$

此处 d 为 $\boldsymbol{u}'$的模：

$$d=\sqrt{b^2+c^2} \tag{6.20}$$

α 的正弦值可由 u'及 u_z 的向量积用相似的方法确定。由向量积定义可得

$$u'\times u_z=u_x|u'||u_z|\sin\alpha \tag{6.21}$$

由此可得到α的正弦值：

$$\sin\alpha=\frac{b}{d} \tag{6.22}$$

上面已由 u 的各个分量确定了 $\cos\alpha$及 $\sin\alpha$的值，由此可得到绕 x 轴的旋转矩阵为

$$R_x(\alpha)=\begin{bmatrix}1&0&0&0\\0&c/d&-b/d&0\\0&b/d&c/d&0\\0&0&0&1\end{bmatrix} \tag{6.23}$$

用此矩阵可把单位向量 u 绕 x 轴旋转到 xz 平面。

下面确定把 xz 平面中的单位向量围绕 y 轴旋转到正 z 轴的变换矩阵。单位向量在绕 x 轴旋转至 xz 平面后，此向量记为u''。由于绕 x 轴旋转时 x 方向的分量不变，所

以u''在 x 方向的分量仍为 a；又因为向量 u' 已旋转到 z 轴，所以u''的 z 方向的分量为 d；再者，因为u''已位于 xz 平面，所以其 y 分量为 0。下面可由单位向量u''和 u_z 之间的数量积决定旋转角β的正弦值及余弦值。由数量积的定义得

$$\cos\beta = \frac{u''\cdot u_z}{|u''||u_z|} = d \tag{6.24}$$

因为$|u_z| = |u''| = 1$，由向量积的两个方程可写为

$$u''\times u_z = u_y|u''||u_z|\sin\beta \tag{6.25}$$

及

$$u''\times u_z = u_y\cdot(-a) \tag{6.26}$$

可得

$$\sin\beta = -a \tag{6.27}$$

且围绕 y 轴旋转的变换矩阵为

$$R_y(\beta) = \begin{bmatrix} d & 0 & -a & 0 \\ 0 & 1 & 0 & 0 \\ a & 0 & d & 0 \\ 0 & 0 & 0 & 1 \end{bmatrix} \tag{6.28}$$

用上述变换矩阵式(6.18)、式(6.23)及式(6.28)，可使旋转轴与 z 轴重合。然后，按给定的旋转角θ绕 z 轴旋转，此旋转矩阵为

$$R_z(\theta) = \begin{bmatrix} \cos\theta & -\sin\theta & 0 & 0 \\ \sin\theta & \cos\theta & 0 & 0 \\ 0 & 0 & 1 & 0 \\ 0 & 0 & 0 & 1 \end{bmatrix} \tag{6.29}$$

为完成绕任意轴的旋转，最后要把旋转轴变换回原来位置。这样，围绕任意轴旋转的变换矩阵可表示为以下 7 个独立变换矩阵的组合：

$$\begin{aligned} R(\theta) = {} & T(x_1,y_1,z_1)\cdot R_x(-\alpha)\cdot R_y(-\beta)\cdot R_z(\theta)\cdot \\ & R_y(\beta)\cdot R_x(\alpha)\cdot T(-x_1,-y_1,-z_1) \end{aligned} \tag{6.30}$$

7. 三维几何变换的一般形式

设图形上一点的坐标为 $P(x, y, z)$，经过三维几何变换后的坐标为 $P'(x', y', z')$，变换矩阵一般可写为

$$\begin{bmatrix} x' \\ y' \\ z' \\ 1 \end{bmatrix} = \begin{bmatrix} a & b & c & d \\ e & f & g & h \\ i & j & k & l \\ 0 & 0 & 0 & 1 \end{bmatrix}\begin{bmatrix} x \\ y \\ z \\ 1 \end{bmatrix} \tag{6.31}$$

即

$$\begin{cases} x' = ax+by+cz+d \\ y' = ex+fy+gz+h \\ z' = ix+jy+kz+l \end{cases} \tag{6.32}$$

我们可以得出以下结论。

(1) $\begin{bmatrix} a & b & c \\ e & f & g \\ i & j & k \end{bmatrix}$ 的作用是对点的坐标进行比例、旋转等变换。

(2) $\begin{bmatrix} d \\ h \\ l \end{bmatrix}$ 的作用是对点进行平移变换。

6.1.3 三维坐标系变换

实现图形变换可采用两种思想，一种就是在同一个坐标系中实现图形的平移、旋转等变换，变换后的图形与变换前的图形在同一个坐标系中；另一种等效的方法是把变换看成是坐标系的变动，变换前和变换后的图形在不同的坐标系中。

假定有两个坐标系 $Oxyz$ 和 $\overline{O}uvn$，在坐标系 $Oxyz$ 中，$\overline{O}$ 的坐标为($\overline{O}_x$，$\overline{O}_y$，$\overline{O}_z$)，$\overline{O}_u$、$\overline{O}_v$ 和 $\overline{O}_n$ 分别为三个单位向量(u_x, u_y, u_z)、(v_x, v_y, v_z)和(n_x, n_y, n_z)，现在用变换合成的方法将坐标系 $Oxyz$ 中的图形变换到坐标系 $\overline{O}uvn$ 中去(见图 6.5)，步骤如下。

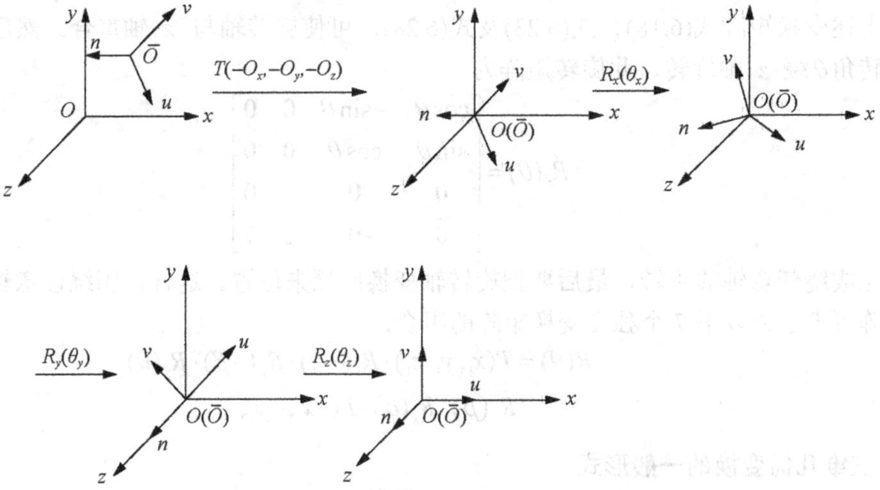

图 6.5 用变换合成的方法建立坐标系之间的变换

(1) 平移使 $\overline{O}$ 落于原点 O，变换为 $T(-\overline{O}_x, -\overline{O}_y, -\overline{O}_z)$；

(2) 绕 x 轴旋转角度 θ_x，使 n 轴落于 xOz 平面，变换为 $R_x(\theta_x)$；

(3) 绕 y 轴旋转角度 θ_y，使 n 轴与 z 轴同向且重合，变换为 $R_y(\theta_y)$；

(4) 绕 z 轴旋转角度 θ_z，使 u 轴和 x 轴同向且重合，变换为 $R_z(\theta_z)$。

则变换矩阵为

$$M_{xyz\to uvn} = R_z(\theta_z)\cdot R_y(\theta_y)\cdot R_x(\theta_x)\cdot T(-\overline{O}_x, -\overline{O}_y, -\overline{O}_z) \tag{6.33}$$

其实，由线性代数知识可知，从坐标系 $Oxyz$ 到 $\overline{O}uvn$ 的正交变换为

$$R=\begin{bmatrix} u_x & u_y & u_z & 0 \\ v_x & v_y & v_z & 0 \\ n_x & n_y & n_z & 0 \\ 0 & 0 & 0 & 1 \end{bmatrix} \tag{6.34}$$

但该变换不包含两坐标系间的位置关系。如果将 $Oxyz$ 中的图形变换到 $\overline{O}\,uvn$ 中，则必须首先进行一个平移变换 $T(-\overline{O}x, -\overline{O}y, -\overline{O}z)$，从而

$$M_{xyz\to uvn}=\begin{bmatrix} u_x & u_y & u_z & 0 \\ v_x & v_y & v_z & 0 \\ n_x & n_y & v_z & 0 \\ 0 & 0 & 0 & 1 \end{bmatrix}\cdot T(-\overline{O}_x,-\overline{O}_y,-\overline{O}_z) \tag{6.35}$$

式(6.33)和式(6.35)的结果是一致的，读者可以自行验证。

6.2　三维图形的投影

下面我们讨论投影变换。由于人们用来显示图形的介质绝大多数是平面，如纸张、显示屏等，如何能将现实世界中的三维物体表现在这些二维介质上，并且具有三维的视觉感受，正是投影变换要做的。

6.2.1　投影与投影变换的定义

投影是将 n 维的点变成小于 n 维的点。投影变换就是把三维立体(或物体)投射到投影面上得到二维平面图形。

在三维空间中，选择一个点，记这个点为投影中心；不经过该点再定义一个平面，记这个平面为投影面；从投影中心向投影面引任意多条射线，记这些射线为投影线。穿过物体的投影线将与投影面相交，在投影面上形成物体的像，这个像记为三维物体在二维投影面上的投影。图 6.6 表示了同一线段 AB 的两种不同的投影。由于线段的平面投影本身仍是一条线段，所以对线段 AB 作投影变换时，只需对线段的两个端点 A 和 B 作投影变换，连接两个端点在投影面上的投影 A'和 B'就可以得到整个线段的投影 $A'B'$。

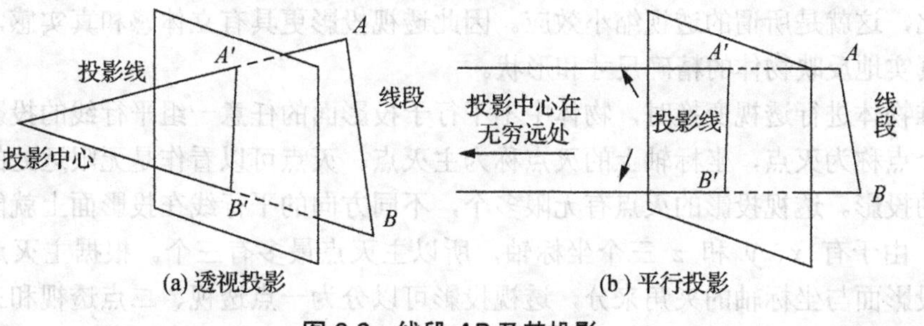

图 6.6　线段 AB 及其投影

6.2.2 平面几何投影的分类

根据投影中心和投影面的距离远近，平面几何投影可以分为两大类，即平行投影和透视投影。在平行投影中，投影中心到投影面的距离是无限的；而在透视投影中，投影中心到投影面的距离是有限的，如图 6.6 所示。当投影中心在无限远时，投影线互相平行，所以定义平行投影时，只需给出投影线的方向，而定义透视投影时，需要明确给出投影中心的位置。

图 6.7 给出了各类投影之间的逻辑关系，它们共同的特点是有一个投影面和一个投影中心或者投影方向。分类是根据投影中心到投影面的距离、投影线方向与投影面的夹角、投影面与坐标轴的夹角来进行的。下面将详细介绍各种投影的定义、特性和数学计算方法。

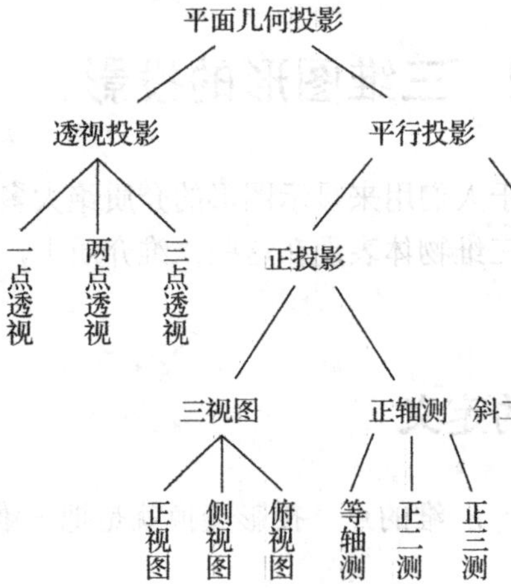

图 6.7 平面几何投影的分类

6.2.3 透视投影

透视投影和我们用眼睛观看现实世界所得到的景象很相近。同样的物体，离视点近则看起来比较大，离视点远则看起来比较小，即物体透视投影的大小与物体到投影中心的距离成反比，这就是所谓的透视缩小效应。因此透视投影更具有立体感和真实感，但透视投影不能真实地反映物体的精确尺寸和形状。

三维物体进行透视变换时，物体中不平行于投影面的任意一组平行线的投影汇聚成一点，这个点称为灭点，坐标轴上的灭点称为主灭点。灭点可以看作是无限远处的一点在投影面上的投影。透视投影的灭点有无限多个，不同方向的平行线在投影面上就能形成不同的灭点。由于有 x、y 和 z 三个坐标轴，所以主灭点最多有三个。根据主灭点的个数，也即按投影面与坐标轴的夹角来分，透视投影可以分为一点透视、二点透视和三点透视。一点透视有一个主灭点，即投影面与一个坐标轴正交，与另外两个坐标轴平行。二点透视有两个主灭点，即投影面与两个坐标轴相交，与另一个坐标轴平行。三点透视有三个主灭点，即投影面与三个坐标轴都相交。

为了讨论方便，假设视点在 z 轴的负方向上，投影平面是 v 平面，如图 6.8 所示。

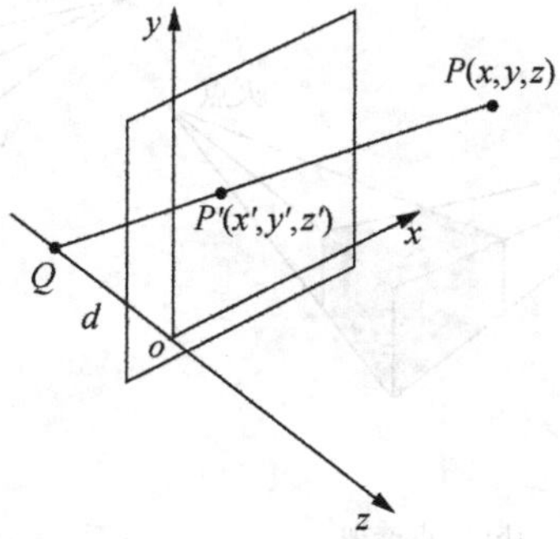

图 6.8　透视投影

根据图 6.8，直线 PQ 的参数方程可以表示为

$$\begin{cases} x' = x - xt \\ y' = y - yt \\ z' = z - (z+d)t \end{cases} \qquad 0 \leqslant t \leqslant 1 \tag{6.36}$$

由于在投影面 $z'=0$，所以 $t=z/(z+d)$，故有

$$\begin{cases} x' = x\left(1 - \dfrac{z}{z+d}\right) \\ y' = y\left(1 - \dfrac{z}{z+d}\right) \\ z' = 0 \end{cases} \tag{6.37}$$

即

$$\begin{cases} \left(1 + \dfrac{z}{d}\right)x' = x \\ \left(1 + \dfrac{z}{d}\right)y' = y \end{cases} \tag{6.38}$$

令 $(1+z/d)=h$，则得到 P' 的齐次坐标表示为

$$\begin{aligned} hx' &= x \\ hy' &= y \\ hz' &= 0 \\ h &= 1 + z/d \end{aligned} \tag{6.39}$$

表示为矩阵形式如下所示：

$$\begin{pmatrix} hx' \\ hy' \\ hz' \\ h \end{pmatrix} = \begin{pmatrix} 1 & 0 & 0 & 0 \\ 0 & 1 & 0 & 0 \\ 0 & 0 & 0 & 0 \\ 0 & 0 & 1/d & 1 \end{pmatrix} \begin{pmatrix} x \\ y \\ z \\ 1 \end{pmatrix} \tag{6.40}$$

根据灭点的定义，通过调整投影平面与二维物体的位置，可以得到一点透视、二点透视和三点透视，如图 6.9 所示。

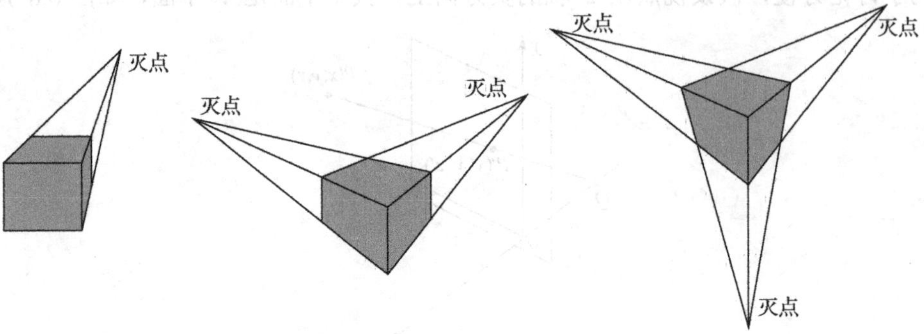

(a) 一点透视　　(b) 二点透视　　(c) 三点透视

图 6.9　透视投影的类型

6.2.4　平行投影

平行投影可根据投影方向与投影面的夹角分成两类：正投影和斜投影。当投影方向与投影面的夹角为 90° 时，得到的投影为正投影，否则为斜投影(见图 6.10)。平行投影具有较好的性质：能精确地反映物体的实际尺寸，即不具有透视缩小性。另外，平行线经过平行投影变换后仍保持平行。

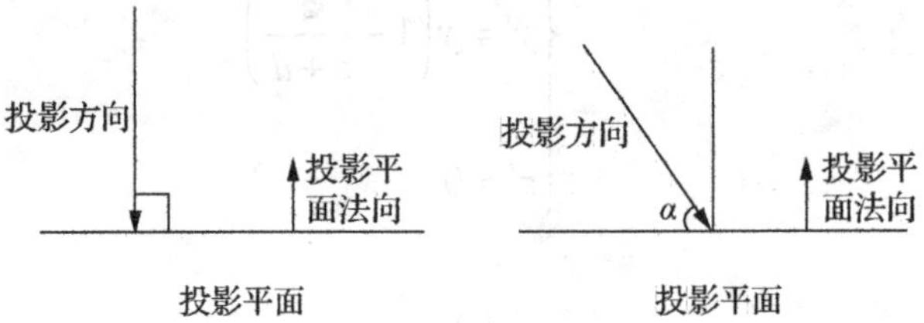

(a) 正投影　　(b) 斜投影

图 6.10　平行投影

1. 正投影

正投影根据投影面与坐标轴的夹角又可分为两类：三视图和正轴测图。当投影面与某一坐标轴垂直时，得到的投影为三视图，这时投影方向与这个坐标轴的方向一致；否则，得到的投影为正轴测图，如图 6.11 所示。

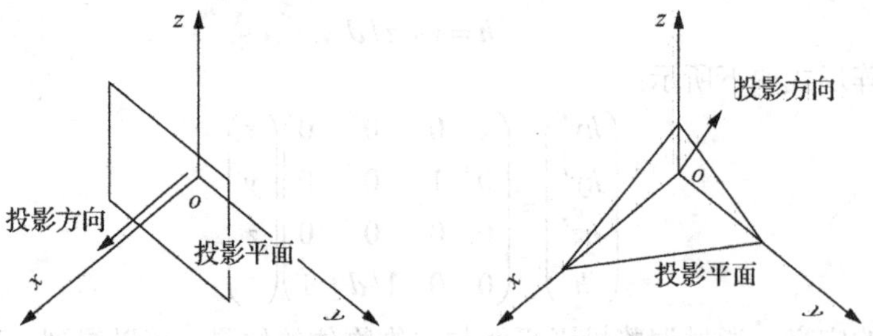

(a) 三视图　　(b) 正轴测

图 6.11　正投影

通常说的三视图包括主视图、侧视图和俯视图三种，投影面分别与 x 轴、y 轴和 z 轴垂直。图 6.12 显示了一个三维形体及其三视图。三视图的特点是物体的一个坐标面平行于投影面，其投影能反映形体的实际尺寸。工程制图中常用三视图来测量形体间的距离、角度以及相互位置关系。不足之处是一种三视图上只有物体一个面的投影，所以单独从某一个方向的三视图难以形象地表示出形体的三维性质，只有将主、侧、俯三个视图放在一起，才能综合出物体的空间形状。

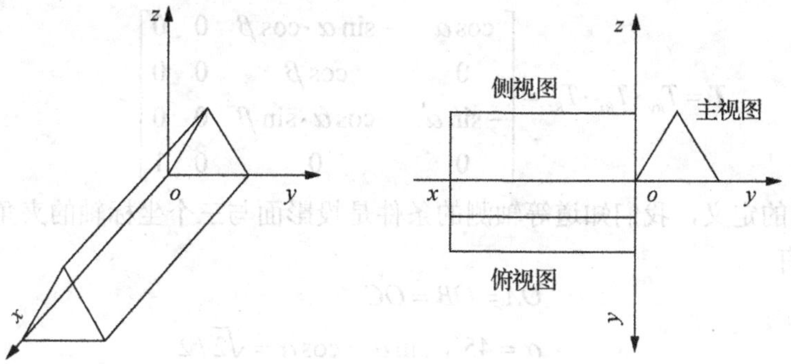

图 6.12　三维形体及其三视图

正轴测有等轴测、正二测和正三测三种。当投影面与三个坐标轴之间的夹角都相等时为正等测；当投影面与两个坐标轴之间的夹角相等时为正二测；当投影面与三个坐标轴之间的夹角都不相等时为正三测，如图 6.13 所示。

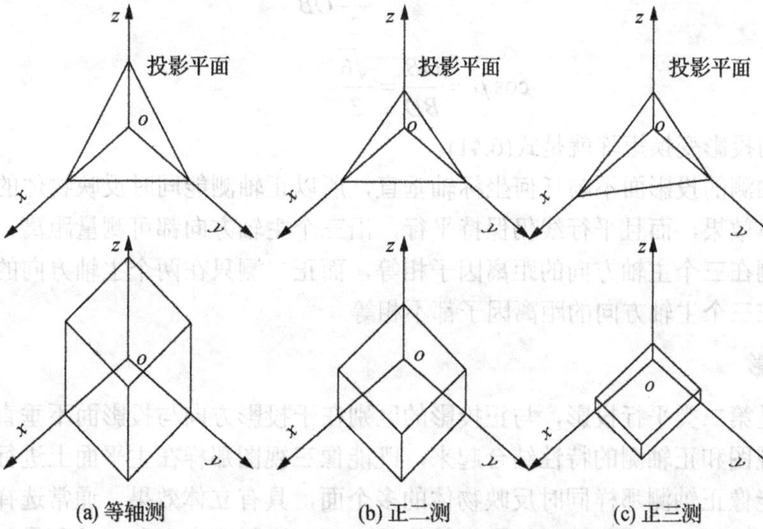

(a) 等轴测　(b) 正二测　(c) 正三测

图 6.13　正轴测投影以及一个体的正轴测投影图

下面来推导正轴测的投影变换矩阵，如图 6.14 所示。投影面分别与三个坐标轴相交于 A、B 和 C，投影方向与投影面垂直。首先将三维形体及其投影面绕 y 轴顺时针旋转 α角；再绕 x 轴逆时针旋转 β 角；将三维形体向 xoy 平面作正投影，最后得到正轴测图的投影变换矩阵：

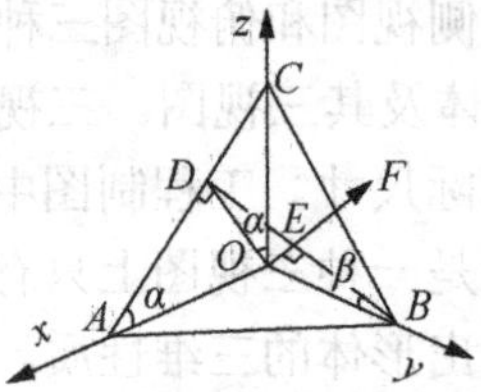

图 6.14 正轴测图的形成

$$T = T_{Ry} \cdot T_{Rx} \cdot T_{Rz} = \begin{bmatrix} \cos\alpha & -\sin\alpha\cdot\cos\beta & 0 & 0 \\ 0 & \cos\beta & 0 & 0 \\ -\sin\alpha & -\cos\alpha\cdot\sin\beta & 0 & 0 \\ 0 & 0 & 0 & 1 \end{bmatrix} \tag{6.41}$$

根据前面的定义，我们知道等轴测的条件是投影面与三个坐标轴的夹角都相等，于是在图 6.14 上有

$$OA = OB = OC$$

$$\alpha = 45^\circ,\ \sin\alpha = \cos\alpha = \sqrt{2}/2$$

$$BD = \sqrt{OD^2 + OB^2} = \frac{\sqrt{6}}{2}OB$$

$$\sin\beta = \frac{OD}{BD} = \frac{\frac{\sqrt{2}}{2}OA}{\frac{\sqrt{6}}{2}OB} = \frac{\sqrt{3}}{3}$$

$$\cos\beta = \frac{OB}{BD} = \frac{\sqrt{6}}{3}$$

正三测的投影变换矩阵就是式(6.41)。

由于正轴测的投影面不与任何坐标轴垂直，所以正轴测能同时反映物体的多个面，具有一定的立体效果，而且平行线仍保持平行，沿三个主轴方向都可测量距离。但值得注意的是，等轴测在三个主轴方向的距离因子相等，而正二测只在两个主轴方向的距离因子相等，正三测在三个主轴方向的距离因子都不相等。

2. 斜投影

斜投影是第二类平行投影，与正投影的区别在于投影方向与投影面不垂直。斜投影将正投影的三视图和正轴测的特性结合起来，既能像三视图那样在主平面上进行距离和角度的测量，又能像正轴测那样同时反映物体的多个面，具有立体效果。通常选择投影面垂直于某个主轴，这样，对于平行于投影面的物体表面可进行距离和角度的测量，而对物体的其他面，可沿这条主轴测量距离。

常用的两种斜投影是斜等测和斜二测。当投影方向与投影面成 45° 夹角时，得到的是斜等测[见图 6.15(a)]，这时，和投影面垂直的任何直线段，其投影长度不变，即图 6.15(a)中，*op=op'*。当投影方向与投影面成 arctan2 的角度时，得到的是斜二测[见图 6.15(b)]，这时，和投影面垂直的任何直线，其投影的长度为原来的一半，即图 6.15(b)中，*op=2op'*。

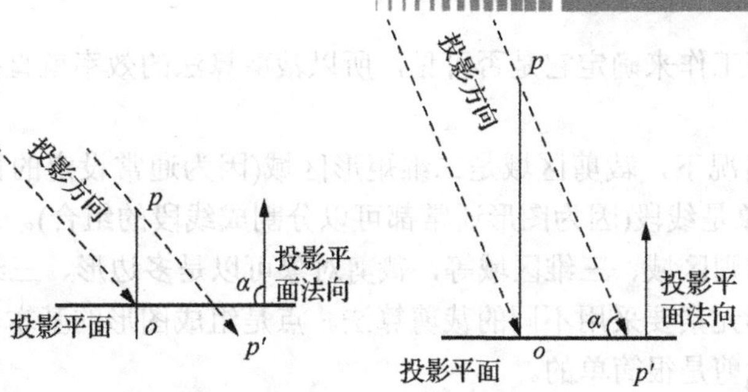

(a) 斜等测　　(b) 斜二测

图 6.15　斜投影

图 6.17 表示的是一个单位立方体在 xoy 平面上的几种斜投影。那些倾斜线是与 xoy 平面垂直的立方体棱边的投影，它们与水平轴 x 的夹角就是图 6.16(a)中的两面角β。β一般取 45°和±30°。

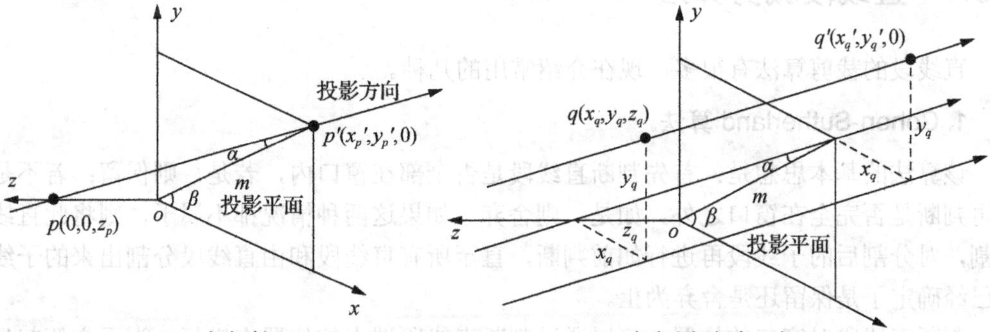

(a) p点在z轴上　　(b) q点为空间任意一点

图 6.16　斜平行投影的形成

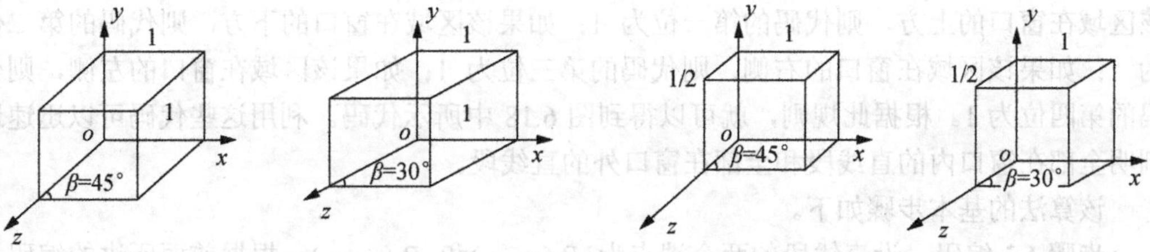

(a) 斜等测　　(b) 斜二测

图 6.17　单位立方体的斜平行投影

6.3　裁　剪

在定义了窗口以后，要求窗口内的图形在视区内显示，而窗口外的图形则不显示，即要确定图形中哪些部分在窗口内，哪些部分在窗口外。这就需要用到裁剪算法。裁剪就是去掉窗口外的不可见部分，保留窗口内的可见部分的过程。由于图形中的每一个图形基本元素都要经过裁剪工作来确定它是否可见，所以裁剪算法的效率就直接影响了整个图形显示的效率。

在最简单的情况下，裁剪区域是二维矩形区域(因为通常设定的窗口和显示区域都是矩形的)，裁剪对象是线段(因为图形通常都可以分割成线段的组合)。对于复杂的情况，裁剪区域可以是不规则区域、三维区域等，裁剪对象可以是多边形、三维形体等。

对不同的图形元素要采用不同的裁剪算法。点是组成图形的基本单位，相对于裁剪窗口来说，对点做裁剪是很简单的。

假设窗口的两个对角顶点分别是(x_l, y_b)、(x_r, y_t)，则同时满足下列不等式的点(x, y)是要保留的点，否则就要被舍弃：

$$x_l \leqslant x \leqslant x_r，y_b \leqslant y \leqslant y_t$$

对直线段的裁剪算法是我们讨论的重点。

6.3.1 直线段裁剪算法

直线段的裁剪算法有很多，现在介绍常用的几种。

1. Cohen-Sutherland 算法

该算法的基本思想是：首先判断直线段是否全部在窗口内，若是，则保留；若不是，则再判断是否完全在窗口之外，如是，则舍弃。如果这两种情况都不属于，则将此直线段分割，对分割后的子线段再进行如前判断，直至所有直线段和由直线段分割出来的子线段都已经确定了是保留还是舍弃为止。

判断直线段对窗口的位置，可以通过判断直线段端点的位置来进行。为了方便起见，可以如图 6.18 所示，用窗口的四条边界及其延长线把整个平面分成九个区域，然后对这些区域用四位二进制代码进行编码，每一区域中的点采用同一代码。编码规则如下：如果该区域在窗口的上方，则代码的第一位为 1；如果该区域在窗口的下方，则代码的第二位为 1；如果该区域在窗口的右侧，则代码的第三位为 1；如果该区域在窗口的左侧，则代码的第四位为 1。根据此规则，就可以得到图 6.18 中所示代码。利用这些代码可以迅速地判明全部在窗口内的直线段和全部在窗口外的直线段。

该算法的基本步骤如下。

步骤 1　编码。设直线段的两个端点为 $P_1(x_1, y_1)$和 $P_2(x_2, y_2)$。根据前面所讲的编码规则，可以求出 P_1 和 P_2 所在区域的代码 c_1 和 c_2。

步骤 2　判别。根据 c_1 和 c_2 的具体值，可以有三种情况。

(1) $c_1=c_2=0$，这表明两端点全在窗口内，则整个直线段也在窗口内，应该保留，如图 6.19 中的 AB。

(2) $c_1 \times c_2 \neq 0$，这里的“×”是逻辑乘，即 c_1 和 c_2 至少有某一位同时为 1，表明两端点必定同处于某一边界的同一外侧，则整个直线段全在窗口外，应该舍弃，如图 6.19 中的 CD。

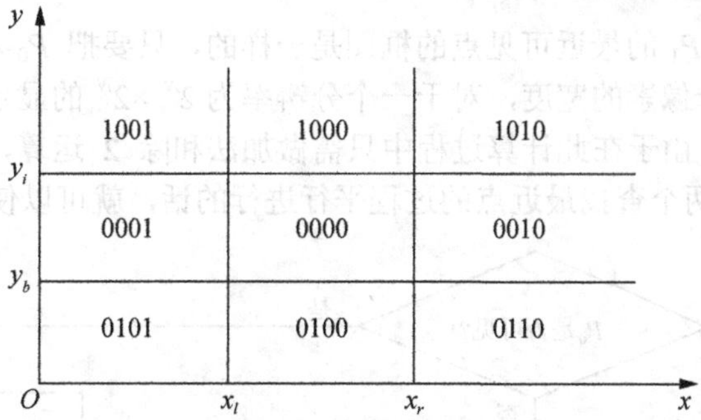

图 6.18　区域编码

(3) 如不属于上面两种情况，又可以分为以下三种情况。

① 一个端点在内，另一个端点在外，如图 6.19 中的 *EF*。

② 两个端点均在外，但直线段中部跨越窗口，如图 6.19 中的 *HI*。

③ 两个端点均在外，且直线段也在外，如图 6.19 中的 *JK*。

步骤 3　求交。对不能确定取舍的直线段，求其与窗口边界及其延长线的交点，从而将直线段分割。求交点时，可以有针对性地与某一确定边界求交。如图 6.19 中的直线段 *EF*，知 *E* 所在区域代码为 0001，*F* 所在区域代码为 0000，这表明 *E* 在窗口的左侧，而 *F* 不在左侧，则 *EF* 与 $x=x_l$ 必定相交。可求得交点 *E'*，从而可舍弃 *EE'*，而保留 *E'F*。

步骤 4　对剩下的线段 *E'F* 重复以上各步。可以验证，至多重复到第三遍的判断为止(如图 6.19 中的直线段 *HI*)，这时剩下的直线段或者全在窗口内，或者全在窗口外，从而完成了对直线段的裁剪。

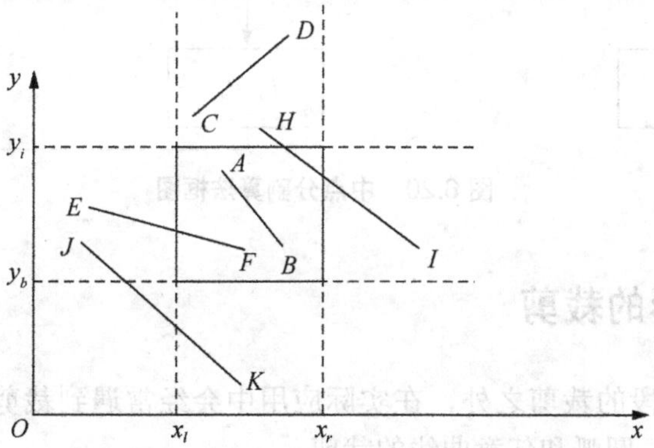

图 6.19　Cohen-Sutherland 裁剪算法的例子

2. 中点分割算法

如图 6.20 所示，设要裁剪的直线段为 P_0P_1。中点分割算法的基本思想如下：可分成两个过程平行进行，即从 P_0 点出发找出离 P_0 点最近的可见点(图 6.19 中的 *A* 点)，以及从 P_1 点出发找出离 P_1 点最近的可见点(图 6.19 中的 *B* 点)。这两个最近可见点的连线 *AB* 就是原直线段的可见部分。从 P_0 出发找最近可见点的方法是先求 P_0P_1 的中点 P_m，若 P_0P_m 不能定为显然不可见，则取 P_0P_m 代替 P_0P_1，否则取 P_mP_1 代替 P_0P_1，再对新的 P_0P_1 求中点。重复上述过程，直到 P_1P_m 长度小于给定的小数 ε 为止。图 6.20 是求 P_0 的最近可见点的算法框图。求 P_1 的最近可见点的框图是一样的，只要把 P_0 和 P_1 互换即可。在显示时，ε 可以取成一个像素的宽度，对于一个分辨率为 $2^N \times 2^N$ 的显示器来说，这个二分过程最多需要做 N 次。由于在此计算过程中只需做加法和除 2 运算，所以特别适合用硬件来实现。如果能够使两个查找最近点的过程平行进行的话，就可以使裁剪速度加快。

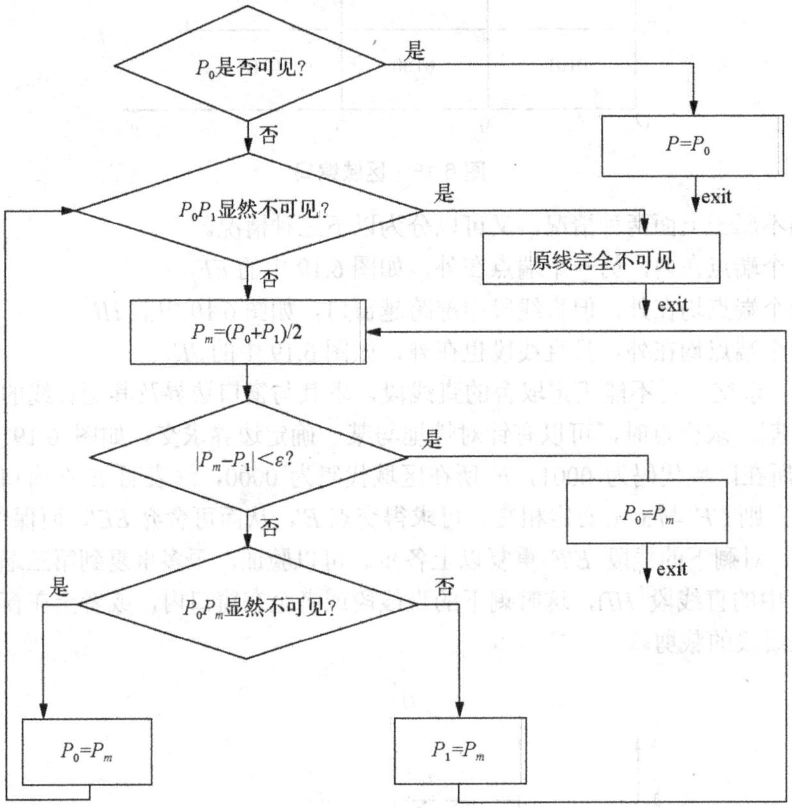

图 6.20　中点分割算法框图

6.3.2　其他图形的裁剪

除了对点和直线段的裁剪之外，在实际应用中会经常遇到裁剪其他图形的情况。例如，对字符、多边形、圆弧和任意曲线的裁剪。

对字符的裁剪可以采用几种方法。如果把字符的每一笔看成是由一条直线段或几条直线段组成的，那么就可以用直线段裁剪的方法去处理每一笔画，这样就得到了字符的裁剪方法。或者把包含一个字符的最小矩阵的中心或左下角在窗口外的字符认为不可见。也可以以一个字符串为单位来裁剪，如果包含字符串的最小矩形的中心或左下角在窗口外，则认为整个字符串为不可见。

对多边形的裁剪有其特殊性。只是采用对多边形的每一条边用对直线段裁剪的方法进行裁剪，并不能真正完成对多边形的裁剪。因为，在图形学中，多边形常被认为是一封闭多边形，它把平面分成多边形的内部和外部两部分。对多边形的裁剪结果要求仍是多边形，且原来在多边形内部的点也在裁剪后的多边形内部，在多边形外部的点也仍在裁剪后的多边形的外部。多边形裁剪后，一部分窗口的边界有可能成为裁剪后多边形的边界，而一个凹多边形裁剪后可能成为几个多边形，如图 6.21 所示。

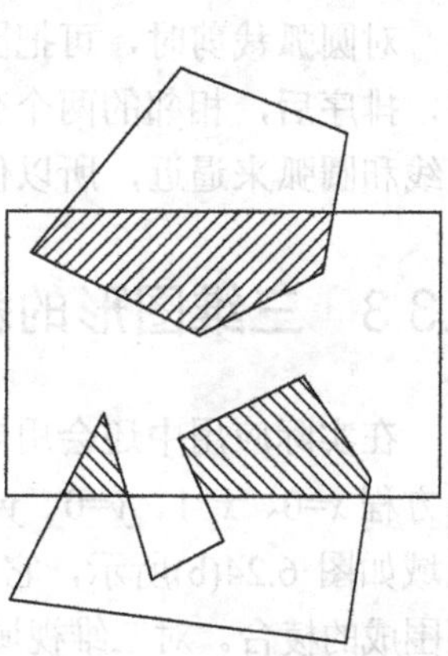

图 6.21　多边形的裁剪(图中阴影部分是裁剪结果)

对多边形的裁剪可以采用 Sutherland-Hodgman 算法，该算法十分简便，只要对多边形用窗口的四条边裁剪四次就可得到裁剪后的多边形，如图 6.22 所示。图 6.23 是这一算法的框图。设封闭多边形的顶点为 $P_1, P_2, \cdots, P_n$，框图中的 e 表示窗口的四条边中正在裁剪的一条边，每次裁剪时的第一个点存放在 F 中，以便对最后一条边裁剪时用。用图 6.23(a)中的算法对边 P_1P_2，P_2P_3，…，$P_{n-1}P_n$ 中的一条边做裁剪，用图 6.23(b)中的算法对最后一条边 P_nP_1 做裁剪。裁剪好一条边就输出一条边。该算法要对窗口的四条边用四次。算法执行完毕后，再将产生出来的不属于多边形的边去掉，就可以得到最后的裁剪结果。

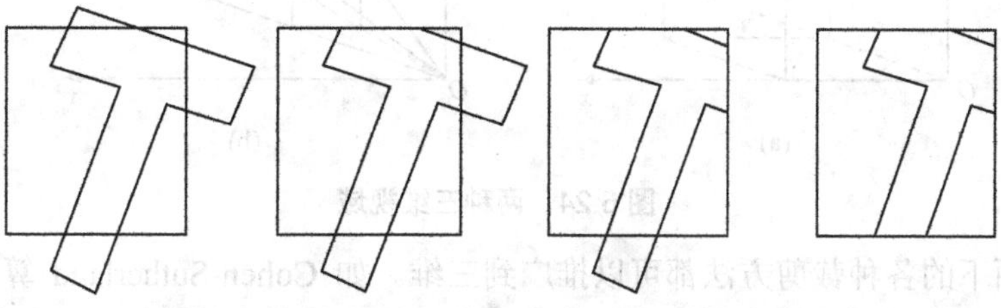

图 6.22　Sutherland-Hodgman 多边形裁剪算法

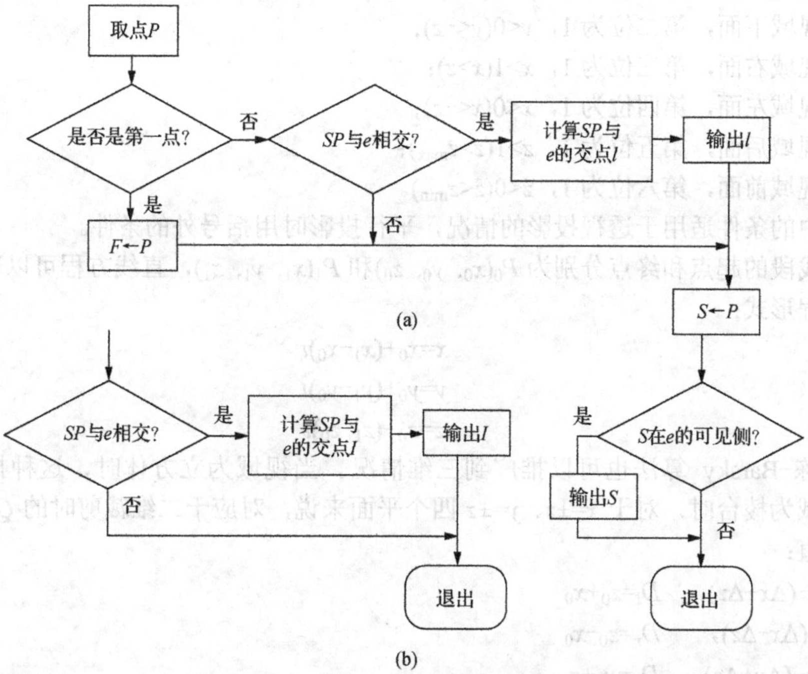

图 6.23　Sutherland-Hodgman 算法框图

对圆弧裁剪时，可把圆弧和窗口四条边的交点求出来，再按交点对圆心辐角的大小排序，排序后，相邻的两个交点决定了圆弧上一段可见或不可见的弧。由于任意曲线可以用直线和圆弧来逼近，所以任意曲线的裁剪问题可以转化为对直线或圆弧的裁剪。

6.3.3 三维图形的裁剪

在实际应用中还会用到对三维视域的裁剪。平行投影时的视域如图 6.24(a)所示，它是由方程 $x=0$、$x=1$、$y=0$、$y=1$、$z=0$ 和 $z=1$ 所代表的六个平面围成的立方体。透视投影时的视域如图 6.24(b)所示，它是由方程 $x=z$、$x=-z$、$y=z$、$y=-z$、$z=z_{min}$ 和 $z=1$ 所代表的六个平面围成的棱台。对三维视域的裁剪就是把视域内的图形保留下来，把视域外的部分裁剪掉。

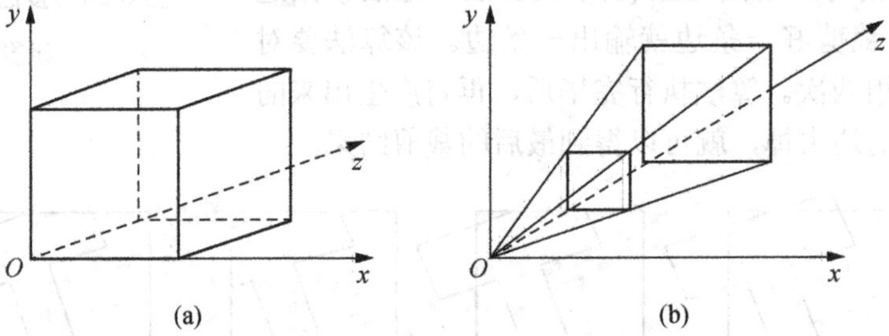

图 6.24　两种三维视域

二维平面下的各种裁剪方法都可以推广到三维。如 Cohen-Sutherland 算法推广至三维时，用于判断显然不可见的线段的编码应为六位，这六位的安排是：

点在视域上面，第一位为 1，$y>1(y>z)$；

点在视域下面，第二位为 1，$y<0(y<-z)$；

点在视域右面，第三位为 1，$x>1(x>z)$；

点在视域左面，第四位为 1，$x<0(x<-z)$；

点在视域后面，第五位为 1，$z>1(z>z_{max})$；

点在视域前面，第六位为 1，$z<0(z<z_{min})$。

括号中的条件适用于透视投影的情况，平行投影时用括号外的条件。

设直线段的起点和终点分别为 $P_0(x_0, y_0, z_0)$和 $P_1(x_1, y_1, z_1)$，直线方程可以表示成如下的参数方程形式：

$$x=x_0+(x_1-x_0)t$$
$$y=y_0+(y_1-y_0)t$$
$$z=z_0+(z_1-z_0)t$$

梁友栋-Barsky 算法也可以推广到三维情况。当视域为立方体时，这种推广是直接的。当视域为棱台时，对于 $x=\pm z$、$y=\pm z$ 四个平面来说，对应于二维裁剪时的 Q 值和 D 值可如下取值：

$Q_l=-(\Delta x+\Delta z)$，　$D_l=z_0+x_0$

$Q_r=(\Delta x-\Delta z)$，　$D_r=z_0-x_0$

$Q_b=-(\Delta y+\Delta z)$，　$D_b=y_0+z_0$

$Q_t=(\Delta y-\Delta z)$，　$D_t=z_0-y_0$

对 $z=z_{min}$ 和 $z=1$ 两个平面，相应的 Q 值和 D 值可如下取值：

$Q_f=-\Delta z$， $D_f=z_0-z_{min}$

$Q_{ba}=\Delta z$， $D_{ba}=1-z_0$

6.4 三维图形的输出流程

物体首先是定义在自己的模型坐标系中，经过模型变换，得到在世界坐标系中的表示方式，再经过世界坐标系到观察坐标系的观察变换，进一步得到在观察坐标系中的描述。

观察坐标系中的视见体(三维裁剪窗口)规定了物体的可见范围，裁剪后得到的物体被投影到投影平面上的窗口内，再由窗口到视区的变换，变换到屏幕坐标系中，扫描转换后显示出来。综上所述，得到三维图形的输出流程，如图 6.25 所示。

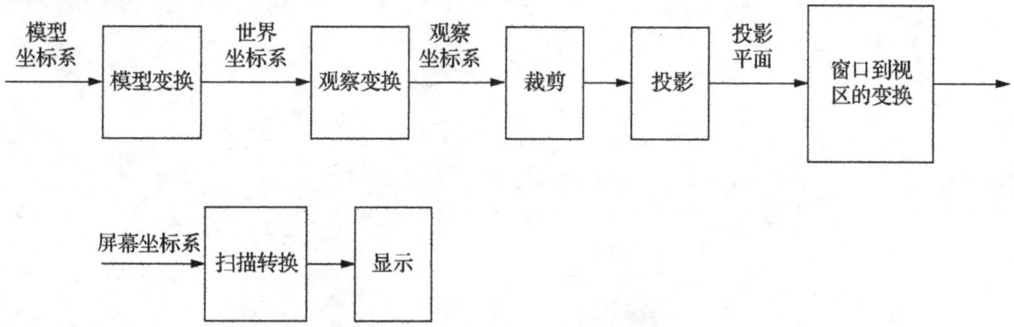

图 6.25 三维图形的输出流程

课 后 习 题

一、填空题

1. 正投影根据投影面与________的夹角又可分为两类：________和________。
2. 正轴测有等________、正二测和________三种。

二、选择题

下列关于投影面的说法正确的是(　　)。

A. 当投影面与三个坐标轴之间的夹角都相等时为正等测

B. 当投影面与两个坐标轴之间的夹角相等时为正二测

C. 当投影面与三个坐标轴之间的夹角都相等时为正三测

D. 当投影面与三个坐标轴之间的夹角都不相等时为正三测

三、简答题

1. 在给定旋转轴的特征及旋转角之后，如何完成对任意轴的旋转？
2. 请尝试简述斜投影的定义。

第7章 三维物体的表示

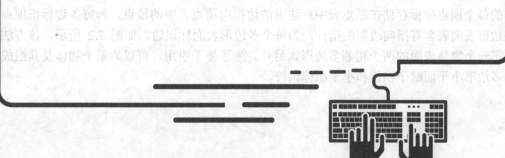

教学提示：要在计算机屏幕上产生一个三维物体的图像，首先必须在计算机内构造并表示，然后用本书中第 6 章讨论的投影变换及其真实感图形生成技术等在屏幕上产生图像。本章主要讨论三维空间中平面物体的表示、曲面的表示以及孔斯曲面、贝塞尔曲面和B样条曲面。

教学目标：学习完本章后，将掌握平面物体的表示、二次曲面的表示以及三个特殊的曲面：孔斯曲面、贝塞尔曲面和B样条曲面。

7.1 平面物体的表示

三维图形物体中运用边界表示的最普遍的方式是使用一组包围物体内部的表面多边形。很多图形系统以一组表面多边形来存储物体的描述。由于所有表面以线性方程形式加以描述，因此会简化并加速物体的表面绘制和显示。基于这个原因，通常将多边形描述为“标准图形物体”。在某些情况下，多边形表示是唯一可用的，但很多图形软件包也允许以其他方法对物体加以描述，如样条曲面，将其转换为多边形表示后再加以处理。多面体的多边形表示精确地定义了物体的表面特征。但对于其他物体，表面将嵌入(平铺)物体中以生成多边形网格逼近。图 7.1 所示为以多边形网格表示的圆柱体表面。由于可以快速地显示线框轮廓，从而概要地说明表面结构，因此，这种表示在设计和实体模型应用中被普遍采用。通过沿多边形表面进行明暗处理来消除或减少多边形边界，从而实现真实性绘制。曲面上采用的多边形网格逼近，可以通过将曲面分解成更小的多边形平面加以改进。

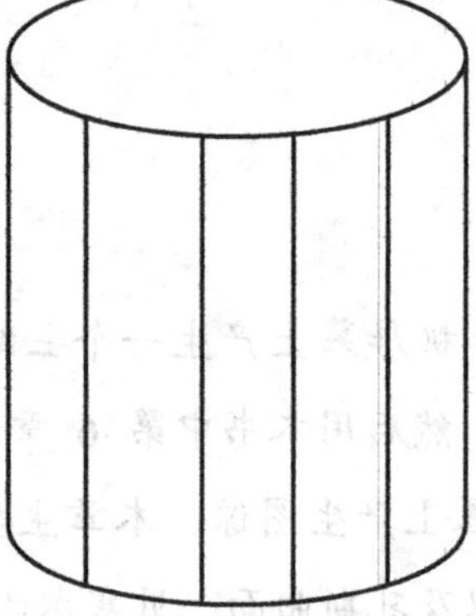

图 7.1　去除背面(隐藏)线的圆柱体的线框表示

7.1.1　多边形表

使用顶点坐标集和相应属性参数可以给定一个多边形表面。输入每个多边形的信息后，将这些信息存放在多边形数据表中，以便以后用于对场景中物体的处理、显示和管理。多边形数据表可分为两个表来组织：几何表和属性表。几何表包括顶点坐标和用来标识多边形表面空间方向的参数，属性表包括指明物体透明度及表面反射度的参数和纹理特征。存储几何数据的一种方便的方法是建立三个表：顶点表、边表和多边形表面表。物体中的每个顶点坐标存储在顶点表中；边表的边指向顶点表中的顶点，为每条边标识顶点；多边形表面表含有指向边表的指针，为每个多边形表面标识边。如图 7.2 所示，该方法阐述了一个物体表面的两个相邻多边形。另外，为了便于引用，可以为单个物体及其组成中的多边形小平面赋予物体和小平面标识符。

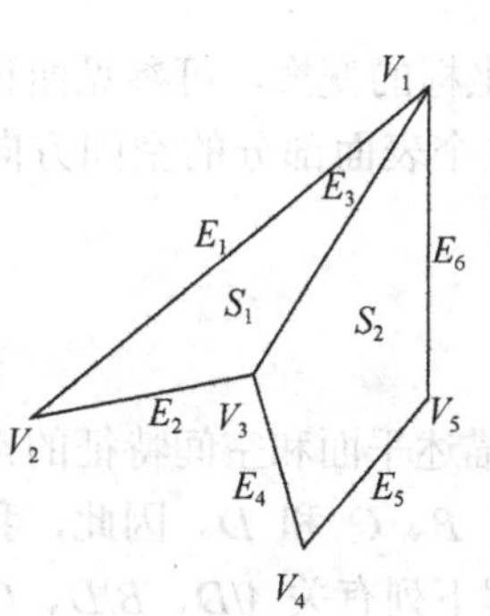

VERTEX TABLE	EDGE TABLE	POLYGON-SURFACE TABLE
V_1: x_1, y_1, z_1 V_2: x_2, y_2, z_2 V_3: x_3, y_3, z_3 V_4: x_4, y_4, z_4 V_5: x_5, y_5, z_5	E_1: V_1, V_2 E_2: V_2, V_3 E_3: V_3, V_1 E_4: V_3, V_4 E_5: V_4, V_5 E_6: V_5, V_1	S_1: E_1, E_2, E_3 S_2: E_3, E_4, E_5, E_6

图 7.2　两个相邻多边形小平面的几何数据表表示

另一种方法是仅用两张表：顶点表和多边形表。但这种方法不方便，某些边可能要画两次。还有一种方法是只用一张边表，但由于每个多边形中的每个顶点的坐标值都需要列出，因此坐标信息有重复，而且边信息也肯定由多边形表中的顶点重复地构造。为了加快信息的存取，可将边表扩充成包括指向多边形表面表的指针，这样两个多边形的公共边可以很快地标识，如图 7.3 所示。这对于在明暗处理时，需要跨越一边的两个多边形之间平滑过渡的绘制程序特别有利。类似地，可扩充顶点表可以从顶点指引到相应的边。

E_1: V_1, V_2, S_1
E_2: V_2, V_3, S_1
E_3: V_3, V_1, S_1, S_2
E_4: V_3, V_4, S_2
E_5: V_4, V_6, S_2
E_6: V_5, V_1, S_2

图 7.3　图 7.2 中表面的边表扩充成包含指向多边形表的指针

通常存储在数据表中的附加几何信息包括边的斜率和每个多边形的坐标内容。一旦顶点输入后，可以很快计算出斜率，通过扫描坐标值可以很快计算出每个多边形 x、y、z 的最小值和最大值。多边形的边斜率和边界框在以后的处理中有用，如面的绘制。坐标内容也用于一些可见面的判别算法中。

由于几何数据表中可以包含复杂物体中顶点和边的扩充列表，因此数据的一致性检查和完整性检查是非常必要的。当顶点、边及多边形被指定后，某些输入错误有可能导致物体显示失真。包含在数据表中的信息越多，就越容易检查错误。使用三张表(顶点表、边表和多边形表面表)的方案因提供了更多信息，而使错误检查更方便。可以由图形软件包完成的测试有：①每个顶点至少是两条边的端点；②每条边至少是一个多边形的一部分；③每个多边形是封闭的；④每个多边形至少有一条公共边；⑤如果边表包含对多边形的指针，每一个被多边形指针引用的边有一个逆指针指回到多边形。

7.1.2　平面方程

为了产生三维物体显示，必须通过几个程序对输入的数据表加以处理。这些处理步骤包括从建模坐标和世界坐标到观察坐标的变换，然后到设备坐标的变换，可参见面识别、绘制程序的应用。对上述处理步骤来说，需要有关物体上单个表面部分的空间方向的信息。这一信息来源于顶点坐标值和多边形所在的平面方程。

平面方程可以表示如下：

$$Ax+By+Cz+D=0 \tag{7.1}$$

其中，(x,y,z)是平面的任意点，系数 A、B、C 和 D 是描述平面和空间特征的常数。从平面中三个不共线点的坐标值得到三个方程可求出系数 A、B、C 和 D。因此，我们选择三个顺序多边形顶点(x_1, y_1, z_1)、(x_2, y_2, z_2)、(x_3, y_3, z_3)，解下列有关 A/D、B/D、C/D 的线性平面方程：

$$(A/D)x_k+(B/D)y_k+(C/D)z_k=-1 \quad k=1,2,3 \tag{7.2}$$

运用 Cramer 规则，可解出系数 A、B、C 和 D，用行列式表示如下：

$$A=\begin{vmatrix}1 & y_1 & z_1\\1 & y_2 & z_2\\1 & y_3 & z_3\end{vmatrix} \qquad B=\begin{vmatrix}x_1 & y_1 & z_1\\x_2 & y_2 & z_2\\x_3 & y_3 & z_3\end{vmatrix}$$
$$C=\begin{vmatrix}x_1 & y_1 & 1\\x_2 & y_2 & 1\\x_3 & y_3 & 1\end{vmatrix} \qquad D=-\begin{vmatrix}x_1 & y_1 & z_1\\x_2 & y_2 & z_2\\x_3 & y_3 & z_3\end{vmatrix} \tag{7.3}$$

展开行列式，平面方程中的系数为

$$\begin{aligned}A &= y_1(z_2-z_3)+y_2(z_3-z_1)+y_3(z_1-z_2)\\B &= z_1(x_2-x_3)+z_2(x_3-x_1)+z_3(x_1-x_2)\\C &= x_1(y_2-x_3)+x_2(y_3-y_1)+x_3(y_1-y_2)\end{aligned} \tag{7.4}$$

因此，一旦顶点值和其他信息输入多边形数据结构中，系数 A、B、C 和 D 的值就可算出并同其他多边形数据一起存储。平面的空间方向用平面的法向量来表示，如图 7.4 所示。平面法向量的笛卡儿分量为(A, B, C)，其中，A、B、C 是方程(7.4)中所计算的平面方程系数。

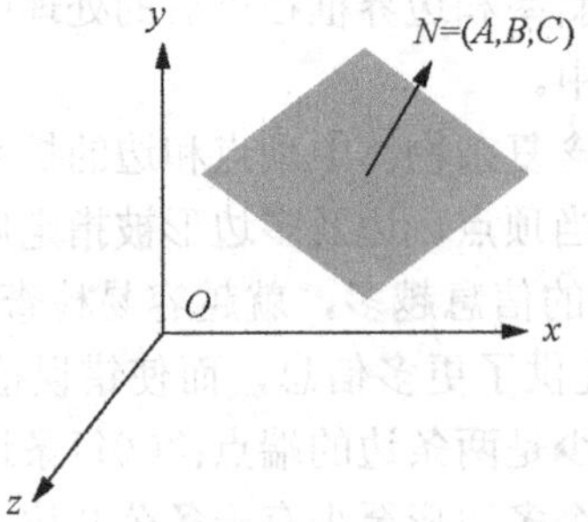

图 7.4　向量 N 垂直于以方程 $Ax+By+Cz+D=0$ 表示的平面，分量为(A,B,C)

因为我们通常讨论的是包含物体内部的多边形平面，所以需要区分平面的两个侧面。面向物体内部的一面为“内侧”面，向外的面为“外侧”面。如果多边形顶点指定为逆时针方向，则在右手系统中观察平面的外侧时，法向量方向由里向外。图 7.5 示例了一个单位立方体中的一个平面。[阴影多边形表面的平面方程为 $x-1=0$，法向量为 $N=(1,0,0)$。]

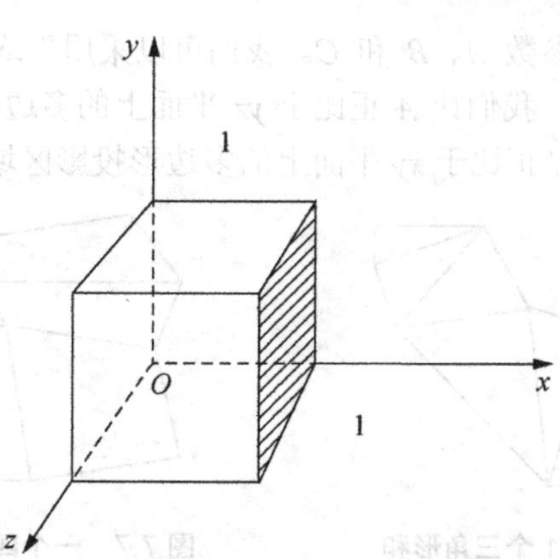

图 7.5　单位立方体中的一个平面

为了决定图中阴影面的法向量分量，我们选择多边形边界中四个顶点中的三个。沿从立方体里面向外面的方向以逆时针方向排列三点。对这些有序的顶点坐标，运用方程(7.4)计算平面系数：$A=1$，$B=0$，$C=0$，$D=-1$。这样，该平面的法向量指向 x 轴的正向。

平面法向量也可以通过向量叉积得到。选三个顶点 V_1、V_2 和 V_3，同样，从里向外以右手系逆时针方向，形成两个向量，一个从 V_1 到 V_2，另一个从 V_1 到 V_3，以叉积计算 N:

$$N=(V_2-V_1)\times(V_3-V_1) \tag{7.5}$$

可得出平面参数 A、B 和 C。只要将多边形顶点之一的坐标值代入方程(7.1)，即可求出参数 D。给出平面的法向量 N 和平面上任一点 P，平面方程可以以向量形式表示：

$$NP=-D \tag{7.6}$$

平面方程也可用来鉴定空间上的点与物体平面的位置关系，对不在平面上的点(x, y, z)有：

$$Ax+By+Cz+D\neq 0$$

我们根据 $Ax+By+Cz+D$ 的符号来判定点在面的内部或外部：如果 $Ax+By+Cz+D<0$，则点在面的内部；如果 $Ax+By+Cz+D>0$，则点在面的外部。

利用以逆时针顺序选择的顶点，一旦参数 A、B、C 和 D 算出，这种不等式测试是十分有效的。

7.1.3　多边形网格

一些图形包(如 PHIGS)提供了对物体建模的几个多边形函数。一个单独的平面可以由诸如填充区域函数来指定，但当物体表面是拼接而成时，用网格函数来给出表面片会更方便一些。多边形网格的一个类型是三角形带，给出 n 个顶点值时产生 $n-2$ 个三角形带。该函数在给出 n 个顶点坐标时产生 $n-2$ 个连接的三角形，如图 7.6 所示。一个类似的函数是四边形网格，给出 n 行 m 列顶点，产生$(n-1)\times(m-1)$个四边形网格。图 7.7 表示了 20 个顶点形成 12 个四边形的网格。

如果多边形的顶点数多于三个，它们就有可能不在一个平面上。原因可能是由于数字错误或顶点的坐标位置选错。处理这一情况的一种方法是简单地将多边形分成三角形。另一个可选方法是估算平面参数 A、B 和 C。我们可以采用平均方法或将多边形投影到坐标平面上。运用投影方法时，我们让 A 正比于 yz 平面上的多边形投影区域，B 正比于 xz 平面上的多边形投影区域，C 正比于 xy 平面上的多边形投影区域。

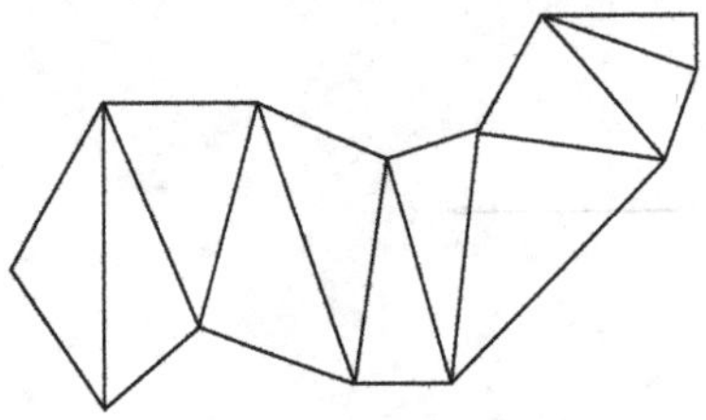

图 7.6 三角形带由 11 个三角形和 13 个顶点相连而成

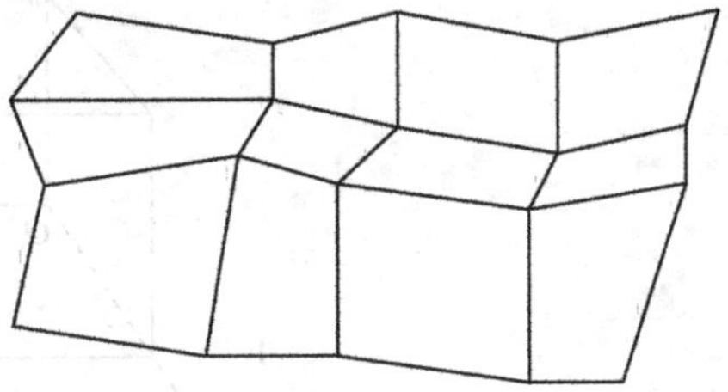

图 7.7 一个四边形网格含有 12 个四边形(由 5×4 个顶点组成)

高性能的图形系统一般使用多边形网格，并且建立几何及属性信息数据库以方便处理多边形面片来对物体建模。这些系统中结合了快速硬件实现的多边形绘制器，可以在一秒内有能力显示成千上万甚至上百万个阴影多边形(通常是三角形)，以及包括表面纹理和特殊光照效果的应用。

7.2 二次曲面

二次曲面是一类常用的物体，这类表面使用二次方程进行描述，其中包括球面、椭球面、环面、抛物面和双曲面。二次曲面，尤其是球面和椭球面，是最基本的图形场景，经常作为图元而用于图形软件包中，由此可以构造更复杂的物体。

7.2.1 球面

在笛卡儿坐标系中，中心在原点、半径为 r 的球面定义为满足下列方程的点集(x,y,z):

$$x^2+y^2+z^2=r^2 \tag{7.7}$$

我们也可以使用参数形式来描述球面，即使用纬度和经度(见图 7.8):

$$\begin{aligned} x &= r\cos\varphi\cos\theta \qquad -\frac{\pi}{2}\leqslant\varphi\leqslant\frac{\pi}{2} \\ y &= r\cos\varphi\sin\theta \qquad -\pi\leqslant\theta\leqslant\pi \\ z &= r\sin\varphi \end{aligned} \tag{7.8}$$

方程(7.8)的参数表达式中，角度参数 θ 和 φ 的范围是对称的。另外，可以利用标准球面坐标来写出参数方程，这里的角度 φ 指定为余纬度(见图 7.9)。这样，$0\leqslant\varphi\leqslant\pi$，$0\leqslant\theta\leqslant2\pi$。也可以使用取值范围在 0 和 1 之间的参数 u、v 来代替 φ、θ，即 $\varphi=\pi u$，$\theta=2\pi v$。

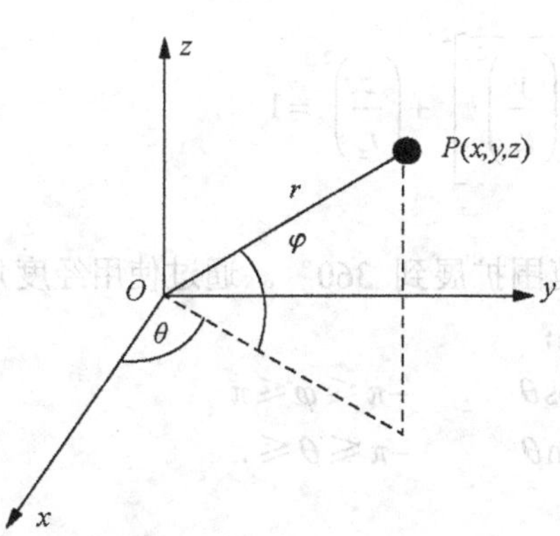

图 7.8　参数坐标位置(r,θ,φ)在半径为 r 的球面上

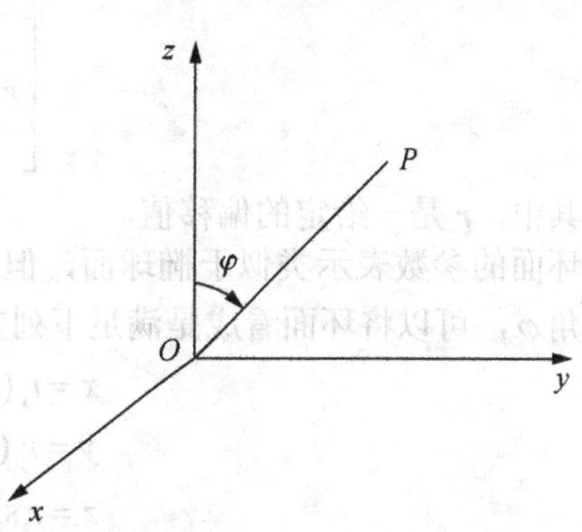

图 7.9　球面坐标参数(r,θ,φ)

7.2.2　椭球面

椭球面可以被看成是球面的扩展，其中三条相互垂直的半径具有不同的值(见图 7.10)。椭球面中心在原点的笛卡儿表达式为

$$\left(\frac{x}{r_x}\right)^2+\left(\frac{y}{r_y}\right)^2+\left(\frac{z}{r_z}\right)^2=1 \tag{7.9}$$

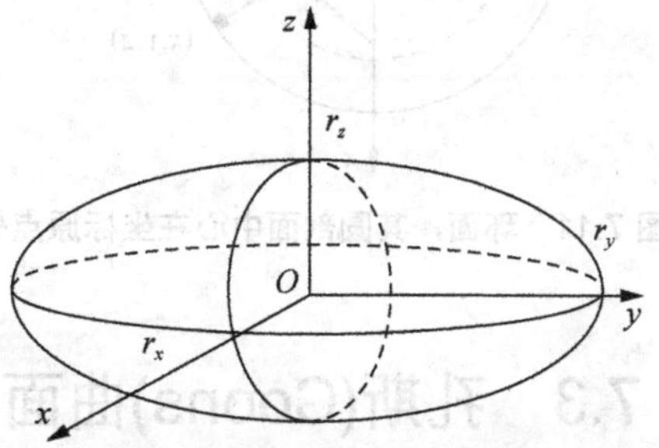

图 7.10　中心在原点，半径为 r_x, r_y, r_z 的椭球面

图 7.10 中，使用纬度角φ和经度角θ所表示的参数方程为

$$\begin{aligned} x &= r_x\cos\varphi\cos\theta \qquad -\frac{\pi}{2}\leqslant\varphi\leqslant\frac{\pi}{2} \\ y &= r_y\cos\varphi\cos\theta \qquad -\pi\leqslant\theta\leqslant\pi \\ z &= r_z\sin\varphi \end{aligned} \tag{7.10}$$

7.2.3　环面

环面是轮胎状的物体，如图 7.11 所示。将圆或其他二次曲面绕指定轴旋转，可以形成环面。环面上点的笛卡儿表达式可写成下列形式：

$$\left[r-\sqrt{\left(\frac{x}{r_x}\right)^2+\left(\frac{y}{r_y}\right)^2}\right]^2+\left(\frac{z}{r_z}\right)^2=1 \tag{7.11}$$

其中，r 是一给定的偏移值。

环面的参数表示类似于椭球面，但角度 φ 的范围扩展到 360°。通过使用经度角 θ 和纬度角 φ，可以将环面看成是满足下列方程的解集：

$$\begin{aligned} x&=r_x(r+\cos\varphi)\cos\theta \qquad -\pi\leqslant\varphi\leqslant\pi \\ y&=r_y(r+\cos\varphi)\sin\theta \qquad -\pi\leqslant\theta\leqslant\pi \\ z&=r_z\sin\varphi \end{aligned} \tag{7.12}$$

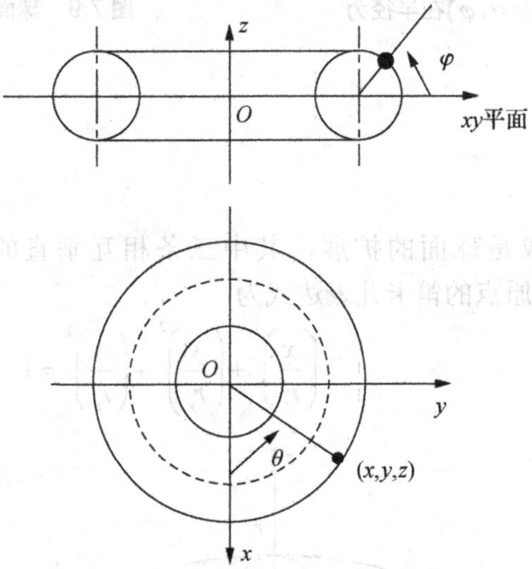

图 7.11 环面，其圆剖面中心在坐标原点处

7.3 孔斯(Coons)曲面

1964 年 S. A. Coons 将 Hermite 多项式所描述的处理曲线的方法推广用以处理曲面，提出一种曲面分片、拼合造型的思想。他用四条边界构造曲面片，并通过叠加修正曲面片，产生满足用户需要的曲面。

7.3.1 第一类 Coons 曲面

第一类 Coons 曲面又称为双线性 Coons 曲面或简单曲面，是通过四条边界曲线构成曲面。

若给定四条边界曲线 $P(u,0)$、$P(u,1)$、$P(0,w)$、$P(1,w)$，且 u、$w\in[0,1]$，则对这四条边界曲线进行插值，便可构造出双线性 Coons 曲面。具体步骤如下。

步骤 1 对 $P(0,w)$、$P(1,w)$在 u 向进行线性插值，得到如图 7.12 所示的直纹面。

$$P_1(u,w)=(1-u)P(0,w)+uP(1,w)=[(1-u),u]\begin{bmatrix}P(0,w)\\P(1,w)\end{bmatrix}\quad u、w\in[0,1]\qquad(7.13)$$

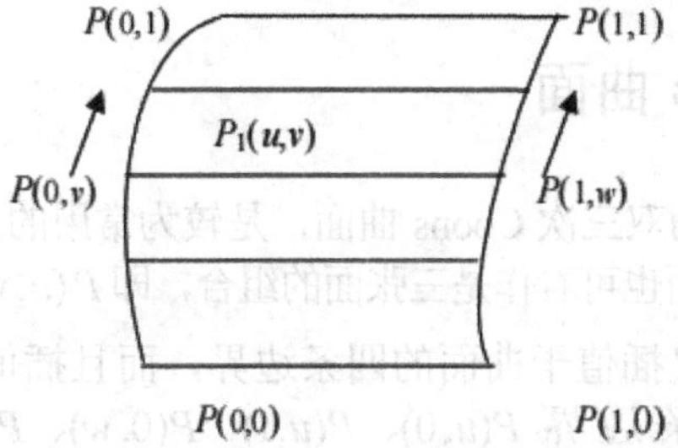

图 7.12　对 $P(0,w)$、$P(1,w)$在 u 向进行线性插值的直纹面

步骤 2　对 $P(u,0)$、$P(u,1)$在 w 向进行线性插值，得到如图 7.13 所示的直纹面。

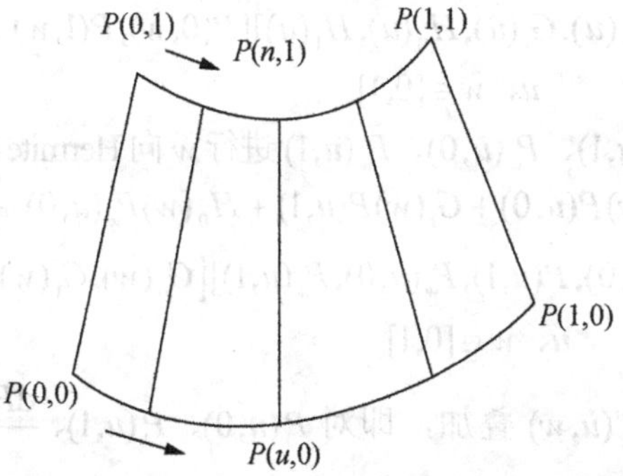

图 7.13　对 $P(u,0)$、$P(u,1)$在 w 向进行线性插值的直纹面

步骤 3　将以上两张直纹面叠加，即对 $P_1(u,0)$、$P_1(u,1)$进行 w 向的线性插值，或对 $P_2(0,w)$、$P_2(1,w)$进行 u 向的线性插值，即可得到一张新曲面 $P_3(u,w)$，易知该曲面是过 $P(0,0)$、$P(0,1)$、$P(1,0)$、$P(1,1)$的直纹面。

现以对 $P_1(u,0)$、$P_1(u,1)$进行 w 向的线性插值为例来构造 $P_3(u,w)$的公式：

$$\begin{aligned}P_3(u,w)&=(1-w)[(1-u)P(0,0)+uP(1,0)]+w[(1-u)P(0,1)+uP(1,1)]\\&=(1-u)(1-w)P(0,0)+u(1-w)P(1,0)+(1-u)wP(0,1)+uwP(1,1)\\&=[(1-u),u]\begin{bmatrix}P(0,0)&P(0,1)\\P(1,0)&P(1,1)\end{bmatrix}\begin{bmatrix}(1-w)\\w\end{bmatrix}\\&\quad u、w\in[0,1]\end{aligned}$$

则用四条边界曲线构造的曲面 $P(u,w)=P_1(u,w)+P_2(u,w)-P_3(u,w)$，可写成：

$$P(u,w)=-[-1,u,(1-u)]\begin{bmatrix}0&P(u,0)&P(u,1)\\P(0,w)&P(0,0)&P(0,1)\\P(1,w)&P(1,0)&P(1,1)\end{bmatrix}\begin{bmatrix}-1\\w\\(1-w)\end{bmatrix}\quad u、w\in[0,1]\qquad(7.14)$$

容易验证，它满足插值条件，即为所求的双线性 Coons 曲面。若记上式中间的矩阵为 C_1，则它的各个元素的几何意义如下：

$$C_1=\begin{bmatrix}0 & u\text{向边界线}\\ w\text{向边界线} & \text{四个角点}\end{bmatrix}_{3\times 3}$$

7.3.2 第二类 Coons 曲面

第二类Coons曲面又称为双三次Coons曲面，是较为常用的Coons曲面。与第一类Coons曲面一样，第二类 Coons 曲面也可看作是三张面的组合，即 $P_1(u,w)+P_2(u,w)-P_3(u,w)$。区别在于第二类 Coons 曲面不仅插值于曲面的四条边界，而且插值于给定边界的斜率。

若已知该曲面的四条边界 $P(u,0)$、$P(u,1)$、$P(0,w)$、$P(1,w)$ 及边界上的切矢量 $P_w(u,0)$、$P_w(u,1)$、$P_u(0,w)$、$P_u(1,w)$、$P_w(u,0)$，则利用 Hermite 插值即可构造双三次 Coons 曲面 $P(u,w)$，u、$w\in[0,1]$，步骤如下。

步骤1 对 $P(0,w)$、$P(1,w)$、$P_u(0,w)$、$P_u(1,w)$ 进行 u 向Hermite插值，得到曲面片 $P_1(u,w)$:

$$\begin{aligned}P_1(u,w)&=G_0(u)P(0,w)+G_1(u)P(1,w)+H_0(u)P_u(0,w)+H_1(u)P_u(1,w)\\&=[G_0(u),G_1(u),H_0(u),H_1(u)][P(0,w),P(1,w),P_u(0,w),P_u(1,w)]^{\mathrm{T}}\end{aligned} \tag{7.15}$$

u、$w\in[0,1]$

步骤2 对 $P(u,0)$、$P(u,1)$、$P_w(u,0)$、$P_w(u,1)$ 进行 w 向Hermite插值，得到曲面片 $P_2(u,w)$:

$$\begin{aligned}P_2(u,w)&=G_0(w)P(u,0)+G_1(w)P(u,1)+H_0(w)P_w(u,0)+H_1(w)P_w(u,1)\\&=[P(u,0),P(u,1),P_w(u,0),P_w(u,1)]\big[G_0(w),G_1(w),H_0(w),H_1(w)\big]^{\mathrm{T}}\end{aligned} \tag{7.16}$$

u、$w\in[0,1]$

步骤3 将 $P_1(u,w)$、$P_2(u,w)$ 叠加，即对 $P_1(u,0)$、$P_1(u,1)$、$\left.\frac{\mathrm{d}P_1(u,w)}{\mathrm{d}w}\right|_{w=0}$、$\left.\frac{\mathrm{d}P_1(u,w)}{\mathrm{d}w}\right|_{w=1}$ 进行 w 向 Hermite 插值，或对 $P_2(0,w)$、$P_2(1,w)$、$\left.\frac{\mathrm{d}P_2(u,w)}{\mathrm{d}u}\right|_{u=0}$、$\left.\frac{\mathrm{d}P_2(u,w)}{\mathrm{d}u}\right|_{u=1}$ 进行 u 向的 Hermite 插值，得到曲面片 $P_3(u,w)$。

现以 $P_1(u,0)$、$P_1(u,1)$、$\left.\frac{\mathrm{d}P_1(u,w)}{\mathrm{d}w}\right|_{w=0}$、$\left.\frac{\mathrm{d}P_1(u,w)}{\mathrm{d}w}\right|_{w=1}$ 进行 w 向 Hermite 插值为例来构造曲面片 $P_3(u,w)$:

$$\begin{aligned}P_3(u,w)&=G_0(w)P_1(u,0)+G_1(w)P_1(u,1)+H_0(w)\left.\frac{\mathrm{d}P_1(u,w)}{\mathrm{d}w}\right|_{w=0}+H_1(w)\left.\frac{\mathrm{d}P_1(u,w)}{\mathrm{d}w}\right|_{w=1}\\&=[G_0(u),G_1(u),H_0(u),H_1(u)]\begin{bmatrix}P(0,0)&P(0,1)&P_w(0,0)&P_w(0,1)\\P(1,0)&P(1,1)&P_w(1,0)&P_w(1,1)\\P_u(0,0)&P_u(0,1)&P_{uw}(0,0)&P_{uw}(0,1)\\P_u(1,0)&P_u(1,1)&P_{uw}(1,0)&P_{uw}(1,1)\end{bmatrix}\begin{bmatrix}G_0(w)\\G_1(w)\\H_0(w)\\H_1(w)\end{bmatrix}\end{aligned} \tag{7.17}$$

u、$w\in[0,1]$

则满足已知边界和边界切矢的曲面：$P(u,w)=P_1(u,w)+P_2(u,w)-P_3(u,w)$，其矩阵形式

$$P(u,w)=-[-1,G_0(u),G_1(u),H_0(u),H_1(u)]\times$$

$$\begin{bmatrix} 0 & P(u,0) & P(u,1) & P_w(u,0) & P_w(u,1) \\ P(0,w) & P(0,1) & P(0,1) & P_w(0,0) & P_w(0,1) \\ P(1,w) & P(1,0) & P(1,1) & P_w(1,0) & P_w(1,1) \\ P_u(0,w) & P_u(0,0) & P_u(0,1) & P_{uw}(0,0) & P_{uw}(0,1) \\ P_u(1,w) & P_u(1,0) & P_u(1,1) & P_{uw}(1,0) & P_{uw}(1,1) \end{bmatrix}\times\begin{bmatrix} -1 \\ G_0(w) \\ G_1(w) \\ H_0(w) \\ H_1(w) \end{bmatrix} \tag{7.18}$$

u、$w\in[0,1]$

容易验证，$P(u,w)$ 满足插值条件。记上式中间的 5×5 矩阵为 C_5，它的各个元素的几何意义如下(见图 7.14)：

$$C_5=\begin{bmatrix} 0 & u\text{向边界线} & u\text{向边界线上的}w\text{向切矢量} \\ w\text{向边界线} & \text{角点位置矢量} & \text{角点}w\text{向切矢量} \\ w\text{向边界线上的}u\text{向切矢量} & \text{角点}u\text{向切矢量} & \text{角点的扭矢量} \end{bmatrix}_{5\times5}$$

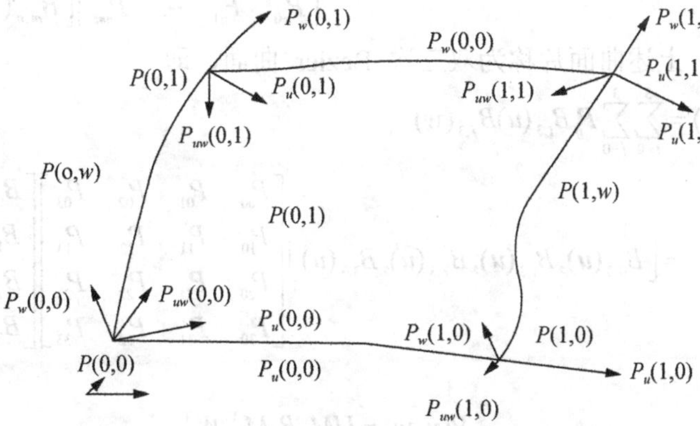

图 7.14　双三次 Coons 曲面 *P*(*u*, *w*)

其中，$P_{uw}(u,w)$ 为混合切矢量度量了曲面 $P(u,w)$ 在 u 向的切矢量沿 w 向的变化率，是曲面扭曲程度的一种度量，也称为扭矢量。

7.4　贝塞尔(Bezier)曲面

7.4.1　Bezier 曲面的定义

给定空间的$(m+1)\times(n+1)$个点 $P_{ij}(i=0,1,\cdots,m;\ j=0,1,\cdots,n)$，称如下形式的张量积参数曲面为 $m\times n$ 次的 Bezier 曲面：

$$P(u,w)=\sum_{i=0}^{m}\sum_{j=0}^{n}P_{ij}B_{i,m}(u)B_{j,n}(w)\quad u\text{、}w\in[0,1] \tag{7.19}$$

其中，$B_{i,m}(u)=C^i{}_m u^i(1-u)^{m-i}$，$B_{j,n}(w)=C^i{}_n w^j(1-w)^{n-j}$ 是 Bernstein 基函数。P_{ij} 称为控制点，依次用线段连接各个控制点 $P_{ij}(i=0,1,\cdots,m;\ j=0,1,\cdots,n)$中相邻两点所形成的空间网络称为控制网格，如图 7.15 所示。

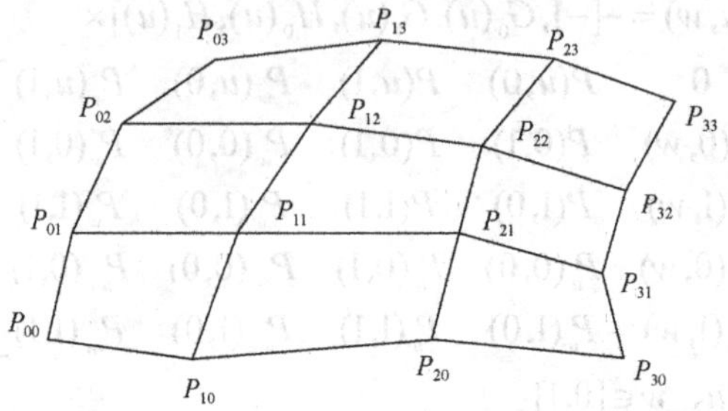

图 7.15　3×3 次 Bezier 曲面的控制网格与控制点

Bezier 曲面的矩阵表达式为

$$P(u,w)=[B_{0,m}(u),B_{1,m}(u),\cdots,B_{n,m}(u)]\begin{bmatrix}P_{00} & P_{01} & \cdots & P_{0m}\\ P_{10} & P_{11} & \cdots & P_{1m}\\ \vdots & \vdots & \vdots & \vdots\\ P_{n0} & P_{n1} & \cdots & P_{nm}\end{bmatrix}\begin{bmatrix}B_{0,n}(w)\\ B_{1,n}(w)\\ \vdots\\ B_{m,n}(w)\end{bmatrix} \tag{7.20}$$

当 m=n =3 时，上述曲面片称为双三次 Bezier 曲面，即

$$P(u,w)=\sum_{i=0}^{3}\sum_{j=0}^{3}P_{ij}B_{i,3}(u)B_{j,3}(w)$$

$$=\left[B_{0,3}(u),B_{1,3}(u),B_{2,3}(u),B_{3,3}(u)\right]\begin{bmatrix}P_{00} & P_{01} & P_{02} & P_{03}\\ P_{10} & P_{11} & P_{12} & P_{13}\\ P_{20} & P_{21} & P_{22} & P_{23}\\ P_{30} & P_{31} & P_{32} & P_{33}\end{bmatrix}\begin{bmatrix}B_{0,3}(w)\\ B_{1,3}(w)\\ B_{2,3}(w)\\ B_{3,3}(w)\end{bmatrix} \tag{7.21}$$

其矩阵表示为

$$P(u,w)=UM_zB_zM^{\mathrm{T}}{}_zW^{\mathrm{T}} \tag{7.22}$$

其中

$$U=[u^3\quad u^2\quad u\quad 1]$$

$$W=[w^3\quad w^2\quad w\quad 1]$$

$$M_z=\begin{bmatrix}1 & 3 & -3 & 1\\ 3 & -6 & 3 & 0\\ -3 & 0 & 3 & 0\\ 1 & 4 & 1 & 0\end{bmatrix}$$

B_z 阵是该曲面特征网格 16 个控制顶点的几何位置矩阵，其中，在 P_{00}、P_{03}、P_{30}、P_{33} 曲面片的角点处，B_z 阵四周的 12 个控制顶点定义了四条 Bezier 曲线，即为曲面片的边界曲线，B_z 阵中央的四个控制点 P_{11}、P_{12}、P_{21}、P_{22} 与边界曲线无关，但也影响曲面的形状。

7.4.2　Bezier 曲面的性质

(1)　角点位置。

Bezier 曲面的四个角点分别是其控制网格的四个角点，即

$$P(0,0)=P_{00},\ P(0,1)=P_{0n},\ P(1,0)=P_{m0},\ P(1,1)=P_{mn}$$

(2) 边界线。

$P(u,w)$ 的四条边界线是 Bezier 曲线，其表达式分别为

$$
\begin{aligned}
P(u,0) &= \sum_{i=0}^{m} P_{i0} B_{i,m}(u) \qquad u \in [0,1] \\
P(u,1) &= \sum_{i=0}^{m} P_{in} B_{i,m}(u) \qquad u \in [0,1] \\
P(0,w) &= \sum_{j=0}^{n} P_{0j} B_{j,n}(w) \qquad w \in [0,1] \\
P(1,w) &= \sum_{j=0}^{n} P_{mj} B_{j,n}(w) \qquad w \in [0,1]
\end{aligned}
\tag{7.23}
$$

(3) 角点切平面。

在角点 P_{00} 处，曲面的 u 向切矢量和 w 向切矢量分别为 $m(P_{10}-P_{00})$和$n(P_{01}-P_{00})$，从而曲面在该点的切平面即为P_{00}、P_{10}、P_{01}三个控制顶点确定的平面。同理，曲面在另外三个角点处的切平面分别由$P_{m0}P_{(m-1)0}P_{m1}$、$P_{0n}P_{1n}P_{0(n-1)}$、$P_{mn}P_{(m-1)n}P_{m(n-1)}$确定。

(4) 角点法矢量。

类似于角点切平面的讨论，得到曲面在四个角点处的法矢量分别为$mn(P_{10}-P_{00})\times(P_{01}-P_{00})$、$mn(P_{m0}-P_{(m-1)0})\times(P_{m1}-P_{m0})$、$mn(P_{1n}-P_{0n})\times(P_{0n}-P_{0(n-1)})$ 和$mn(P_{mn}-P_{(m-1)n})\times(P_{mn}-P_{m(n-1)})$。

(5) 凸包性。

曲面 $P(u,w)$ 包含在其控制顶点 $P_{ij}(i=0,1,\cdots,m;\ j=0,1,\cdots,n)$ 的凸包内。

(6) 平面再生性。

当所有的控制顶点落于一张平面内时，由凸包性，Bezier 曲面也落于该平面内。

(7) 仿射不变性。

曲面的某些几何性质不随坐标变换而变化，并且对任一仿射变换，对曲面做变换等价于对其控制顶点做变换。

(8) 拟局部性。

当修改一个控制顶点时，曲面上距离它近的点受影响大，距离它远的点受影响小。控制网格大致勾画了 Bezier 曲面的形状，而如上性质确定了控制顶点与曲面的大致关系，所以要改变曲面的形状，只需交互调节其控制顶点。

7.5 B 样条曲面

基于均匀 B 样条曲线的定义和性质，可以得到 B 样条曲面的定义。给定空间$(m+1)\times(n+1)$个点$P_{ij}(i=0,1,\cdots,m;\ j=0,1,\cdots,n)$和 u、w 参数轴上的节点向量$U_{m,k}=\{u_i\}_{i=0}^{m+k}$，$W_{n,h}=\{w_j\}_{j=0}^{n+h}$，称下面张量积参数曲面为 $k\times h$ 阶 B 样条曲面。

$$
P(u,w)=\sum_{i=0}^{m}\sum_{j=0}^{n} P_{ij} B_{i,k}(u) B_{j,h}(w) \quad (u,w)\in[u_{k-1},u_{m+1}][w_{h-1},w_{n+1}] \tag{7.24}
$$

$B_{i,k}(w)(i=0,1,\cdots,m)$为定义于$U_{m,k}$上的 k 阶 B 样条基函数，$B_{j,h}(w)(j=0,1,\cdots,n)$为定

义于$W_{n,h}$上的h阶B样条基函数；P_{ij}称为控制顶点，所有P_{ij}组成的空间网格称为控制网格。

当$U_{m,k}$、$W_{n,h}$为均匀节点向量时，称$P(u,w)$为均匀 B 样条曲面，否则称为非均匀 B 样条曲面。

B样条曲面公式也可写成如下矩阵形式：

$$P_{yz}(u,w)=U_k M_k P_{kh} M^{\mathrm{T}}{}_h W^{\mathrm{T}}{}_h \qquad y\in[1,m+2-k],\ z\in[1,n+2-h]\quad u、w\in[0,1] \tag{7.25}$$

上式中，y、z分别表示在u、w参数方向上曲面片的个数。

$$U_k=[u^{k-1},u^{k-2},\cdots u,1],\ W_h=[w^{h-2},w^{h-1},\cdots w,1]$$

$$P_{kh}=P_{ij},\ i\in[y-1,\ y+k-2],\ j\in[z-1,z+h-2]$$

P_{kh}是某一个B样条面片的控制点编号。

B样条曲面具有局部性、凸凹性、仿射不变性等性质。

下面介绍常用的三次均匀 B 样条曲面的构造。已知曲面的控制$P_{ij}(w)(i,j=0,1,2,3)$，参数u、w且u、$w\in[0,1]$，则构造双三次B样条曲面的步骤如下。

(1) 沿w(或u)向构造$P_i(w)$ $(i=0,1,2,3)$均匀三次B样条曲线：

$$P_0(w)=[P_{00}\quad P_{01}\quad P_{02}\quad P_{03}]M_B^{\mathrm{T}}W^{\mathrm{T}},\ P_1(w)=[P_{10}\quad P_{11}\quad P_{12}\quad P_{13}]M_B^{\mathrm{T}}W^{\mathrm{T}}$$

$$P_2(w)=[P_{20}\quad P_{21}\quad P_{22}\quad P_{23}]M_B^{\mathrm{T}}W^{\mathrm{T}},\ P_3(w)=[P_{30}\quad P_{31}\quad P_{32}\quad P_{33}]M_B^{\mathrm{T}}W^{\mathrm{T}}$$

(2) 再沿u(或w)向构造均匀三次B样条曲线，此时可认为顶点$P_i(w)$滑动，每组顶点对应相同的w，当w值由0到1连续变化，即形成B样条曲面时，表达式为

$$P(u,w)=UM_B\begin{bmatrix}P_0(w)\\P_1(w)\\P_2(w)\\P_3(w)\end{bmatrix}=UM_BPM_B^{\mathrm{T}}W^{\mathrm{T}}$$

$$P=\begin{bmatrix}P_{00}&P_{01}&P_{02}&P_{03}\\P_{10}&P_{11}&P_{12}&P_{13}\\P_{20}&P_{21}&P_{22}&P_{23}\\P_{30}&P_{31}&P_{32}&P_{33}\end{bmatrix},\ M_B=\begin{bmatrix}1&3&-3&1\\3&-6&3&0\\-3&0&3&0\\1&4&1&0\end{bmatrix} \tag{7.26}$$

双三次B样条曲面如图7.16所示。

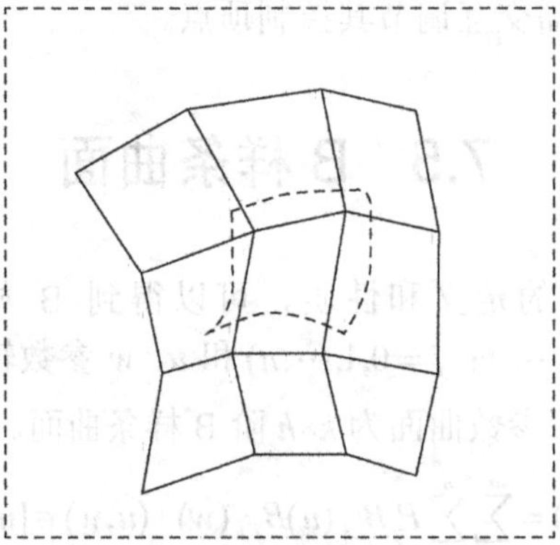

图7.16 双三次 B 样条曲面

课后习题

一、填空题

1. 场景中三维物体的表示方法通常分为两大类：________和________。

2. 多边形数据表可分为两个表来组织：________和________。

3. 第一类 Coons 曲面又称为________ Coons 曲面或简单曲面，是通过________曲线构成曲面。

二、选择题

下列属于 Bezier 曲面的性质的是(　　)。

A. 角点位置　　B. 边界线　　C. 角点切平面　　D. 仿射不变性

三、简答题

1. 使用三张表(顶点表、边表和多边形表)的方案因提供了更多信息，从而使错误检查更方便。写出可以由图形软件包完成的测试。(四个即可)

2. 请详细介绍 Bezier 曲面的平面再生性、仿射不变性的性质。

第 8 章

真实感图显技术

教学提示：有三种表现三维图形的方式，一种是线框图，图上的线条为形体的棱边；另一种是消隐图，图上保留了形体上看得见的部分，看不见或被遮挡掉的部分就不画出来或用虚线表示；还有一种是真实感图形，能够表现形体的光照效果。本章首先介绍常用的颜色模型，然后介绍光照模型、阴影生成的基本原理、颜色纹理和几何纹理等纹理细节的模拟方法的基本原理以及如何对物体进行隐藏线和隐藏面的消隐处理等技术。

教学目标：学习完本章后，应掌握几种常见的颜色模型、光照模型以及阴影的生成技术，掌握线消隐和面消隐的常见算法以及纹理映射的一些基本知识。

8.1 颜色模型

颜色是外来的光刺激作用于人的视觉器官而产生的主观感觉。物体的颜色不仅取决于物体本身，而且还与光源、周围环境的颜色，以及观察者的视觉系统有关。

从心理学和视觉的角度看，颜色有三个特性：色调(Hue)、饱和度(Saturation)和亮度(Lightness)。所谓色调，是一种颜色区别于其他颜色的因素，也就是我们平常所说的红、绿、蓝、紫等；饱和度是指颜色的纯度，鲜红色的饱和度高，而粉红色的饱和度低；亮度就是光的强度，是光给人的刺激的强度。与之相对应，从光学和物理学的角度看，颜色的三个特性分别为主波长(Dominant Wavelength)、纯度(Purity)和明度(Luminance)。主波长是产生颜色光的波长，对应于视觉感知的色调；光的纯度对应于饱和度，而明度就是光的亮度。这是从两个不同方面来描述颜色的特性。

光是人的视觉系统能够感知到的电磁波，它的波长为 400～700nm，正是这些电磁波使人产生了红、橙、黄、绿、蓝、紫等的颜色感觉。某种光可以由它的光谱能量分布 $p(\lambda)$ 来表示，其中，λ是波长，当一束光的各种波长的能量大致相等时，我们称其为白光；若其中各波长的能量分布不均匀，则它为彩色光；一束光只包含一种波长的能量，而其他波长都为零时，它是单色光。

所谓颜色模型就是指某个三维颜色空间中的一个可见光子集，它包含某个颜色域的所有颜色。例如，RGB 颜色模型就是三维直角坐标颜色系统的一个单位正方体。颜色模型的用途是在某个颜色域内方便地指定颜色，由于每一个颜色域都是可见光的子集，所以任何一个颜色模型都无法包含所有的可见光。大多数的彩色图形显示设备一般都是使用红、绿、蓝三原色，我们的真实感图形学中主要的颜色模型也是 RGB 模型，但是红、绿、蓝颜色模型用起来不太方便，它与直观的颜色概念如色调、饱和度和亮度等没有直接的联系。因此，在本节中，除了讨论 RGB 颜色模型外，还要介绍常见的 CMY、HSV 等颜色模型。

8.1.1 RGB 颜色模型

RGB 颜色模型通常使用于彩色阴极射线等彩色光栅图形显示设备中，它是我们使用最多、最熟悉的颜色模型。它采用三维直角坐标系。红、绿、蓝原色是加性原色，各个原色混合在一起可以产生复合色，如图 8.1 所示。RGB 颜色模型通常采用图 8.2 所示的单位立方体来表示。在正方体的主对角线上，各原色的强度相等，产生由暗到明的白色，也就是不同的灰度值。(0,0,0)为黑色，(1,1,1)为白色。正方体的其他六个角点分别为红、黄、绿、青、蓝和品红，需要注意的一点是，RGB 颜色模型所覆盖的颜色域取决于显示设备荧光点的颜色特性，是与硬件相关的。

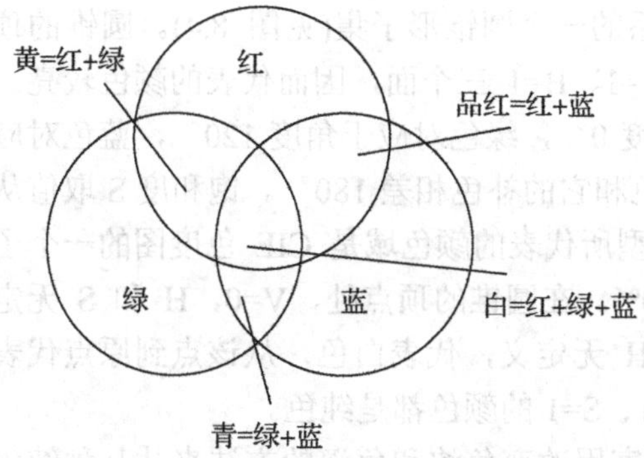

图 8.1 RGB 三原色混合效果

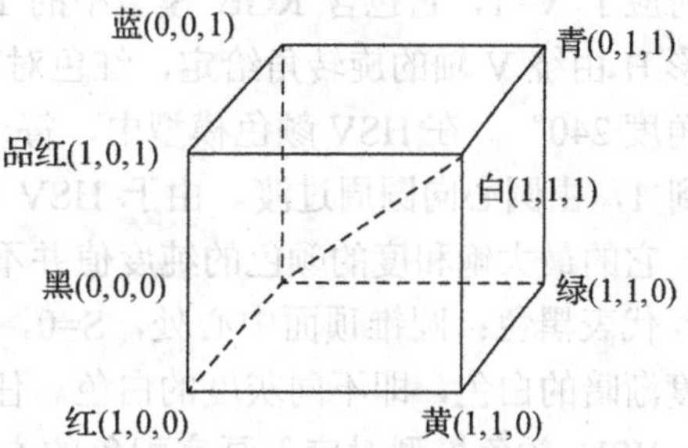

图 8.2 RGB 立方体

8.1.2 CMY 颜色模型

CMY 颜色模型是以红、绿、蓝的补色青(Cyan)、品红(Magenta)、黄(Yellow)为原色构成的，常用于从白光中滤去某种颜色，又被称为减性原色系统。CMY 颜色模型对应的直角坐标系的子空间与 RGB 颜色模型所对应的子空间几乎完全相同，差别仅仅在于前者的原点为白，而后者的原点为黑。前者是在白色中减去某种颜色来定义一种颜色，而后者是通过从黑色中加入颜色来定义一种颜色。

了解 CMY 颜色模型对于我们认识某些印刷硬拷贝设备的颜色处理很有帮助，因为在印刷行业中，基本上都是使用这种颜色模型。我们简单地介绍一下颜色是如何画到纸张上的。当我们在纸面上涂青色颜料时，该纸面就不反射红光，青色颜料从白光中滤去红光。也就是说，青色使白色减去红色。品红颜色吸收绿色，黄色吸收蓝色。现在假如我们在纸面上涂了黄色和品红色，那么纸面上将呈现红色，因为白光被吸收了蓝光和绿光，只能反射红光了。如果在纸面上涂了黄色、品红和青色、那么所有的红、绿、蓝光都被吸收，表面将呈黑色。有关结果如图 8.3 所示。

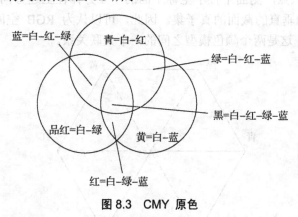

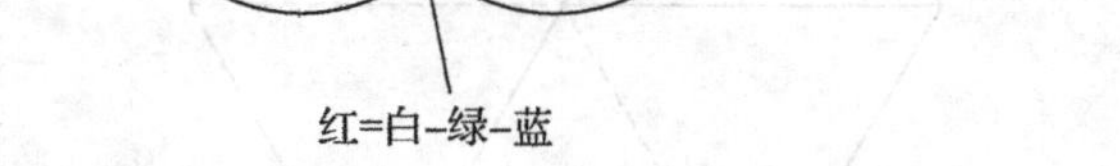

图 8.3 CMY 原色

8.1.3 HSV 颜色模型

RGB 和 CMY 颜色模型都是面向硬件的，相比较而言，HSV(Hue Saturation Value)颜色模型是面向用户的。该模型对应于圆柱坐标系的一个圆锥形子集(见图 8.4)。圆锥的顶面对应于 V=1，它包含 RGB 模型中的 R=1、G=1、B=1 三个面，因而代表的颜色较亮。色彩 H 由绕 V 轴的旋转角给定，红色对应于角度 0°，绿色对应于角度 120°，蓝色对应于角度 240°。在 HSV 颜色模型中，每一种颜色和它的补色相差 180°。饱和度 S 取值从 0 到 1，由圆心向圆周过渡。由于 HSV 颜色模型所代表的颜色域是 CIE 色度图的一个子集，它的最大饱和度的颜色的纯度值并不是 100%。在圆锥的顶点处，V=0，H 和 S 无定义，代表黑色；圆锥顶面中心处，S=0，V=1，H 无定义，代表白色，从该点到原点代表亮度渐暗的白色，即不同灰度的白色。任何 V=1、S=1 的颜色都是纯色。

HSV 颜色模型对应于画家配色的方法。画家用改变色浓和色深的方法来从某种纯色中获得不同色调的颜色。其做法是：在一种纯色中加入白色以改变色浓，加入黑色以改变色深，同时加入不同比例的白色、黑色即可得到不同色调的颜色。图 8.5 所示为具有某个固定色彩的颜色三角形表示。

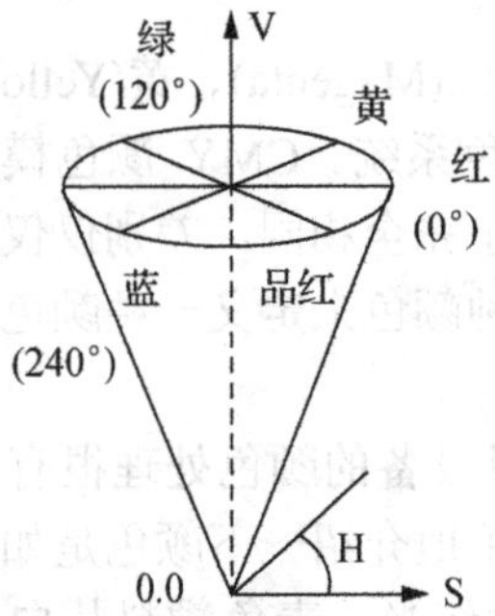

图 8.4　HSV 颜色模型

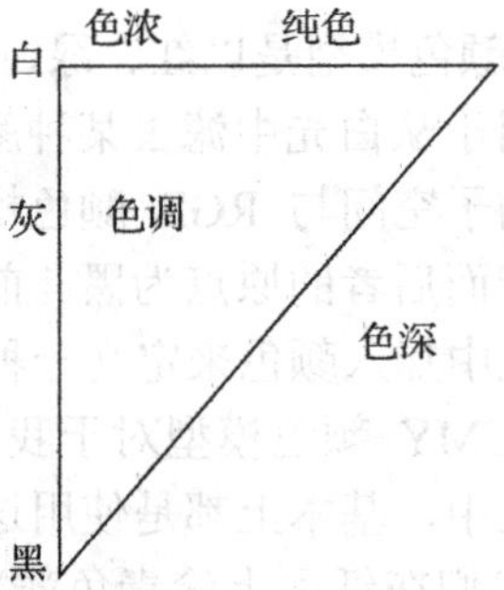

图 8.5　颜色三角形

从 RGB 立方体的白色顶点出发，沿着主对角线向原点方向投影，可以得到一个正六边形，如图 8.6 所示。容易发现，该六边形是 HSV 圆锥顶面的一个真子集。RGB 立方体中所有的顶点在原点，侧面平行于坐标平面的子立方体往上述方向投影，必定为 HSV 圆锥中某个与 V 轴垂直的截面的真子集。因此，可以认为 RGB 空间的主对角线对应于 HSV 空间的 V 轴。这是两个颜色模型之间的一个关联关系。

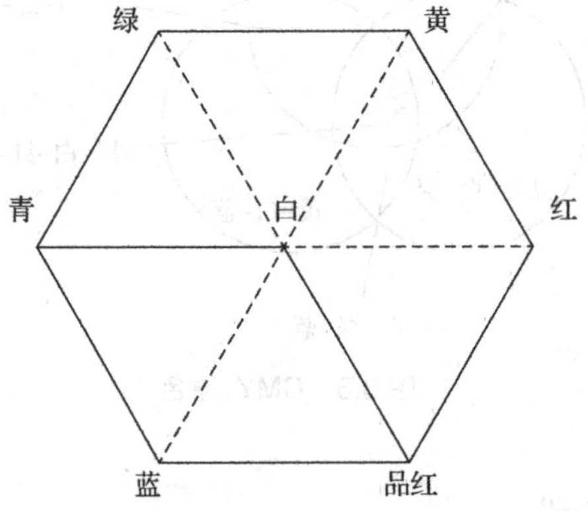

图 8.6　RGB 正六边形

8.2 光照模型

当光照射到一个物体表面上时，会出现三种情形：首先，光可以通过物体表面向空间反射，产生反射光；其次，对于透明体，光可以穿透该物体并从另一端射出，产生透射光；最后，部分光将被物体表面吸收而转换成热能。在上述三部分光中，仅仅是透射光和反射光能够进入人眼产生视觉效果。为模拟这一现象，我们建立一些数学模型来替代复杂的物理模型。这些模型就称为明暗效应模型或者光照模型。

物体所表现的颜色与光源有密切的关系。光照模型的作用就是计算物体可见表面上每个点的颜色与光源的关系，因此，它是决定图形真实感的一项重要内容。物体表面发出的光是极其复杂的，它既与环境中光源的数目、形状、位置、光谱组成和光强分布有关，也与物体本身的反射特性和物体表面的朝向有关，甚至还与人眼对光线的生理和心理视觉因素有关。把这一切都通过计算机精确地计算出来是不现实的，我们只能用尽可能精确的数学模型——光照模型来模拟光和物体的相互作用，从而近似地计算物体可见表面每一点的亮度和颜色。

为了使读者对于光照模型有一个感性认识，我们先介绍一下光照模型的早期发展情况。

1967 年，Wylie 等人第一次在显示物体时加进光照效果。Wylie 认为，物体表面上一点的光强与该点到光源的距离成反比。

1970 年，Bouknight 在 Comm. ACM 上发表论文，提出了第一个光反射模型，指出物体表面的朝向是确定该物体表面上一点光强的主要因素，用 Lambert 漫反射定律计算物体表面上各多边形的光强，对光照射不到的地方，用环境光代替。

1971 年，Gourand 在 IEEE Trans. Computers 上发表论文，提出了漫反射模型加插值的思想。对多面体模型，用漫反射模型计算多边形顶点的光亮度，再用增量法插值计算。

1975 年，Phong 在 Comm. ACM 上发表论文，提出了图形学中第一个有影响的光照模型。Phong 模型虽然只是一个经验模型，但是其真实度已达到可以接受的程度。它首次使光源和视点的位置可以任意选定。Phong 模型的表达式如下：

$$I=I_a K_a+I_i\times K_d\times(N\cdot L)/(r+k)+I_i\times K_s\times(N\cdot H)^n/(r+k) \tag{8.1}$$

式中：I_aK_a——环境光参数；

I_i——入射光强；

K_d——物体表面的漫反射系数；

K_s——物体表面的镜面反射系数；

N——物体表面的法向；

L——从物体表面指向光源的向量；

r——光源到物体表面的距离；

H——视线与 L 的平分向量；

k——任意给定常数。

Phong 模型假设反射光线集中在反射方向(反射角等于入射角的方向)附近，并随着与反射方向夹角的增大，反射光急剧减弱。用 Phong 模型计算所得的物体像塑料，镜面反射光是光源的颜色，不能反映物体表面的材料特性，而且镜面反射在入射角很大时有失真。

这个模型模拟的反射效果不理想，用它生成的图形缺乏质感。后来，Blinn、Cook、Torrance 等人相继对 Phong 模型进行了一些修改，使图形的真实感有明显的提高。1982 年，Cook 和 Torrance 提出了一个基于物理光学的表面反射模型——Cook-Torrance 模型，使得模型中反射光的位置和分布与实际情况非常接近，因而用它绘制的图形具有很好的质感。Cook-Torrance 模型的表达式如下：

$$I=I_a\ K_a f\ +(K_d\times F_0\times(N\cdot L)+K_s\times D\times F\times G\ /(N\cdot V)/C_k \tag{8.2}$$

式中：I_aK_af——环境光参数；

K_d 、K_s——漫反射与镜面反射的比例，$K_s+K_d=1$；

D——物体表面的分布函数；

F——菲涅耳函数，表示入射角和材料折射率的不同引起的镜面反射率不同；

G——几何衰减因子，由微平面相互遮挡。

Cook-Torrance 模型运用了光学中的菲涅耳方程，此方程在入射光为非偏振光时是非常精确的。利用上述光照模型，可以计算出场景中各物体每一点的颜色。该颜色只与直接光源、物体的材料及该点的法向量有关，与它周围的物体还没有建立联系，这样的光照模型被称为局部光照(Local Illumination)模型。但现实世界里的大多数物体都具有明显的反光特性(因此我们的眼睛才能感觉到它们的存在)，有些物体还具有透明特性，一个物体的反射光和透射光也会对其他物体产生明显的影响。光线跟踪算法和辐射度算法较好地解决了这方面的问题，它们被称为全局光照(Global Illumination)模型。其中光线跟踪算法解决了物体之间镜面反射和透射的影响问题，能产生镜像、透明和阴影等效果，但对漫反射处理不足，辐射度算法正好弥补了这一不足，它从能量的角度出发，很好地模拟了物体之间的漫反射。

8.2.1 环境光

环境光是这样一种光线，它不是来自任何特殊方向；它有光源，但是被周围的房间或场景多次反射，最终达到平衡，以至于变得没有方向，又称为背景光。被环境光照射的物体表面的各个方向都均等受光，如图 8.7 所示。

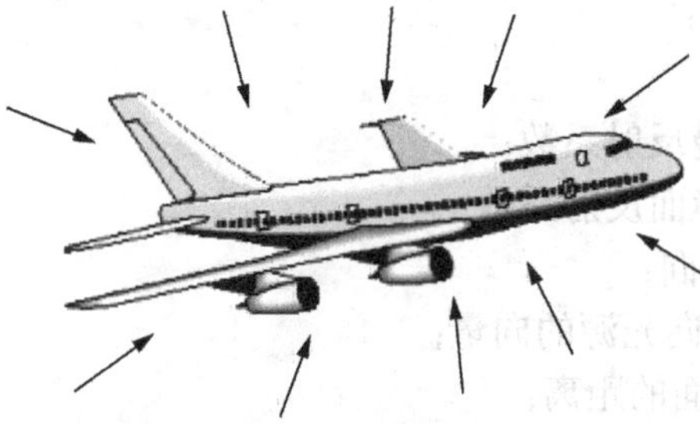

图 8.7　环境光照射下的物体

三维空间中任意一点对环境光的反射光强度可以用公式定量地表示为

$$I_e=K_aI_a \tag{8.3}$$

其中，K_a 是物体对环境光的反射系数，与物体表面性质有关；I_a 是入射的环境光的光强，与环境的明暗度有关。

8.2.2 漫反射

漫反射光是由物体表面的粗糙不平引起的，它均匀地向各个方向传播，与视点无关，如图 8.8 所示。漫反射光在空间均匀分布，反射光强 I 与入射光的入射角θ的余弦成正比，即

$$I_{\rm d}=K_{\rm d}I_{\rm p}\cos\theta,\ 0\leqslant\theta\leqslant\frac{\pi}{2} \tag{8.4}$$

其中，$K_{\rm d}$ 是漫反射系数(0～1 的常数)，与物体表面性质有关；$I_{\rm p}$ 是入射光(光源)的光强；θ是入射光的入射角，即入射光与物体表面法向量之间的夹角。

设物体表面在照射点 P 处的单位法向量为 N，P 到点光源的单位向量为 L，则上式可表达为如下的向量形式：

$$I_{\rm d}=K_{\rm d}I_{\rm p}(N\cdot L) \tag{8.5}$$

如果有多个光源，则可以把各个光源的漫反射光照效果进行叠加，即

$$I_{\rm d}=K_{\rm d}\sum_{i=1}^{m}I_{{\rm p}i}(N\cdot L_i) \tag{8.6}$$

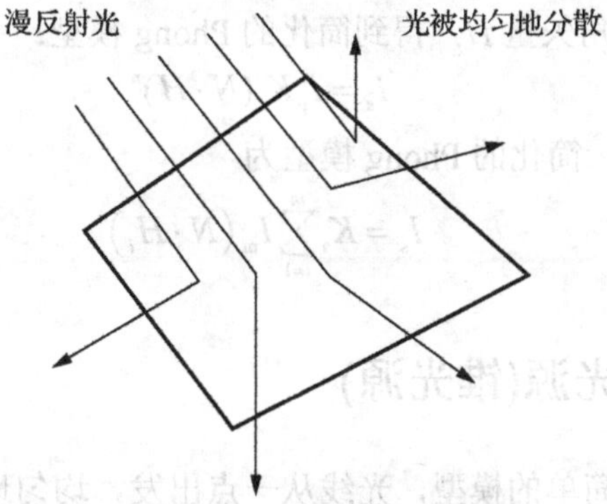

图 8.8　纯散射光源的光照射在物体上

8.2.3 镜面反射

镜面反射跟散射光一样有方向性，但被强制地反射到另一个特定的方向。高亮度的镜面光往往能在被照射的物体表面上产生被称为亮斑的亮点。图 8.9 显示了物体被纯镜面光源照射的情景。

Phong 提出了一个计算镜面反射光亮度的经验模型，其计算公式为

$$I_{\rm s}=I_{\rm p}K_{\rm s}\cos^n\alpha \tag{8.7}$$

其中：$K_{\rm s}$ 是物体表面镜面反射系数，它与入射角和波长有关；α是视线与反射方向的夹角；n 为镜面高光系数，用来模拟镜面反射光在空间中的汇聚程度，它是一个反映物体表面光泽度的常数；$\cos^n\alpha$ 近似地描述了镜面反射光的空间分布。

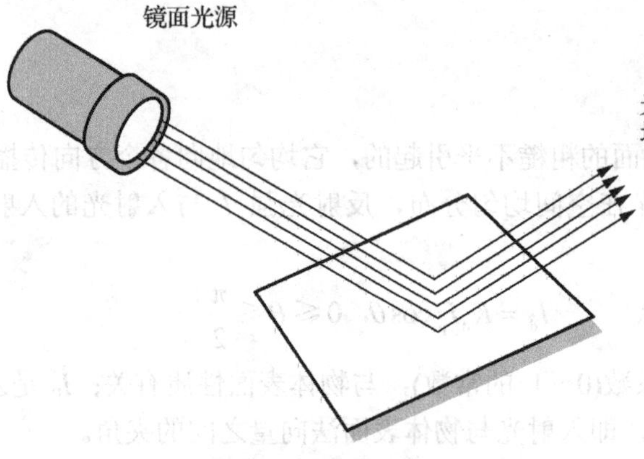

图 8.9 物体被纯镜面光源照射

V 和 R 分别是观察方向和镜面反射方向的单位矢量，可以用点积 $V \cdot R$ 来代替：

$$I_s = I_p K_s (V \cdot R)^n \tag{8.8}$$

在多个点光源照射下，Phong 镜面反射模型可以写成：

$$I_s = K_s \sum_{i=1}^{m} I_{pi} (V \cdot R_i)^n \tag{8.9}$$

引入矢量 L 和 V 的半角矢量 H，得到简化的 Phong 模型：

$$I_s = I_p K_s (N \cdot H)^n \tag{8.10}$$

在多个点光源照射下，简化的 Phong 模型为

$$I_s = K_s \sum_{i=1}^{m} I_{pi} \left(N \cdot H_i\right)^n \tag{8.11}$$

8.2.4 点光源与柱光源(锥光源)

点光源是发光体的最简单的模型，光线从一点出发，均匀地向四周发散。它是对场景中比物体小得多的光源的合理的近似。离场景足够远的光源，如太阳，也可以用点光源来较好地模拟。

柱光源或锥光源是发出的光线有一定方向的发光体，像手电筒、探照灯等。

8.3 阴影的生成

阴影是现实生活中一个很常见的光照现象，它是由于光源被物体遮挡而在该物体后面产生的较暗的区域。在真实感图形学中，通过阴影可以反映出物体之间的相互关系，增强图形的立体效果和真实感，如图 8.10 所示。

我们知道，阴影的区域和形态与光源及物体的形状有很大的关系，我们只考虑由点光源产生的阴影，即阴影的本影部分。从原理上讲，计算阴影的本影部分是十分清楚、简捷的。从阴影的产生原因上看，有阴影区域的物体表面都无法看见光源，我们只要把光源作为观察点，那么就可以很简单地生成阴影区域。下面就来简单地介绍一种阴影生成算法。

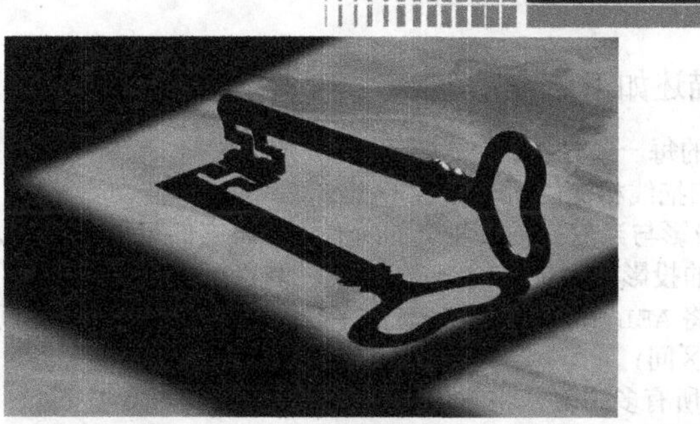

图 8.10　阴影示意

8.3.1　扫描线阴影生成算法

首先，我们来介绍扫描线消隐算法。

观察图 8.11 发现，多边形 P_1、P_2 的边界在投影平面上的投影将一条扫描线划分成若干个区间：$[O,u_1]$，$[u_1,u_2]$，$[u_2,u_3]$，$[u_3,u_4]$，$[u_4,u_{max}]$，覆盖每个区间的有 0 个、1 个或多个多边形，但仅有一个可见。在区间上任取一个像素，计算该像素处各多边形(投影包含了该像素的多边形)的深度值，深度值最大者即为可见多边形，用它的颜色显示整个区间。这就是扫描线消隐算法的基本思想。该算法要求多边形不能相互贯穿，否则在同一区间上，多边形深度值的次序会发生变化。如图 8.12 所示，在区间$[u_1,u_2]$上，多边形 P_1 的深度值大；在区间$[u_3,u_4]$上，多边形 P_2 的深度值大；而在区间$[u_2,u_3]$上，两个多边形深度值的次序发生交替。

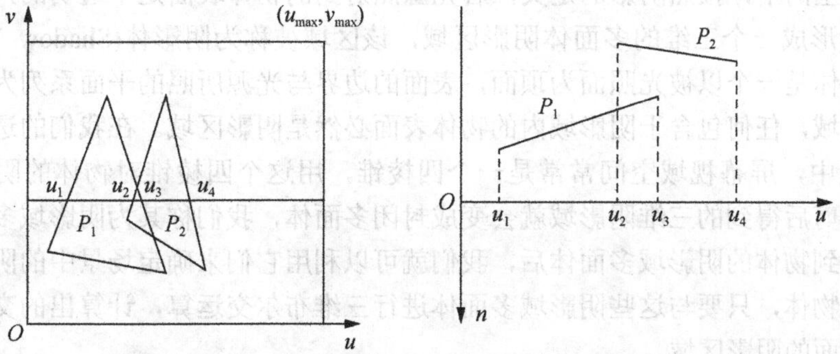

图 8.11　在扫描线的每一个区间上只有一个多边形可见

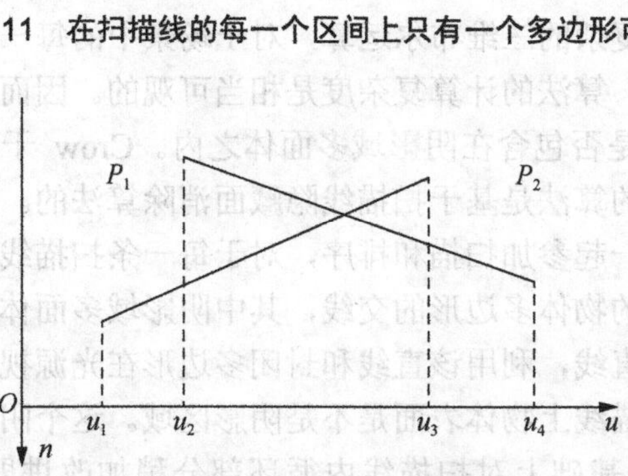

图 8.12　P_1 与 P_2 相互贯穿

本算法的简单描述如下：

```
for(绘图窗口内的每一条扫描线)
{ 求投影与当前扫描线相交的所有多边形;
求上述多边形中投影与当前扫描线相交的所有边，将它们记录在活化边表 AEL 中;
求 AEL 中每条边的投影与扫描线的交点
按交点的 u 坐标将 AEL 中各边从左到右排序，两两配对组成一个区间;
for(AEL 中每个区间)
{求覆盖该区间的所有多边形，将它们记入活化多边形表 APL 中;
在区间上任取一点，计算 APL 中各多边形在该点的深度值，记深度值最大者为 P; 用多边形 P
的颜色填充该区间;
    }
}
```

现在，我们根据自身阴影的产生原理，归纳出它在图形处理中生成的过程如下。

(1) 将视点置于光源的位置，以光线照射的方向为观察方向，对在光照模型下的物体实施扫描线消隐算法，判别出在光照模型下的物体的“隐藏面”，并在数据文件中加以标识。

(2) 按实际的视点位置和观察方向，对物体进行消隐，生成消隐后的立体图形。

(3) 检索数据文件，核查消隐后的图形中是否包含有光照模型下的“隐藏面”。若有，则用阴影符号标识这些面。

8.3.2 阴影体

在物体空间中，按照阴影的定义，若光源照射到的物体表面是不透明的，那么在该表面后面就会形成一个三维的多面体阴影区域，该区域被称为阴影体(Shadow Volume)。实际上，阴影体是一个以被光照面为顶面，表面的边界与光源所照的平面系列为侧面的一个半开三维区域，任何包含于阴影域内的物体表面必然是阴影区域。在我们的透视变换生成图像的过程中，屏幕视域空间常常是一个四棱锥，用这个四棱锥对物体的阴影域进行裁剪，那么裁剪后得到的三维阴影域就会变成封闭多面体，我们称其为阴影域多面体。通过这种方法得到物体的阴影域多面体后，我们就可以利用它们来确定场景中的阴影区域，对于场景中的物体，只要与这些阴影域多面体进行三维布尔交运算，计算出的交集就可以被定为物体表面的阴影区域。

该算法中涉及大量复杂的三维布尔运算，对于场景中的每一个光源可见面的阴影域多面体都要进行求交运算，算法的计算复杂度是相当可观的。因而这个算法的关键是如何有效地判定一个物体表面是否包含在阴影域多面体之内。Crow 于 1977 年提出了这样的一个算法来生成阴影。他的算法是基于扫描线隐藏面消除算法的。显示的时候，阴影域多面体和普通的物体多边形一起参加扫描和排序，对于每一条扫描线，可以计算出扫描水平面和阴影域多面体及普通的物体多边形的交线，其中阴影域多面体的交线是封闭多边形，而普通物体多边形是一条直线，利用该直线和封闭多边形在光源视线下的相互遮挡关系，可以很方便地确定在该扫描线上物体表面是不是阴影区域。这个阴影生成算法只要在传统的扫描线隐藏面消除算法基础上对扫描线内循环部分稍加改进即可实现，获得了广泛的应用。

8.4 纹 理 映 射

纹理映射(Texture Mapping)的方法运用得很广，尤其是描述具有真实感的物体。比如绘制一面砖墙，就可以用一幅真实的砖墙图像或照片作为纹理贴到一个矩形上，这样，一面逼真的砖墙就画好了。如果不用纹理映射的方法，则墙上的每一块砖都必须作为一个独立的多边形来画。另外，纹理映射能够保证在变换多边形时，多边形上的纹理图案也随之变化。

例如，以透视投影方式观察墙面时，离视点远的砖块的尺寸就会缩小，而离视点较近的就会大一些。此外，纹理映射也常常运用在其他一些领域，如飞行仿真中常把一大片植被的图像映射到一些大多边形上用以表示地面，或用大理石、木材、布匹等自然物质的图像作为纹理映射到多边形上，表示相应的物体。

8.4.1　定义纹理

在一般情况下，纹理是单个图像，通常是二维的。定义二维纹理映射的函数形式如下：

```
void glTexImage2D(GLenum target,GLint level,GLint components,GLsizei width,
GLsizei height,GLint border,GLenum format,GLenum type,const GLvoid *pixels);
```

8.4.2　颜色和几何纹理

1. 颜色纹理简介

采用纹理映射技术可模拟物体表面精致的不规则的颜色纹理。这种技术是将任意的平面图形或图像覆盖到物体的表面，在物体的表面形成真实的彩色纹理。计算机图形学中的颜色纹理，可定义为一光亮度函数。最常用的纹理函数是二维光亮度函数。纹理函数可由一数学模型定义，也可用一幅平面图像表示。

2. 几何纹理简介

为了给物体表面图像加上一个粗糙的外观，可以对物体的表面几何性质做微小的扰动，来产生凹凸不平的细节效果，这就是几何纹理的方法。几何纹理函数的定义与颜色纹理的定义方法相同，可以用统一的图案纹理记录，图案中较暗的颜色对应于较小的 F 值，较亮的颜色对应于较大的 F 值，把各像素的值用一个二维数组记录下来，用二维纹理映射的方法映射到物体表面上，就可以成为一个几何纹理映射。

8.5 透　明　性

对于透明或半透明的物体，在光线与物体表面相交时，一般会产生反射与折射，经折射后的光线将穿过物体而在物体的另一个面射出，形成透射光。如果视点在折射光线的方向上，就可以看到透射光。

1980 年，Whitted 提出了一个光透射模型——Whitted 模型，并第一次给出光线跟踪算法的范例，实现了 Whitted 模型。1983 年，Hall 进一步给出 Hall 光透射模型，考虑了漫透射和规则透射光。

8.5.1 无折射的透明

由于透明物体可以透射光，因而可以透过这种材料看到后面的物体。由于光的折射通常会改变光的方向，要在真实感图形学中模拟折射，需要较大的计算量。在 Whitted 和 Hall 提出光透射模型之前，为了能够看到一个透明物体后面的东西，产生一些透明效果模拟的简单方法。

在这类方法中主要的是颜色调和法，该方法不考虑透明物体对光的折射以及透明物体本身的厚度，光通过物体表面是不会改变方向的，故可以模拟平面玻璃，隐藏面消除算法可用于实现模拟这种情况。

设 t 是物体的透明度，t=0 表示物体是不透明体；t=1 表示物体是完全透明体。我们可以看到物体后面的背景和其他物体，这些物体的前后位置可以通过隐藏面消除算法计算出来。实际上，我们最终所看到的颜色是物体表面的颜色和透过物体的背景颜色的叠加。如图 8.13 所示，设过像素点(x,y)的视线与物体相交处的颜色(或光强)为 I_a，视线穿过物体与另一物体相交处的颜色(或光强)为 I_b，则像素点(x,y)的颜色(或光强)可用以下颜色调和公式计算：

$$I=tI_b+(1-t)I_a \tag{8.12}$$

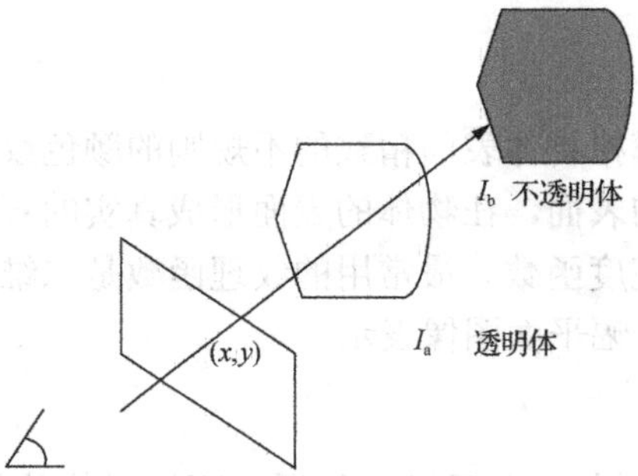

图 8.13 无折射透明

其中，I_a 和 I_b 可用简单光照模型计算。由于未考虑透射光的折射以及透明物体的厚度，颜色调和法只能模拟玻璃的透明或半透明效果。而在后面介绍的两个光透射模型中，都从光的折射角度来计算透射光强，可以很好地模拟光的透射。

8.5.2 折射透明性

1. Whitted 光透射模型

在简单光照模型的基础上，加上透射光一项，就得到 Whitted 光透射模型：

$$I=I_aK_a+I_pK_d(L\cdot N)+I_pK_s(H\cdot N)^n+I_tK'_t \tag{8.13}$$

其中，I_t 为折射方向的折射光强度；K'_t 为透射系数，为 0～1 的一个常数，其大小取决于物体的材料。

如果该透明体又是一个镜面反射体，应再加上反射光一项，以模拟镜面反射效果。于是得到 Whitted 整体光照模型：

$$I=I_aK_a+I_pK_d(L\cdot N)+I_pK_s(H\cdot N)^n+I_tK'_t+I_sK'_s \tag{8.14}$$

这里，I_s 为镜面反射方向的入射光强度；K_s'为镜面反射系数，为 0～1 的一个常数；其大小同样取决于物体的材料。

需要说明的是，所谓的折射方向和镜面反射方向都是相对于视线而言的，但方向与光传播的方向相反。如图 8.14 所示，S 是视线 V 的镜面反射方向，T 是 V 的折射方向。在简单光照模型的情况下，折射光强和镜面反射光强可以认为是折射方向上和反射方向上的环境光的光强。

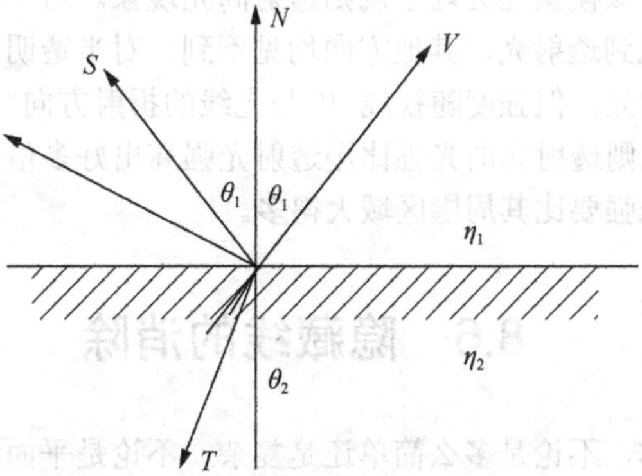

图 8.14　Whitted 光透射模型的几何量

用 Whitted 模型计算光照效果，剩下的关键问题就是计算反射与折射方向。即已知视线方向 V，求其反射方向 S 与折射方向 T。然后可求出反射和折射方向上与另一物体的交点。关于上面的问题可以用几何光学的原理来解决。

给定视线方向 V 与法线方向 N，视线方向 V 的反射方向 S 可以由式(8.15)计算：

$$S=2N(N\cdot V)-V \tag{8.15}$$

那么在给定视线方向 V 与法线方向 N 以后，如何求 V 的折射方向 T 呢？首先我们令 V、N、T 均为单位向量，η_1 是视点所在的介质折射率，η_2 为物体的折射率。根据折射定律，入射角 θ_1 和折射角 θ_2 有如下关系：

$$\frac{\sin\theta_1}{\sin\theta_2}=\frac{\eta_1}{\eta_2}=\eta \tag{8.16}$$

而且 V、N、T 共面。

Whitted 的折射方向计算公式为

$$T=K_f(N-V')-N \tag{8.17}$$

其中，$K_f=1/\sqrt{\eta^2|V'|^2-|N-V'|^2}$；$V'=\dfrac{V}{N\cdot V'}$ 计算所得的 T 为非单位向量。

2. Hall 光透射模型

Hall 光透射模型是在 Whitted 光透射模型的基础上推广而来的，它能够模拟透射高光的效果。实际上，就是在 Whitted 模型的光强计算中加入光源引起的规则透射分量，同时还可以处理理想的漫透射。

下面首先介绍该模型是如何处理理想漫透射的。透明体的粗糙表面对透射光的作用表现为漫透射，如毛玻璃表面即为漫透射面。当光线透过这样的表面射出时，光线将向各个方向散射。对理想漫透射面，透射光的光强在各个方向均相等。

用 Lambert 余弦定律描述点 P 处的漫透射光的光强为

$$I_{dt}=I_p \cdot K_{dt} \cdot (-N \cdot L) \qquad (8.18)$$

其中，I_p 为入射光的强度，即点光源的强度；K_{dt} 为物体的漫透射系数，在 0 与 1 之间；L 为光源方向；N 为法向量方向。

在上面的基础上，该模型还处理了规则透射高光现象。对于理想的透明介质，只有在光线的折射方向才能见到透射光，其他方向均见不到。对半透明的物体，视点在透射方向附近也能见到部分透射光，但强度随视线 V 与光线的折射方向 T 的夹角的增大而急剧减小(见图 8.15)。这种规则透射光的光强比漫透射光强高出好多倍，在折射方向周围形成高光域，这个高光域的光强要比其周围区域大得多。

8.6 隐藏线的消除

任何一个空间物体，不论是多么简单还是复杂，不论是平面还是立体，在空间的任一方向上，都只能看见其中的一部分表面和轮廓线。其中有一部分表面和轮廓线背向观察者，不可见，在计算机图形学中称为隐藏面和隐藏线。因此，在计算机屏幕上显示或绘制三维物体时，不能将其所有的面和线都画出来，否则难以确定物体的形状和位置，同时也会给看图带来许多困难，只能画出其中可见的部分，消去隐藏线和隐藏面，或者用虚线画出。

8.6.1 凸多面体隐藏线的消除

在消隐问题中，凸多面体是最简单和最基本的情形，其消隐算法的关键是测试其上哪些表面是可见的，哪些表面是不可见的。

利用立体表面外法线的方向可判断物体表面的可见性，从而对物体做消隐处理，这种方法对凸多面体的消隐处理特别简单有效，对某些处在一定方向及角度范围内的形体也适用，但其应用范围受到限制。根据外法线方向对物体进行消隐处理的一般步骤为：

(1) 求表面的外法线向量 N。

(2) 计算外法线向量 N 与视线向量 S 的夹角 θ 的余弦值 $\cos\theta$ 或其符号。

(3) 根据 $\cos\theta$ 值的符号判断表面的可见性。

(4) 表面可见时，画出其平面多边形；不可见时，不画出，处理下一个表面，直至最后一个表面。

8.6.2　凹多面体隐藏线的消除

凹多面体的消隐比凸多面体的消隐复杂，因为凹多面体的朝前面并不都是完全可见的，存在着相互遮挡问题。如果一个朝前面被另一个朝前面完全遮挡，则这个朝前面显然不可见；如果被遮挡住一部分，则遮挡处不可见，未遮住的另一部分还要继续与其他朝前面比较，以确定其最终可见的部分。因此，凹多面体表面的可见性分为如下三种：①完全可见；②完全不可见；③部分可见、部分不可见。第②种情形较为简单，第①和③种情形要做大量的测试、比较等复杂的数学运算工作。其消隐过程一般分为如下三步。

步骤 1　首先求出平面体各表面的外法线方向，即 $\cos\theta$ 值，将其所有的构成表面分为潜在可见面(即朝前面)($\cos\theta>0$)和不可见面($\cos\theta<0$)两类。为方便起见，在此将 $\cos\theta=0$ 的表面，即在投影面上有积聚性投影的表面划入不可见面之列，以减少计算工作量。保留潜在可见面，排除不可见面，此后只有潜在可见面才参与隐藏关系的计算。

步骤 2　对潜在的可见面进行深度测试和遮挡关系的判定计算，其过程可简述为：依次提取当前潜在可见面的每一条边框线段，检查其是否被其他的潜在可见面挡住了或挡住了线段上的哪些部位——子段。在这一检查过程中，要进行大量的包含性检验工作，检验边框线段的投影是否位于其余潜在可见面的投影区域内。此后还需要进行深度测试，考察线段和表面的前后深度关系。有时还要进行求交运算，精确计算投影线段与投影区域边界线的交点，确定可见子段和不可见子段。同一条边框线段可能被多个潜在的可见表面所遮挡，从而使同一条线段具有多个可见子段和不可见子段。

步骤 3　绘制可见线段及潜在可见线段的最终可见子段，输出图形。经过包含性检验和深度测试后，潜在可见面的每一条边框线段的可见性分为三种情形。

①　完全可见，没有被潜在可见面遮挡；

②　部分可见，即具有可见子段，经过与其他潜在可见面逐一检查后，当前线段上只有所有表面都未挡住的部位才是最终的可见子段，输出的是最终被确定为可见的子段。

③　完全不可见，即线段被可见表面完全遮挡住了。以面为单位，逐一调出各表面各条边框线段，与其他潜在可见面进行逐个比较和隐藏关系的计算，确定其可见部分，画出可见线段及可见子段，从而实现对凹面体的消隐处理。

由以上消隐过程可知，凹面体的消隐方法是一种逐线消除方法，其消除过程也将凸面体的消隐处理方法包含其内。因此，对任意平面体都适用，是一个通用的平面体消隐算法。其程序代码较长，在此省略。

8.7　隐藏面的消除

用线框图来表达形体，显得过于原始和单调。人们希望能得到色彩丰富和逼真的图形，这就首先要从线框图发展到面图，即用不同的颜色或灰度来表示立体的各表面。于是也就引起了对隐藏面消去算法的研究。

任何消隐算法绘图都要进行可见性检测，检测中还要用到各种几何计算。在本节中讨论画家算法及相关内容。

8.7.1 画家算法

画家算法又称深度优先级表法，它实际是深度排序算法的一种具体实现。这种方法是先把屏幕设置成背景色，再把物体的各个面按其离视点的远近进行排序，离视点远者在表头，离视点近者在表尾，构成深度优先级表。然后，从表头至表尾逐个取出多边形，投影到屏幕上，显示多边形所包含的实心区域。由于后显示的图形取代先显示的画面，而后显示的图形所代表的面离视点更近，所以，由远及近地绘制各面，就相当于清除隐藏面。这与油画家作画的过程类似，即先画远景，再画中景，最后画近景，因此也称作画家算法或油画算法。下面介绍画家算法的实现。

先介绍数据文件的格式，然后介绍程序所使用的数据结构，再接着介绍程序的算法流程图，最后对个别子程序功能做一些解释。

物体采用边界表示模式存储时，数据文件由若干三元组和四元组组成。三元组表示物体顶点的坐标，四元组表示物体的某个面由哪些顶点构成，每个面顶点个数都是 4 个。图 8.15 所示为一个立方体的数据文件。

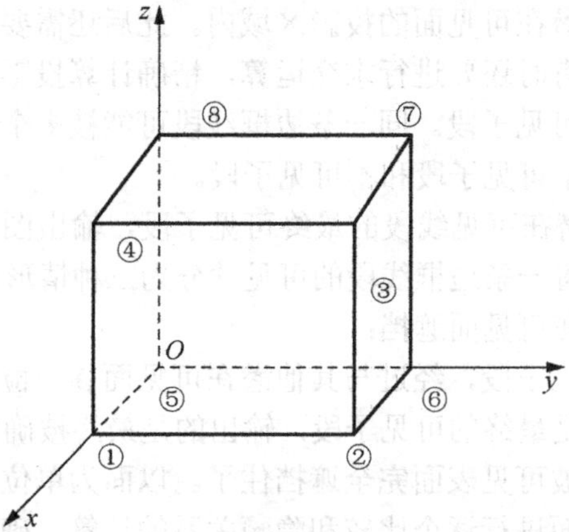

8
1 0 0
1 1 0
1 1 1
1 0 1
0 0 0
0 1 0
0 1 1
0 0 1
6
1 2 3 4
2 6 7 3
6 5 8 7
5 1 4 8

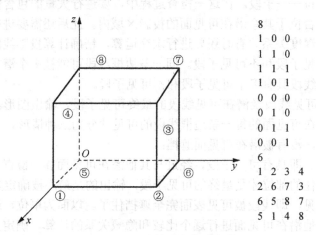

图 8.15 立方体及其数据文件

程序中所使用的数据结构包括点记录(Vertex)、面记录(Patch)和排序数组。点记录由五个域构成，其中三个域用于存储点的空间坐标，另外两个域用于存储点的投影(屏幕)坐标。面记录由四个域组成，每个域存放对应的顶点号。排序数组的每个元素有两个域，其中一个域存放面与视点的距离，另一个域存放该面的面号。程序的流程如图 8.16 所示。

画家算法的优点是简单、易实现，并且可以作为实现更复杂算法的基础；缺点是只能处理互不相交的面，而且深度优先级表中面的顺序可能出错。如图 8.17 所示，在两个面相交，或三个面互相重叠的情况下，用任何方法都不能正确排序。这时，只能先把有关的面进行分割后再排序。

简单的深度比较可能导致深度优先级表中顺序的错误。下面介绍如何检验表中相邻面的顺序是否满足画家算法的要求。

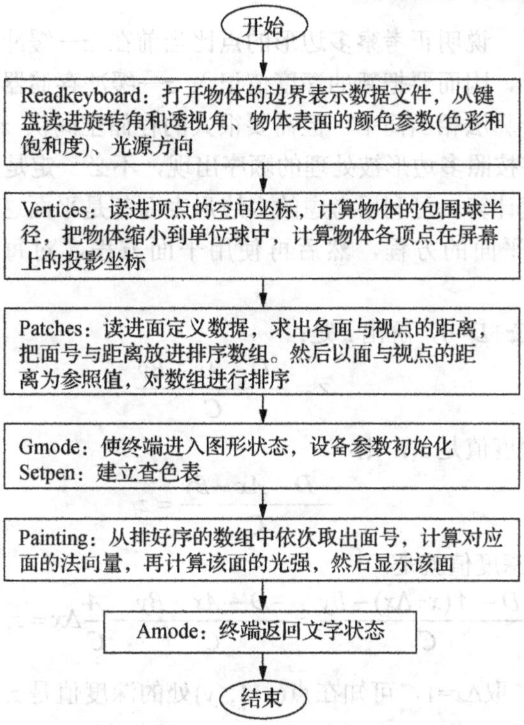
开始
Readkeyboard：打开物体的边界表示数据文件，从键盘读进旋转角和透视角、物体表面的颜色参数(色彩和饱和度)、光源方向
Vertices：读进顶点的空间坐标，计算物体的包围球半径，把物体缩小到单位球中，计算物体各顶点在屏幕上的投影坐标
Patches：读进面定义数据，求出各面与视点的距离，把面号与距离放进排序数组。然后以面与视点的距离为参照值，对数组进行排序
Gmode：使终端进入图形状态，设备参数初始化
Setpen：建立查色表
Painting：从排好序的数组中依次取出面号，计算对应面的法向量，再计算该面的光强，然后显示该面
Amode：终端返回文字状态
结束

图 8.16　画家算法流程

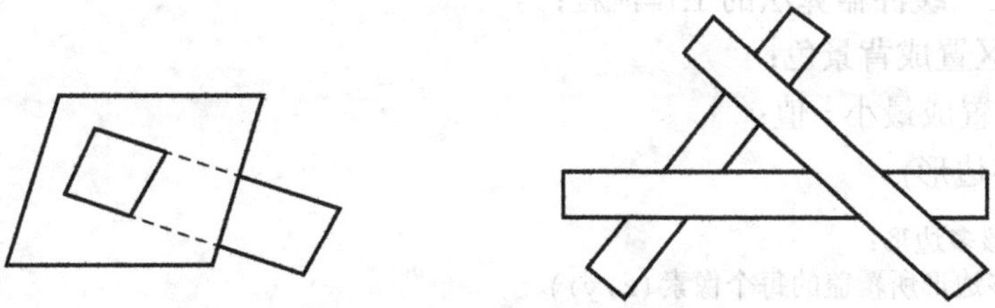

图 8.17　互相隐藏的面

8.7.2　深度缓冲器算法(z—缓冲器算法)

z—缓冲器算法，也称为深度缓冲算法，是一种最简单的图像空间算法。对每一个点，这个算法不仅需要有一个更新缓冲器存储各点的像素值，而且还需要有一个 z—缓冲存储器存储相应的 z 值。帧缓冲存储器初始化为背景值，z 缓冲存储器初始化为可以表示的最大 z 值。对每一个多边形，不必进行深度排序算法要求的初始排序，立即就可以逐个进行扫描转换。在扫描转换时，对每个多边形内部的任意点(x, y)实施如下步骤。

步骤 1　计算在点(x, y)处多边形的深度值 $z(x, y)$。

步骤 2　如果计算所得的 $z(x, y)$值，小于在 z—缓冲存储器中点(x, y)处记录的深度值，那么就进行：

① 把值 $z(x, y)$送入 z—缓冲存储器的点(x, y)处。

② 把多边形在深度 $z(x, y)$处应有的像素值，送入更新缓冲存储器的点(x, y)处。

当②的条件为真时，说明正考察多边形的点比当前在 z—缓冲存储器中记录了深度的那一点要更靠近观察者，因而要把新的深度值记入 z—缓冲存储器，把应有的像素值记入更新缓冲存储器。这个算法相当简单，但需要很大的存储空间供 z—缓冲存储器使用。客体在屏幕上显示时，将按照多边形被处理的顺序出现，不必一定是从后到前或从前到后。

算法中需要的深度计算，可利用考虑的多边形表面都是平面这一情况，先通过多边形的顶点坐标求出所在平面的方程，然后再使用平面方程，对每个点(x, y)解出相应的z。

对面方程 $Ax+By+Cz+D=0$，解出 z 是：

$$\mathrm{z}=\frac{-D-Ax-By}{C}$$

设在点(x, y)处的深度值是 z_1，则

$$\frac{-D-Ax-By}{\mathrm{C}}=z_1$$

在点$(x+\Delta x, y)$处的深度值就是：

$$\frac{-D-A(x+\Delta x)-By}{C}=\frac{-D-Ax-By}{C}-\frac{A}{C}\Delta x=z_1-\frac{A}{C}\Delta x$$

其中，$\frac{A}{C}$是常数，取$\Delta x=1$，可知在点$(x+1, y)$处的深度值是 $z_1-\frac{A}{C}$，这里只需要一个减法。用这样的方法，可以较快地求出需要的深度值。

下面给出 z—缓冲器算法的工作流程：

更新缓冲区置成背景色；

z—缓冲区置成最小 z 值；

for(各个多边形)

```
{扫描转换该多边形;
for(计算多边形所覆盖的每个像素(x,y))
{计算多边形在该像素的深度值 z(x,y);
if(z(x,y)大于 z 缓冲区中的(x,y)处的值)
    {把 Z(x,y)存入 z 缓冲区中的(x,y)处;
    把多边形在(x,y)处的亮度值存入更新缓存区的(x,y)处;
    }
    }
}
```

8.7.3 扫描线算法

扫描线算法实质上可以说是深度缓冲器算法的一种延伸。假如我们在屏幕的分区中采用仅在 y 方向(高的方向)细分，而在 x 方向不分，那么整个显示屏幕将分成许多狭长的子区。如果在 y 方向是以像素为单位细分，那么得到的每个子区就是一条线，我们称之为“扫描线”。

扫描线算法的基本思想是：当包含一条扫描线的水平平面(称为扫描线平面)与景物中的立体相交时，组成立体的各表面就会与该扫描线平面相交而形成若干条截交线段，如图 8.18(a)所示，这些截交线段把整条扫描线分割成一些间隔，如图 8.18(b)所示。

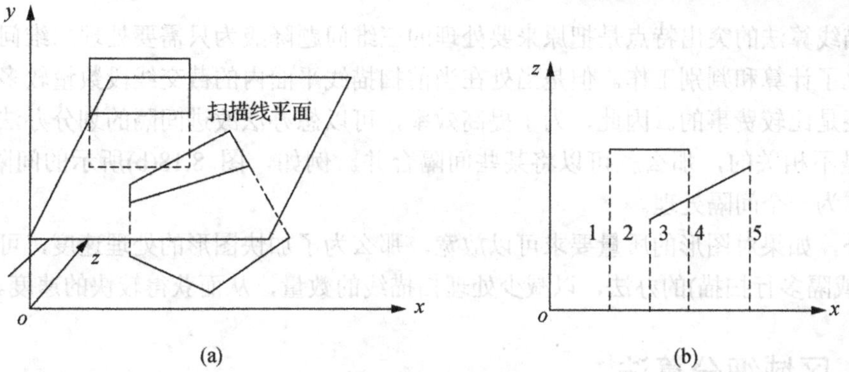

图 8.18　扫描线算法

在扫描线平面 xz 内，按间隔比较各线段距离视点的远近，距离视点近的线段部分地或全部地遮挡住距离视点远的线段。用这样的方法确定线段的可见部分，也就是确定了立体表面的可见部分。

在扫描线上形成的间隔可以分为三类。

(1) 不包含任何截交线段的间隔，如图 8.18(b)中的间隔 1 和 5。对于这类间隔，就以背景色来显示该区域。

(2) 其中只包含一条线段的间隔，如图 8.18(b)中的间隔 2 和 4。很明显，由于位于这类间隔内的线段是唯一的，因此必然是可见的，于是在这类间隔内的区域就应显示该线段所在表面的颜色。

(3) 同时存在多条线段的间隔，如图 8.18(b)中的间隔 3。在这种情况下，需要经过计算和比较，在众多的线段中找出距离视点最近的那条线段，也就是 z 值最小的线段。

然后在这类间隔的区域内，显示这条处于最前面的线段所在表面的颜色。算法从上至下地逐条处理扫描线，判别完所有扫描线平面内线段的可见部分，并显示它们，则立体的隐藏面也就得到了处理。

综上所述，实施扫描线算法的基本步骤如下。

(1) 定义两个数组：深度数组 depth[m]和颜色数组 color[m]，用以保存单条扫描线上的数据值。

(2) 算法开始执行时，先对深度数组和颜色数组赋初值。即置 depth[i]=max；color[i] = bkcolor。

(3) 在 y 方向上排序。在逐条处理扫描线的过程中，扫描线平面的位置是不断变化的。在这个变化的过程中，有些立体表面要开始进入扫描线平面，有些则要退出扫描线平面，还有一些则仍然留在扫描线平面中，这是一个动态的过程。所以要判别出哪些表面与当前的扫描线平面相交，从而可以求出当前扫描线平面与表面的截交线段。

(4) 在 x 方向上排序。按照落在当前扫描线平面内各线段两端 x 坐标值的大小，将扫描线划分为若干间隔。

(5) 按照上面介绍的对不同间隔的处理办法，确定不同类别的间隔所在区域的颜色值，并置入颜色数组。

(6) 当一条扫描线处理完毕后，就把颜色数组中的内容复制到帧缓冲器中(或直接输出到屏幕上)。然后从步骤(2)开始继续处理下一条扫描线。

扫描线算法的突出特点是把原来要处理的三维问题降级为只需要处理二维问题，这就大大简化了计算和判别工作。但是当处在当前扫描线平面内的截交线段数量较多时，间隔的划分还是比较费事的。因此，为了提高效率，可以想办法改进间隔的划分办法，只要立体的面是不相关的，那么就可以将某些间隔合并。例如，图 8.18(b)所示的间隔 3 和 4 就可以作为一个间隔处理。

另外，如果对图形的质量要求可以放宽，那么为了加快图形的处理速度，可以采用隔行扫描(或隔多行扫描)的办法，以减少处理扫描线的数量，从而获得较快的速度。

8.7.4 区域细分算法

区域细分算法的基本思想是：对图形显示屏幕采取递归细分的办法，以产生大小不等的窗口，使得落在该窗口内的图形变得相当简单，以至于能够容易地决定其显示情况。

当窗口内只包含一个多边形表面或者根本就不包含任何多边形表面时，决定该窗口内显示的颜色值是相当简单的。但是当窗口内同时包含几个相互交叉重叠的多边形表面时，输出情况的决定就变得相对复杂。此时，就必须对这样的窗口进行再分割，使其细分为四个大小相等的子窗口。然后根据同样的原则判断这些子窗口内的图形情况，以决定哪些子窗口内的图形可以显示，哪些子窗口还必须进一步地再细分，如此不断地进行下去。

如果在某个区域内图形的情况很复杂，那么这个窗口再分的过程会一直进行下去，窗口将越分越小。但整个过程总能圆满结束，因为不断再分的结果总会使得落在窗口内的图形变成简单的情况。极限情况是分到最后把窗口分成只有一个像素点那么大，此时只需要显示该像素点所包含的图形的颜色，如图 8.19(a)所示。

在算法的执行过程中，窗口和图形中多边形之间的关系可以归纳为以下三种情况。

(1) 窗口和多边形分离，如图 8.19(b)中的 *a* 和 *b*。

(2) 窗口和多边形相交，指多边形部分或全部地落入窗口内的一个区域，如图 8.19(b)中的 *c* 和 *d*。

(3) 窗口被多边形所包含，如图 8.19(b)中的 *e*。

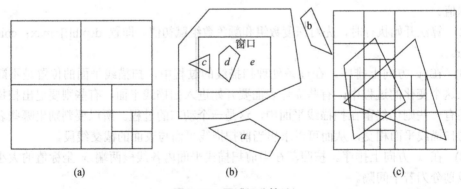

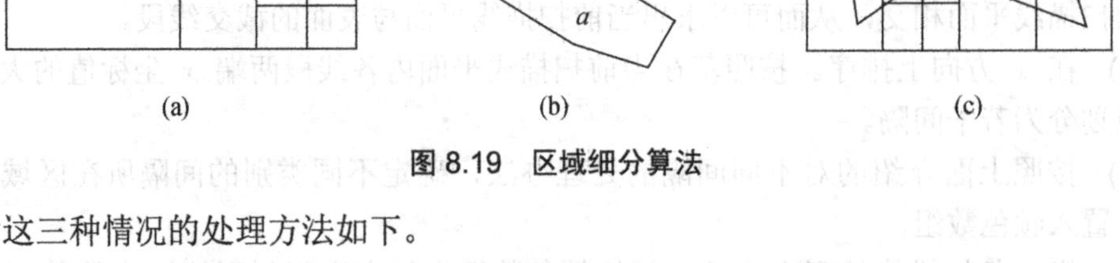

图 8.19 区域细分算法

对这三种情况的处理方法如下。

(1) 因为多边形不会影响窗口内的图形输出情况，所以可以把这种无关的多边形舍去。

(2) 如果仅有一个多边形和窗口相交，或者虽有几个多边形和窗口相交，但这几个多边形落入窗口内的部分并不相互重叠，那么输出情况是容易决定的，只需要在多边形占据的窗口内部分显示该多边形表面的颜色。如果不是属于这种情况，则是在窗口内同时存在几个相互交叉重叠的多边形，那么就要进一步细分窗口。

(3) 如果窗口被一个多边形或者几个多边形所包含，那么就要找出距离视点最近的那个多边形，并且要判断其他与该窗口有关(不管是相交还是包含)的多边形是否全部位于该包含着窗口的多边形之后。如果是，则该窗口内全部显示该多边形表面的颜色；如果不是，则要再进一步细分窗口。

不断判断和细分窗口的过程如图 8.19(c)所示。

课 后 习 题

一、填空题

1. 漫反射光是由物体表面的________引起的，均匀地向各个方向传播，与________无关。

2. 柱光源或________是发出的光线有一定方向的________。

3. 纹理是________图像，通常是________的。

二、简答题

1. 简述实施扫描线算法的基本步骤。

2. 简述在算法的执行过程中，窗口和图形中多边形之间的几种关系。

3. 简述几何纹理的概念。

第 9 章

OpenGL 设计基础

教学提示： 交互式图形程序库是图形用户接口(GUI)中应用最普遍的一种，在 ISO 发布的各种图形标准中，其用户界面均是以程序库的形式给出的，如 CGI、GKS、GKS3D、PHIGS、PHIGS+等。在三维图形显示上颇有特色且应用也很广泛的 OpenGL 也是图形程序库，它是近年发展起来的一个性能优越的三维图形标准，是图形硬件与应用程序之间的抽象界面，其支持诸如点、线、多边形及图像等多种基本图元，以及图形变换、光照计算等基本绘制操作，也支持纹理映射、反走样等高级绘制功能。在 CAD/CAM、娱乐、医学图像、虚拟现实等领域得到广泛应用。该程序库不仅可作为开发交互式图形系统、CAD/CAM 系统等的支撑环境，而且也可用于计算机图形学的教学及其实验。本章将介绍 OpenGL 的基础知识以及 GLUT-OpenGL 实用程序工具包的使用。

教学目标： 掌握 OpenGL 的基本运用，初步具备三维图形系统的开发能力。

9.1 概 述

在计算机发展初期，人们就开始从事计算机图形的开发。直到计算机硬、软件和计算机图形技术高度发达的 20 世纪 90 年代，人们才发现复杂的数据以视觉的形式表现是最容易理解的，因而三维图形得以迅猛发展，各种三维图形工具软件包相继推出，如 PHIGS、PEX、RenderMan 等。这些三维图形工具软件包有些侧重于使用方便，有些侧重于渲染效果或与应用软件的连接，但没有一种三维工具软件包在交互式三维图形建模能力、外部设备管理以及编程方便程度上能够与 OpenGL 相比拟。OpenGL 经过对 GL 的进一步发展，实现二维和三维的高级图形技术，在性能上表现得异常优越。它的功能包括建模、变换、光线处理、色彩处理、动画以及更先进的能力，如纹理影射、物体运动模糊等。OpenGL 的这些能力为实现逼真的三维渲染效果、建立交互的三维景观等提供了条件。

由于 OpenGL 高度可重用性的特点，已经有几十家大公司表示接受 OpenGL 作为标准图形软件接口。目前，加入 OpenGL ARB(OpenGL Architecture Review Board， OpenGL 体系结构审查委员会)的成员有 SGI 公司、Microsoft 公司、Intel 公司、IBM 公司、SUN 公司、DEC 公司(已由 Compaq 公司兼并)、HP 公司、AT&T 公司的 UNIX 软件实验室等。在 OpenGL ARB 的努力下，OpenGL 已经成为高性能图形和交互式视景处理的工业标准，能够在 Windows 95/98、Windows NT、Mac OS、BeOS、OS/2 及 UNIX 上应用。

作为图形硬件的软件接口，OpenGL 由几百个指令或函数组成。对程序员而言，OpenGL 是一些指令或函数的集合。这些指令允许用户对二维几何对象或三维几何对象进行说明，允许用户对对象实施操作，以便把这些对象着色到帧存上。OpenGL 的大部分指令提供立即接口操作方式，以便使说明的对象能够马上被画到帧存上。一个使用 OpenGL 的典型描绘程序首先在帧存中定义一个窗口，然后在此窗口中进行各种操作。在所有的指令中，有些调用用于画简单的几何对象，另外一些调用将影响这些几何对象的描绘，包括如何光照、如何着色以及如何从用户的二维或三维模型空间映射到二维屏幕等。

对于 OpenGL 的实现者而言，OpenGL 是影响图形硬件操作的指令集合。如果硬件仅仅包括一个可以寻址的帧存，那么 OpenGL 就不得不几乎完全在 CPU 上实现对象的描绘，图形硬件可以包括不同级别的图形加速器，从能够画二维的直线到多边形的网栅系统，再到包含能够转换和计算几何数据的浮点处理器。OpenGL 可以保持数量较大的状态信息。这些状态信息可以用来指示 OpenGL 如何往帧存中画物体，有一些状态用户可以直接使用，通过调用即可获得状态值；而另外一些状态只能根据它作用在所画物体上产生的影响才可见。

OpenGL 是网络透明的，在客户机/服务器(Client/Server)体系结构中，OpenGL 允许本地和远程绘图，可以通过网络发送图形消息至远程机，也可以发送图形信息至多个显示屏幕，或者与其他系统共享处理任务。经 OpenGL 1.0 及 OpenGL 1.1 之后，OpenGL 1.2 已经面市。事实上，OpenGL 是一个优秀的专业化 3D 的 API。OpenGL 已经发展成为因不同应用目的而经二次开发后的多种版本，且因不同的公司而不同。TGS 公司开发出基于 OpenGL 核心函数和面向对象的编程技术可以运行于 Windows NT 的 OpenGL Inventor 产品。OpenGL Inventor 提供了预建的对象和可交互的内置事件模型，可创建高级的三维场景，转换不同格式的数据文件及打印信息。SUN 公司发布了面向 SolarisTM 的新版 OpenGL 图形基础库。OpenGL 适用于下一代医学成像、地理信息、石油勘探、气候模型模拟及娱乐动画等领域。新版 OpenGL 提供了增强的绘图性能，以及运行主流图形应用所必需的可靠性。

OpenGL 作为一个性能优越的图形应用程序设计界面(API)能适应广泛的计算环境，从个人计算机到工作站和超级计算机，OpenGL 都能实现高性能的三维图形功能。由于许多在计算机界具有领导地位的计算机公司纷纷采用 OpenGL 作为三维图形应用程序设计界面，所以 OpenGL 应用程序具有广泛的移植性。因此，OpenGL 已成为目前的三维图形开发标准，是从事三维图形开发工作的技术人员所必须掌握的开发工具。

9.2　OpenGL 应用程序的工作过程

作为图形硬件的软件接口，OpenGL 最主要的工作就是将二维及三维物体描绘至帧缓存中。这些物体由一系列的描述物体几何性质的顶点(Vertex)或描述图像的像素(Pixel)组成。OpenGL 执行一系列的操作后把这些数据最终转化成像素数据，并在帧缓存中形成最后的结果。下面对 OpenGL 的工作作概要性介绍。

1. 图元操作

OpenGL 提供多种模式绘制图元(Primitive)，而且一种模式的设置一般不会影响其他模式的设置。无论发生什么情况，指令总是被顺序处理，也就是说，一个图元必须完全画完之后，后继图元才能影响帧存。

图元由一组顶点定义。该组顶点既可以只包含一个顶点，也可以包含多个顶点。顶点的说明由位置坐标、颜色值、法向量和纹理坐标组成。每个顶点可以被顺序或以相同的方式独立地处理。每个顶点根据其是二维顶点或三维顶点而可以分别使用 2 个坐标、3 个坐标或 4 个坐标。此外，当前法线、当前纹理坐标以及当前颜色值可以在处理每个顶点的过程中被使用或改变。当前法线是一个三维向量，用于光照计算。纹理坐标决定如何把纹理图像映射到图元。颜色与每个顶点有关，相关的颜色为光照产生的颜色或者当前颜色，这取决于是否允许光照。类似地，纹理坐标也与每个顶点坐标有关。

在 OpenGL 中，几何对象是根据 glBegin()/glEnd()函数对之间所包含的一系列指定顶点的位置坐标、颜色值、法向量值和纹理坐标画出的。这样的几何对象有点线段、循环线段、分离线段、多边形、三角形、三角形扇、分离的三角形、四边形及分离的四边形。

2. 图形控制

OpenGL 提供诸如变换矩阵、光照、反走样方法、像素操作等来控制二维和三维图形的绘制。然而，它并不提供一个描述或建立复杂几何物体的手段。OpenGL 提供的是怎样画复杂物体的机制，而非描绘复杂物体本身的面面俱到的工具，它是一个绘制系统，而非造型系统。

3. OpenGL 指令解释模型

OpenGL 的指令解释模型是客户机/服务器模式。

4. OpenGL 基本操作

OpenGL 可以在具有不同图形能力和性能的图形工作站平台及计算机上运行。图 9.1 给出了 OpenGL 的绘制原理。

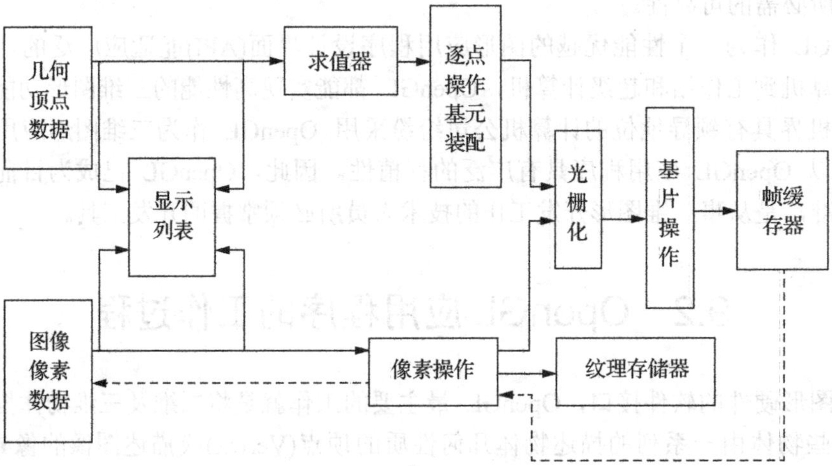

图 9.1 OpenGL 的绘制原理

用户指令从左侧进入 OpenGL。指令分为两部分，一部分画指定的几何物体，另一部分则指示在不同的阶段怎样处理几何物体。许多指令很可能被排列在显示列表(Display List)中，在后续时间里对其进行处理。通过求值器(Evaluator)计算输入值的多项式函数来为画近似曲线和曲面等几何物体提供有效手段，然后由顶点描述的几何图元进行操作。在此阶段，对顶点进行转换、光照，并把图元剪切到观察体(Frustum)中，为下一步光栅化(Rasterization)做准备。光栅化产生一系列图像的帧缓存地址和图元的二维描述值，其生成结果称为基片(Fragment)，每个基片适合于在最后改变帧存之前对单个基片进行操作。这些操作包括根据先前存储的深度值有条件地更新帧缓存，进行各种测试以及融合，即将处理的基片颜色与已经存储的颜色进行屏蔽，对基片进行逻辑操作和淡化(Dithering)。

图像像素数据的处理包括像素、位图、影像等，它们经过像素操作之后直接进入光栅化阶段。

由于 OpenGL 的几何图元是由顶点描述的，这样便于逐点操作，并按其数据装配成基元，然后经光栅化形成基片。对于像素数据，其结果还可以存储在纹理用的内存中，然后从纹理内存中取出像素信息进行光栅化。

OpenGL 显示列表事实上是一组函数，它们被存储起来，以便使 OpenGL 在后继时间内能够进行处理。

OpenGL 求值器也是许多特殊的函数。这些函数允许采用一个或两个变量的多项式映射来产生顶点坐标、法线坐标、纹理坐标及颜色，生成结果传送给执行管道(Pipeline)。求值器接口提供了在 OpenGL 之上建立更一般的曲线和曲面的基础。在 OpenGL 中提供求值器而不是更复杂的 NURBS 接口的优点在于，在表示非 NURBS 曲线和曲面以及利用特殊的表面性质时，仍然能对多项式求值器进行有效的利用，而不必将其转换为 NURBS 表示。

光栅化包含几何和物理映射两部分。几何操作是将图元转化成二维图像；物理操作是计算图像每个点的颜色和深度等信息。因此，光栅化一个图元由两部分操作组成。第一部分是决定窗口坐标(Window Coordinates)中一个整数栅格的哪些方块由图元占有；第二部分是为每个这样的方块计算它们的颜色值和深度值。计算的结果被传递到 OpenGL 的下一过程，并用此信息更新帧存中的适当单元。在 OpenGL 中，栅格方块不一定是方形的，光栅化的规则不受实际的栅格方块的宽高比限制。当然，非方形栅格的显示必然会使光栅化的点和线段在一个方向比在另一个方向显得宽些。方形的基片可以降低反混淆和纹理的难度。

9.3 OpenGL 的主要功能

OpenGL 能够对整个三维模型进行渲染着色，从而能绘制出与客观世界十分相似的三维影像。另外，OpenGL 还可以进行三维交互、动作模拟等。具体的功能主要有以下这些内容。

1. 模型绘制

OpenGL 能够绘制点、线和多边形。应用这些基本的形体，可以构造出几乎所有的三维模型。OpenGL 通常用模型的多边形的顶点来描述三维模型。

2. 模型观察

在建立了三维景物模型后，就需要用 OpenGL 描述如何观察所建立的三维模型。观察三维模型是通过一系列的坐标变换进行的。模型的坐标变换使观察者能够在视点位置观察与视点相适应的三维模型景观。在整个三维模型的观察过程中，投影变换的类型决定三维模型的观察方式，不同的投影变换得到的三维模型景观是不同的。最后的视窗变换则对模型的影像进行裁剪缩放，即决定整个三维模型在屏幕上的图像。

3. 颜色模式的指定

OpenGL 应用了一些专门的函数来指定三维模型的颜色。程序开发者可以选择两个颜色模式，即 RGBA 模式和颜色表模式。在 RGBA 模式中，颜色直接由 RGB 值来指定；在颜色表模式中，颜色值则由颜色表中的一个颜色索引值来指定。开发者还可以选择平面着色和光滑着色两种着色方式对整个三维模型景观进行着色。

4. 光照应用

用 OpenGL 绘制的三维模型必须加上光照才能更加与客观物体相似。OpenGL 提供了管理四种光(辐射光、环境光、镜面光和漫反射光)的方法，另外，还可以指定模型表面的反射特性。

5. 图像效果增强

OpenGL 提供了一系列增强三维景观的图像效果的函数，这些函数通过反走样、混合和雾化来增强图像的效果。反走样用于改善图像中线段图形的锯齿，使其更平滑；混合用于处理模型的半透明效果；雾化使得影像从视点到远处逐渐褪色，更接近于真实。

6. 位图和图像处理

OpenGL 提供了专门对位图(单色)和图像(彩色)进行操作的函数。

7. 纹理映射

三维景物因缺少景物的具体细节而显得不够真实，为了更加逼真地表现三维景观，OpenGL 提供了纹理映射的功能。OpenGL 提供的一系列纹理映射函数使得开发者可以十分方便地把真实图像贴到景物的多边形上，从而可以在视窗内绘制逼真的三维景观。

8. 实时动画

为了获得平滑的动画效果，需要先在内存中生成下一幅图像，然后把已经生成的图像从内存复制到屏幕上，这就是 OpenGL 的双缓存(Double Buffer)技术。OpenGL 提供了双缓存技术的一系列函数。

9. 交互技术

目前，有许多图形应用需要人机交互，OpenGL 提供了方便的三维图形人机交互接口，用户可以选择修改三维景观中的物体。

9.4 OpenGL 的基本语法规则

9.4.1 OpenGL 的数据类型

为了更容易地将 OpenGL 代码从一个平台移植到另一个平台，OpenGL 定义了自己的数据类型，这些数据类型被映射为常规的 C 数据类型，当然也可以使用这些 C 数据类型。不过，不同的编译器和环境对各种 C 变量的大小和内存安排的规则也不一样，使用 OpenGL 定义的数据类型时，可以将代码与这些类型变更相隔离。

表 9.1 列出了 OpenGL 数据类型在 32 位 Windows 环境下相应的 C 数据类型以及字面值所用的前缀。在本书中，所有字面值都使用这些前缀。

表 9.1 命令前缀和参数数据类型

前 缀	数据类型	相应 C 语言类型	OpenGL 类型
b	8 位整数	signed char	Glbyte
s	16 位整数	short	Glshort
i	32 位整数	long	Glint,Glsizei
f	32 位浮点数	float	GLfloat,GLclampf
d	64 位浮点数	double	GLdouble,GLclampd
Ub	8 位无符号整数	unsigned char	GLubyte,GLboolean
Us	16 位无符号整数	unsigned short	GLushort
Ui	32 位无符号整数	unsigned long	GLuint,GLenum,GLbitfield

9.4.2　OpenGL 的函数约定

OpenGL 函数都遵循一个命名约定，该约定会告诉你，函数来自哪一个库，并且常常还会告诉你该函数需要多少个参数以及各个参数的类型。所有函数都有一个根段，代表该函数相应的 OpenGL 命令。如图 9.2 所示，glColor3f 函数的根段是 Color，gl 前缀代表 gl 库，3f 后缀表示该函数使用 3 个浮点参数。所有的 OpenGL 函数都采用以下格式：

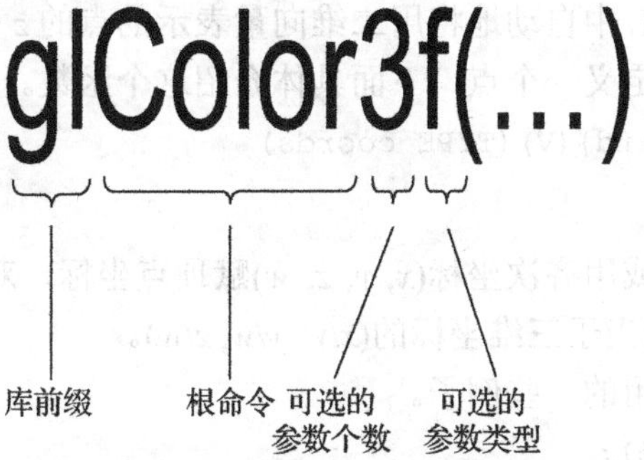

图 9.2　OpenGL 函数说明

图 9.2 说明了 OpenGL 函数的各个部分。这个带有后缀 3f 的函数采用了三个浮点参数。其他变种有采用三个整数的、三个双精度数的等。这种把参数个数和类型添加到 OpenGL 函数结尾的约定使人更容易记住参数列表而无须查找它。某些版本的 glColor 还采用四个参数来指定 Alpha(透明度)成分。

有些 OpenGL 函数最后带一个字母 v，表示函数参数可用一个指针指向一个向量(或数组)来替代一系列单个参数值。下面两种格式都表示设置当前颜色为红色，二者等价。

```
glColor3f(1.0,0.0,0.0);
float color_array[]={1.0,0.0,0.0};
glColor3fv(color_array);
```

除了以上基本命名方式外，还有一种带“*”的表示方法，如 glColor*()，它表示可以用函数的各种方式来设置当前颜色。同理，glVertex*v()表示用一个指针指向所有类型的向量来定义一系列顶点坐标值。

9.5　OpenGL 基本图元绘制

无论 OpenGL 绘制的 3D 画面多么复杂和优美，实质上它们都是由许许多多的点、线、多边形等基本几何对象构成的，而这也是 OpenGL 可以提供的最基本的绘制功能。如果你有足够的时间和耐心，可以使用 OpenGL 的这些基本对象去构造绚丽多彩的 3D 画面。因此，学习 OpenGL 的简单 3D 建模方法是步入 OpenGL 程序设计领域的第一步，也是不可或缺的一步。

9.5.1 点

1. 点的绘制

OpenGL 中的点定义为一个方块，在默认状态下，一般的绘制点就是绘制显示屏幕的一个像素。在 OpenGL 中，一个点是当作一个 $n(n=2,3,4)$维向量来处理的。如果调用函数用 glVertex2f(2.0, 1.0)指定一个顶点的坐标(2.0, 1.0)，则在实际计算中 OpenGL 是处理点(2.0, 1.0, 0.0)，即 OpenGL 中自动地将用二维向量表示的点的 z 值赋予 0.0。

用函数 glVertex()可定义一个点，下面具体介绍这个函数。

```
glVertex{2,3,4}{sifd}(V)(TYPE coords)
```

参数说明：

coords：用一个数组或用齐次坐标(x, y, z, w)赋顶点坐标，对于用四维齐次坐标定义的顶点(x, y, z, w)，实际上相当于三维坐标的$(x/w, y/w, z/w)$。

下面是 glVertex()应用的一些例子。

```
glVertex2f(1.5,2.6);
glVertex2i(1,2);
glVertex3d(2.12,3.48,6.57);
glVertex3f(50.0,50.0,0.0);
glVertex4f(1.3,2.0,-4.2,1.0);
glVertex3sv(const Glshort *v);
```

所有的 glVertex *()调用都应该在 glBegin()和 glEnd()之间进行。除了显示列表外，程序执行到 glBegin()和 glEnd()时，就开始绘图操作。请看下面的例子：

```
glBegin(GL_POINTS);
glVertex3f(0.0,0.0,0.0)
glVertex3f(50.0,50.0,50.0)
glEND();
```

glBegin()的参数 GL_POINTS 告诉 OpenGL，下面的顶点应被解释并绘制为点，它们将转换为两个具体的点，并被绘制出来，其颜色为默认值指明的颜色。

2. 点的大小

OpenGL 提供了可以控制点的大小的函数。点大小的默认值是一个像素。可以用函数 glPointsize()修改这个值，以设定点的大小：

```
void glPointsize(GLfloat size)
```

是否启动反走样，对绘制点操作有一定影响。如果没有启动反走样，所绘制的点是一个正方形块，浮点数四舍五入为整数宽度；如果启动反走样，则画一个圆形像素集，边界像素用低的颜色强度绘制，用浮点数不进行四舍五入，从而使所画的点看上去很光滑。

9.5.2 线

1. 直线的绘制

我们知道，两个点可以确定一条直线，下面的代码在两个点(0,0,0)和(50,50,50)之间画一条直线。

```
glBegin(GL_LINES);
    glVertex3f(0.0,0.0,0.0)
    glVertex3f(50.0,50.0,50.0)
glEND();
```

注意：在 OpenGL 中，参数 GL_LINES 对每两个指定的顶点画一条直线。如果 GL_LINES 指定奇数个顶点，那么最后一个顶点将会被忽略。

2. 折线和封闭折线的绘制

用以下指令可以绘制折线和封闭折线。在指定 GL_LINES_STRIP 时，可从一个顶点到另一个顶点用连续的线段画线。例如，在 *xy* 平面上画两条由三个顶点指定的线，如图 9.3 所示，其代码如下：

```
glBegin(GL_LINE_STRIP);
    glVertex3f(0.0,0.0,0.0);
    glVertex3f(50.0,50.0,0.0);
    glVertex3f(50.0,100.0,0.0);
glEnd();
```

GL_LINES_LOOP 与 GL_LINES_STRIP 类似，但会在指定的最后一个顶点和第一个顶点之间画一条线。我们用这种方法很容易画一个封闭图形，如图 9.4 所示。

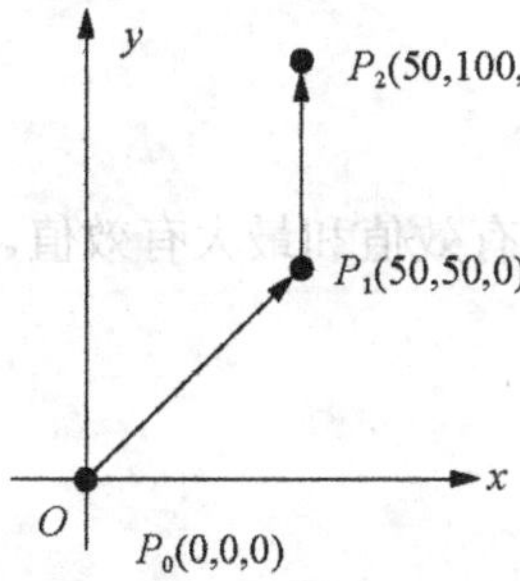

图 9.3　GL_LINES_STRIP 示例

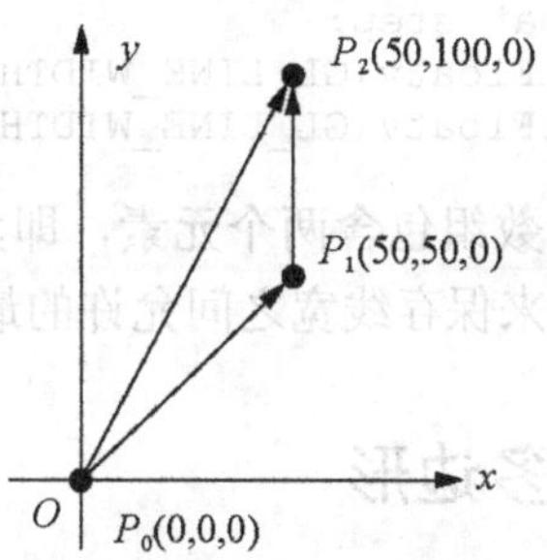

图 9.4　GL_LINES_LOOP 示例

3. 线型

用线型属性可以绘制虚线或点线，在 OpenGL 中统称为点画线。为了使用点画线，必须用以下指令先启动点画线模式。

```
void glLineStipple(GLint factor,GLushort pattern);
```

此命令有以下参数。

factor 是一个 1～255 的值，它表示 pattern 参数中所规定的像素的重复次数，即 pattern 参数中每一位能影响的像素数。

pattern 是画线操作时的一个样板。它是二进制的一个 0 和 1 的序列，在这个序列中，0 表示不画点，1 表示画点。

如果启动点画线操作，线上的点由 pattern 决定是否绘制，即从 pattern 的最低位开始，逐个绘制线段上的点，如果样板用完后，线段还没有画完，则需要重新装入样板。以下例子说明此函数的应用。

```
glLineStipple(1,0x3F07)
```

此命令执行时，0x3F07 转化为二进制为 0011 1111 0000 0111。在画线操作时，首先绘制开始的 3 个像素点，接下来 5 个点不绘制，6 个点绘制，2 个点不绘制。如果点画线的样板用完，则将从头开始。

上例中，若 factor=2，那么 pattern 实际上就成为 00001111 11111111 0000000 00111111，结果为 6 个像素点画，10 个像素点不画，12 个像素点画，4 个像素点不画。

启动点画线用 glEnable(GL_LINE_STIPPLE)。

关闭点画线用 glDisable(GL_LINE_STIPPLE)。

4. 线宽

可以在画线时使用 glLineWidth(GLfloat width)来控制线的宽度。glLineWidth()函数用一个参数来指定要画的线以像素计的近似宽度，函数形式如下：

```
glLineWidth(GLFloat width)
```

此函数中，width>0.0，默认值 width=1.0。

线宽和点的大小一样，不是所有线宽都支持，我们要确保指定的线宽是可用的。下面的代码可以获得线宽的范围和它们之间的最小间隔。

```
glfloat sizes [2];
glfloat step;
glGetFloatv(GL_LINE_WIDTH_RANGE,sizes);
glGetFloatv(GL_LINE_WIDTH_GRANULARITY,&step);
```

sizes 数组包含两个元素，即为 glLineWidth 的最小有效值和最大有效值。另外，变量 step 用来保存线宽之间允许的最小增量。

9.5.3 多边形

1. 多边形的绘制

多边形是指由封闭线段围成的区域，但 OpenGL 中的多边形有两点限制。

(1) 多边形的边不能自相交，即边和边除了多边形的顶点外，不可以相交；

(2) 多边形必须是凸多边形。

这些限制是为特别需要设置的。首先所有的多边形都可以分割为多个凸多边形。限制多边形的类型容易实现硬件加速。

在 OpenGL 中，多边形的绘制也是由函数 glBegin()和 glEnd()来完成的。

最简单的多边形是三角形，它只有三条边。GL_TRIANGLES 图元通过把三个顶点连接到一起而画出三角形。下面的代码可画出一个三角形，如图 9.5 所示。

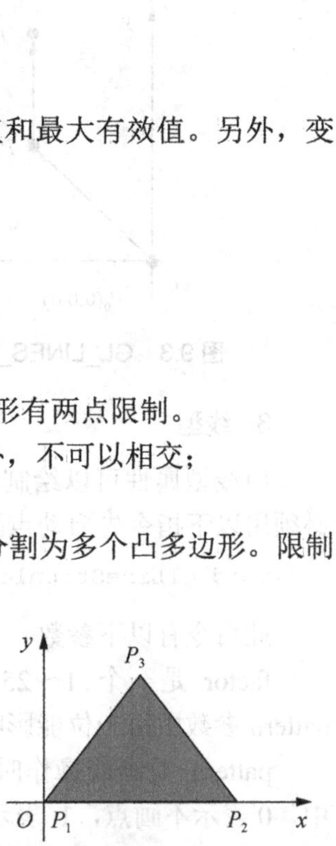

图 9.5 GL_TRIANGLES 示例

```
glBegin(GL_TRIANGLES);
glVertex3f(0.0,0.0,0.0);
glVertex3f(25.0,25.0,0.0);
glVertex3f(50.0,0.0,0.0);
```

```
glEnd();
```

注意：三角形被当前选定的颜色填充。如果我们尚未指定绘图颜色，则结果将是不确定的。

其他不同形式多边形的代码同上述模式相似，只需改变相应的参数即可。

2. 图案填充

多边形可以是以多种方式填充的多边形，OpenGL 提供了定义多边形的点画样式的函数 glPolygonStipple()，下面具体介绍。

```
glPolygonStipple(glubyte *mask)
```

参数说明：

mask 指向一个 32×32 位图的指针。

另外，还有两个相关函数。

glEnable(GL_POLYGON_STIPPLE)：启动多边形点画式样。

glDisable(GL_POLYGON_STIPPLE)：关闭多边形点画式样。

9.5.4　字符

OpenGL 本身没有附带字体的支持，而 OpenGL 体系结构评审委员会也很少涉及这方面的讨论。OpenGL 参考协议(OpenGL Specification)也没有关于字体的讨论信息。但字体是必不可少的，在 OpenGL 中可以使用其他方法来渲染字体，这里有两种方法：位图和画轮廓(多边形)。每种方法有其自己的优点与缺点。

对于处理场景中独立旋转及缩放的标题而言，选择位图字体是比较理想的。从本质上来说，它是预先光栅化的，所以渲染速度比较快，使用它们对提高程序执行速度是显而易见的。

轮廓字体主要用于描述带控制点及曲线集合的字符特征。具体操作与 OpenGL 处理多边形是一致的。

更详细的内容，请读者参考其他有关 OpenGL 编程的书籍。

9.6　OpenGL 图形的几何变换

OpenGL 对图形二、三维的几何变换采用统一的变换函数，通过参数调用来控制。在学习 OpenGL 几何变换之前，必须先掌握 OpenGL 矩阵操作函数，矩阵操作函数可以帮助用户自己定义变换。下面先介绍这些矩阵操作函数。

9.6.1　矩阵操作函数

```
void glLoadIdentity(void)
```

功能：设置当前操作矩阵(当前操作矩阵即为以后图形变换所要使用的矩阵)为单位矩阵。

```
void glLoadMatrix{fd}(const TYPE *m)
```

功能：设置任意矩阵为当前操作矩阵。

参数说明：

m 是一个单精度或双精度浮点数指针，指向一个按列存储的 4×4 矩阵。

例如：

```
glfloat *m={{m0,m1,m2,m3},{m4,m5,m6,m7},
            {m8,m9,m10,m11},{m12,m13,m14,m15}};
glLoadMatrixf(*m);
```

以上程序段执行的结果是把矩阵

$$\boldsymbol{M}=\begin{bmatrix} m_0 & m_4 & m_8 & m_{12} \\ m_1 & m_5 & m_9 & m_{13} \\ m_2 & m_6 & m_{10} & m_{14} \\ m_3 & m_7 & m_{11} & m_{15} \end{bmatrix}$$

设为当前操作矩阵。

```
void glMultMatrix{fd}(const TYPE *m)
```

功能：用当前矩阵乘以这个函数所提供的矩阵，并且把结果置为当前矩阵。

参数说明：

m 是一个单精度或双精度浮点数指针，指向一个按列存储的 4×4 矩阵。

```
void glPushMatrix()
```

功能：将当前矩阵压入矩阵堆栈。

```
void glPopMatrix()
```

功能：将当前矩阵弹出矩阵堆栈。

运用以上函数，如果有特殊的需要，用户就可以定义自己的变换。

OpenGL 定义了三种类型的矩阵，因此，在变换以前，必须指定当前的操作矩阵类型，这个操作是由函数 glMatrixModel()来完成的。下面具体介绍这个函数。

```
void glMatrixModel(Glenum mode)
```

功能：指定当前的操作矩阵类型。

参数说明：

model：指定操作矩阵堆栈的具体类型，见表 9.2。

表 9.2 对 glMatrixModel 有效的矩阵模式标识符

Model	功 能
GL_MODELVIEW	指定随后的矩阵操作是模式矩阵堆栈
GL_PROJECTION	指定随后的矩阵操作是投影矩阵堆栈
GL_TEXTURE	指定随后的矩阵操作是纹理矩阵堆栈

9.6.2 几何变换

OpenGL 提供了三个基本的几何变换矩阵函数：glTranslate*()、glRotate*()和 glScale*()，

以实现平移、旋转和缩放。用 openGL 中的矩阵操作函数也可以实现几何变换，但是直接调用这三个函数程序会运行得快一些。OpenGL 调用这三个变换函数，实质上产生了一个被平移、旋转和缩放矩阵，然后调用 glMultMatrix()与当前矩阵相乘。

1. 平移变换

平移变换函数如下：

```
void glTranslate{fd}(TYPE x,TYPE y,TYPE z)
```

三个函数参数 x、y 和 z 就是几何物体分别沿三个轴向平移的偏移量。这个函数表示用这三个偏移量生成的矩阵乘以当前矩阵。当参数是(0.0,0.0,0.0)时，表示对函数 glTranslate*()的操作是单位矩阵，也就是对物体没有影响。

2. 旋转变换

旋转变换函数如下：

```
void glRotate{fd}(TYPE angle,TYPE x,TYPE y,TYPE z)
```

参数 angle 表示对象沿从坐标点(x,y,z)到原点的方向以逆时针旋转的角度(以度为单位，范围是 0.0～360.0)。该命令用四个参数所构成的矩阵 R 乘以当前矩阵。如果参数 angle 为零，该命令不起作用。

3. 比例变换

比例变换函数如下：

```
void glScale{fd}(TYPE x,TYPE y,TYPE z)
```

参数表示变换对象分别沿三个坐标轴缩放的比例因子。该命令把三个比例因子形成的矩阵 S 乘以当前矩阵。变换对象中的每个点在 x、y 和 z 轴上的坐标都要乘上相应的参数 x、y、z。

当参数是(1.0, 1.0, 1.0)时，是单位矩阵的操作，也就是对物体没有影响。当其中某个参数为负值时，表示将对目标进行相应轴的反射变换，且这个参数不为 1.0，则还要进行相应轴的比例变换。最好不要令三个参数值都为零，这将导致物体沿三轴都缩为零。

9.6.3 OpenGL 视区变换

本节主要介绍 OpenGL 图形软件包的视区变换。由于 OpenGL 是一个三维图形软件包，虽然其提供了二维观察变换的一些指令，但仍然会涉及许多三维图形学的知识，因此，有兴趣的读者可以先参考 9.8 节中 OpenGL 观察流程这一部分。

视区变换就是把裁剪后的图形映射到屏幕窗口的过程。视区(Viewport)相当于屏幕窗口中的一块区域，默认的视区和屏幕窗口一样大。可以用函数 glViewport()来设置绘图区域，例如，可以在同一个屏幕窗口里划分多个子窗口，为多个视区创造分屏效果。

```
Void glViewport(Glint x,Glint y,Glsizei width, Glsizei height);
```

功能：定义一个视区。

参数说明：

x、*y*：指定视区矩形在屏幕窗口中的左下角位置；

width、height：指定视区的矩形的宽和高。

在默认情况下，视区的初始值为(0, 0, winWidth, winHeight)。其中，winWidth 和 winHeight 是当前屏幕窗口尺寸。

通常，视区的长宽比应与裁剪空间的长宽比相等。如果这两个比值不同，则当投影的图形被映射到视区时将发生扭曲。注意，在这之后改变窗口尺寸的操作，并不直接影响视区，因此，应用程序应能够检测窗口尺寸改变这一事件，并且对视区进行适当的修改。如果要创建两个并排的视区，可调用下列函数：

```
glviewport(0, 0, sizex/2, sizey);
glviewport(sizex/2, 0, sizex/2, sizey);
```

9.7 OpenGL 对交互式绘图的支持

OpenGL 并不直接支持任何输入设备。我们一般使用 glut 来处理数据输入和用户的交互式动作。但 OpenGL 提供了对二维及三维对象捡取的功能。OpenGL 中的主要交互命令为选择和拾取以及反馈。

OpenGL 中的选择(Select)命令可以从绘制的一系列图元中选中与用户指定的观察体相交的图元。用户观察体在二维空间是指由用户定义的矩形或多边形等。在三维空间则是三维的矩形包围盒或其他三维形体。在选择模式下，与观察体相交的每一图元都要产生一个选中信息，以确定操作是否被选中。OpenGL 中还包含一个拾取(Pick)命令，用此命令可以捡取图元。用上述选择及拾取命令，用户可以方便地进行若干交互操作，如选择一个图元项，选择一组图元项，在当前选择中增加一个或多个图元项，从一组重叠的图元中选中一个图元等。OpenGL 下的反馈命令与选择命令有相似之处，即在此模式下不产生任何画面，要绘制的图元将被送回应用程序。

用上述 OpenGL 中的各种交互操作命令，可以方便地选中一个或多个图元，然后用应用程序完成定位、拖移、橡皮带等多种交互功能。OpenGL 中的交互操作可在二维空间及三维空间中进行，在三维空间下定义三维观察体后，可选择落入此观察体中的三维图元，但三维情况下的选择比较困难，因为屏幕上的光标常常没有深度指示。

9.7.1 OpenGL 的选择模式

选择物体事实上是响应 OpenGL 应用程序的一个拾取事件，该事件通常是由鼠标来触发的。为此，应用程序必须建立物体的名称集合，并将名称加以适当组织。然后当发生捡取事件时，就对其进行响应。当拾取一个物体后，就以记录的形式组织相关信息并返回给应用程序。

物体的选择集合是用物体的名称堆栈来管理的，建立名称堆栈的步骤如下。

(1) 用 glSelectBuffer()指定用于返回命令中记录的数组。

```
void glSelectBuffer(GLsizei size, GLuint *buffer);
```

指定用于返回选择数据的数组。buffer 参数是指向无符号整数(Unsigned Integer)数组的指针，数据就存在于这个数组中；size 参数说明数组中最多能够保存的值的个数。要在进入选择模式之前调用 glSelectBuffer()。

(2) 以 glRenderMode(GL_SELECT)函数进入选择模式。

```
GLint glRenderMode(GLenum mode);
```

控制应用程序是否进入渲染、选择或反馈模式。mode 参数可以是 GL_RENDER(默认)、GL_SELECT 或 GL_FEEDBACK 之一。应用程序将保持处于给定模式，直到再次以不同的参数调用 glRenderMode()为止。在进入选择模式之前必须调用 glSelectBuffer()指定选择数组。类似地，进入反馈模式之前要调用 glFeedbackBuffer()，指定反馈数组。如果当前模式是 GL_SELECT 或 GL_FEEDBACK 之一，那么 glRenderMode()的返回值有意义。返回值是当退出当前模式时，选择命中数或放在反馈数组中的值的个数。负值意味着选择或反馈数组溢出。可以用 GL_RENDER_MODE 调用 glGetIntegerv()获取当前模式。

(3) 用 glInitName()和 glPushName()初始化名称堆栈。

```
void glInitNames(void);
```

清空名称堆栈：

```
void glPushName(GLuint name);
```

将 name 压入名称堆栈。压入名称超过栈容量时将生成一个 GL_STACK_OVERFLOW 错误。名称堆栈深度因 OpenGL 实现不同而不同，但至少要能容纳 64 个名字。可以用参数 GL_NAME_STACK_DEPTH 调用 glGetIntegerv()以获取名称堆栈深度。

(4) 定义用于选择的视见体，并用 glPickMatrix()设定选择区域的范围。

```
void glPickMatrix(GLdouble x, GLdouble y,
GLdouble width, GLdouble height, GLint viewport[4]);
```

建立一个投影矩阵用于将绘制限制在视口的一个小区域里，并将这个矩阵乘到当前矩阵栈上。拾取区域的中心是窗口坐标(x,y)处，通常是光标位置。width 和 height 定义选取区域大小，用屏幕坐标。viewport[]表明当前视口边界，这可以通过调用 glGetIntegerv (GL_VIEWPORT，GLint *viewport)获得。

(5) 依照绘图模式下场景的绘制步骤原样绘制场景。一般可以与绘图模式共用绘制场景的函数。在绘制过程中，为每一个待选物体设定一个名字，并将该名称压入堆栈。

(6) 用 glRenderMode(GL_RENDER)函数退出选择模式。记录该函数的返回值，该值应为选中的数目。在选中物体名称缓存中记录有选中物体的名称及其他有用的信息。

必须指出的是，尽管选择模式给程序提供了一个重要的交互手段，但要正确地选中物体却有许多问题需要解决。比如，当有效拾取区有许多物体时，怎样从中选择一个或多个物体；当多个物体具有同一名称时，又怎样处理物体；如果在有效区中不能选中物体，又怎样来解决等。这些问题均属于技术问题，可以基于 OpenGL 的选择模式来解决，也可以构造自己的图形学算法来解决。

9.7.2 OpenGL 的反馈模式

信息反馈为程序设计提供了重要的运行资料。在反馈模式下，每个被光栅化的基元均产生一组数据，并由 OpenGL 把它们存放入反馈数组中，每组数据均有一个标记，该标记说明了基元的类型，接着是描述基元的顶点坐标值、其他如颜色和纹理等相关数据。在退出反馈模式之后，这些数据就被写入反馈数组中。在应用反馈模式时，还可以插入一个标记，通过标记可以把一组数据与另一组数据区分开来，以便于识别和处理。

与选择模式相同的是，反馈模式不对像素进行任何光栅化操作，也不向帧缓存写入任何绘图信息，因而在应用反馈模式之前，必须绘制一次需要反馈信息的物体。与选择模式不同的是，反馈模式根据基元被处理的情况决定返回已经被处理的几何顶点的相关数据，应用时要比选择模式简单得多，也不存在较大的技术问题。遗憾的是，OpenGL 直接返回的都是顶点的已经被光栅化后的窗口坐标(当然，可通过一系列线性变换获得该顶点的世界坐标)。反馈模式不像选择模式那样需要外设来触发，可以通过函数调用来实现。

应用反馈模式的基本步骤如下。

(1) 确定反馈信息的信息类别和反馈数组。反馈数组应是一个存储浮点值的数组，由 glFeedbackBuffer()函数来完成，其原型为：

```
void glFeedbackBuffer(CLsizei size,CLenum type,
                      GLfloat * buffer);
```

其中，size 参数表示能够写进反馈数组的数据的最大个数；type 参数为一个标记常数，它表明 OpenGL 应该返回顶点的那些数据，可以取的值有 GL-2D、GL-3D、GL-3D-COLOR、GL-3D-COLOR-TEXTURE 及 GL-4D-COLOR-TEXTURE，其含义说明如下。

① GL-2D 只返回顶点的几何坐标(x,y)。

② GL-3D 只返回顶点的几何坐标(x,y,z)。

③ GL-3D-COLOR 返回顶点的几何坐标(x,y,z)及顶点的颜色。若颜色为 RGBA 模式，则颜色分量的个数为 4，这样该组数据的个数为 7。

④ GL-3D-COLOR-TEXTURE 返回顶点的几何坐标(x,y,z)、顶点的颜色与纹理值。纹理由 4 个量组成。这样在 RGBA 模式下，该组数据的个数为 11 个。

⑤ GL-4D-COLOR-TEXTURE 返回顶点的被剪切后的几何坐标(x,y,z,w)、顶点的颜色和纹理值。这样在 RGBA 模式下，该组数据的个数为 12 个。

(2) 将 glRenderMode()函数的参数设为 GL-FEEDBACK，使 OpenGL 进入反馈模式。

(3) 重新绘制物体，并按要求插入标记。重新绘制物体时，并不向帧缓存写入绘图信息。在反馈数组中，每组数据均有一个标记，这个标记说明了这组反馈信息描述的是基本几何对象还是像素数据。这个标记可以是表 9.3 中的一些常数。

在反馈模式下，每次调用 glDrawPixels()或 glCopyPixels()函数都会向反馈数组中写入相关数据。但是，插入标记却是另一回事，它在一组数据与另一组数据间插入一个标记数组。由 glPassThrough()函数来完成，并由其所在位置决定插在何处。比如，glPassThrough(2.0)表示生成一个标记组，该组由两项组成，第一项也为一个标记，即 GL_PASS_THROUGH_TOKEN，第二项为一个浮点数，此时即为 2.0。

表 9.3　标记说明

标　记	处理的几何对象
GL_POINT_TOKEN	顶点
GL_LINE_TOKEN	线
GL_LINE_RESET_TOKEN	线
GL_POLYGEN_TOKEN	多边形
GL_BITMAP_TOKEN	位图
GL_DRAW_PIXEL_TOKEN	像素
GL_COPY_PIXEL_TOKEN	像素
GL_PASS_THROUGH_TOKEN	通过

(4) 退出反馈模式，处理反馈数据。

9.8　OpenGL 观察流程和函数

在 OpenGL 中，世界坐标系和建模坐标系是统一的，在这个坐标系中，三维图形的表示是通过物体的顶点坐标来描述的，所以在 OpenGL 中被称为物体坐标系(Object Coordinates)。物体坐标系符合右手规则，是一个右手坐标系，而观察坐标系则是左手坐标系。

如果将观察坐标系的原点放在显示屏幕的左下角，则 *uv* 平面的第一象限就直接映射到屏幕上，而 *n* 轴的正向则指向显示屏的纵深位置，观察坐标在 OpenGL 中通常称为眼坐标(Eye Coordinates)。OpenGL 观察流程如图 9.6 所示。

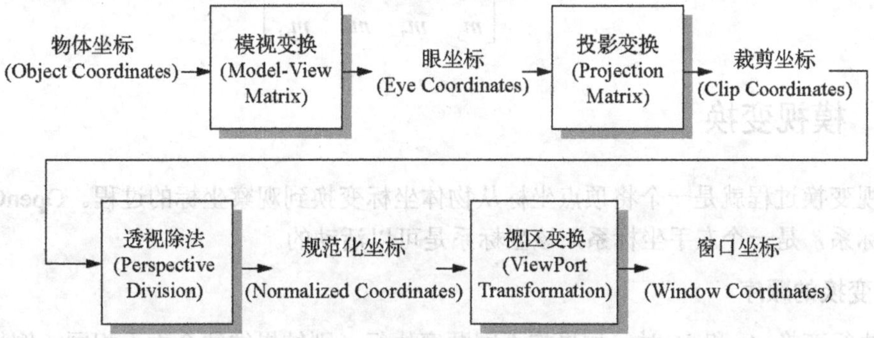

图 9.6　OpenGL 观察流程

OpenGL 中使用模视矩阵表示从物体坐标到观察坐标(由默认的观察坐标系确定)的变换，因此世界坐标和观察坐标统一为一体。由于物体坐标最终都要变换到观察坐标，所以这样的流程提高了效率，尽管省略世界坐标会有概念上的不完整。但如果需要，世界坐标等于默认的观察坐标。注意由于缺建模变换，模视矩阵变换的是坐标系，而不是物体的变换。

9.8.1　常用的变换函数

在上述坐标变换的四个步骤中，经常用到一些变换函数，并且这些变换是和矩阵相关的。因此，在这里先对这些函数作以下说明。

```
void glMatrixMode(Glenum mode);
```

功能：该函数指定哪一种矩阵为当前矩阵。

参数说明：mode 指定当前矩阵的类型。可以有下面三种类型。

(1) GL_MODELVIEW 后继的操作均在模视变换范围内。

(2) GL_PROJECTION 后继的操作均在投影变换范围内。

(3) GL_TEXTURE 后继的操作在纹理映射范围内。

某一时刻只能处于其中的一种状态。默认时，处于 GL_MODELVIEW 状态。

```
void glLoadIdentity(void);
```

功能：该函数设置单位矩阵为当前矩阵。

```
void glLoadMatrix{fd}(const TYPE* m);
```

功能：该函数用任意 4×4 矩阵替代当前矩阵。

参数说明：m 指定任意矩阵的 16 个元素。

```
void glMultMatrix{fd}(const TYPE* m);
```

功能：该函数用任意 4×4 矩阵乘当前矩阵。

参数说明：*m* 指定任意矩阵的 16 个元素。

参数 *m* 为指定矩阵 ***M***，***M*** 由 16 个值的向量$(m_0,m_2,\cdots,m_{15})$组成。

$$\boldsymbol{M}=\begin{bmatrix} m_0 & m_4 & m_8 & m_{12} \\ m_1 & m_5 & m_9 & m_{13} \\ m_2 & m_6 & m_{10} & m_{14} \\ m_3 & m_7 & m_{11} & m_{15} \end{bmatrix}$$

9.8.2 模视变换

模视变换过程就是一个将顶点坐标从物体坐标变换到观察坐标的过程。OpenGL 中的观察坐标系，是一个左手坐标系，该坐标系是可以活动的。

1. 变换的顺序

当执行变换 A 和 B 时，如果按不同顺序执行，则结果往往会大不相同。例如，变换 A 为旋转 45°角，变换 B 为向 *x* 轴方向移动一个距离，不同的执行顺序会产生不同的结果，如图 9.7 所示。

考察下面利用三个变换绘制顶点的代码：

```
glMatrixMode(GL_MODELVIEW);
glLoadIdentity();
glMultMatrixf(N); /* apply transformation N */
glMultMatrixf(M); /* apply transformation M */
glMultMatrixf(L); /* apply transformation L */
glBegin(GL_POINTS);
glVertex3f(v); /* draw transformed vertex v */
glEnd();
```

在这个过程中，在 GL_MODELVIEW 状态下，相继引入了 I(单位阵)、N、M、L 矩阵。变换后的顶点为 $NMLv$。因此，顶点的变换为 $N(M(Lv))$。

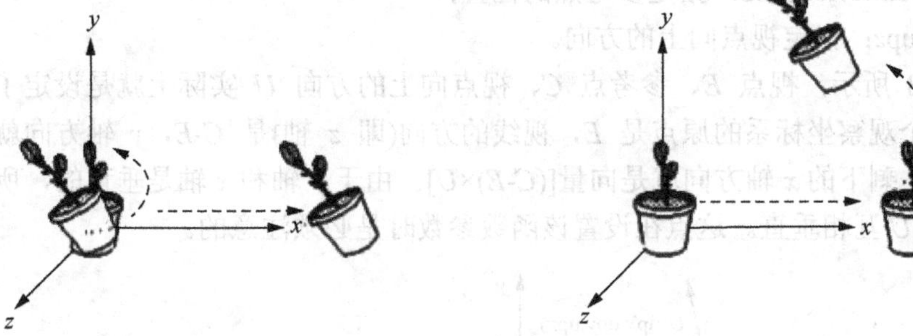

图 9.7　几何变换的顺序

2. 模型变换

模型变换有三个基本的 OpenGL 命令：

平移：glTranslate*()；

旋转：glRotate*()；

缩放：glScale*()。

OpenGL 自动计算这三个命令的平移、旋转和缩放矩阵，这些命令的作用等价于调用 glMultMatrix*()，参数设置为相应的矩阵。

3. 观察变换

观察变换改变视点的位置和方向，也就是改变观察坐标系(眼坐标系)。在世界坐标系中，视点和物体的位置是一个相对的关系，对物体做一些平移、旋转变换，必定可以通过对视点做相应的平移、旋转变换来达到相同的视觉效果。完成视图变换可以有以下几种方法。

① 利用一个或几个模型变换命令[即 glTranslate*()和 glRotate*()]。由于这些命令也是在 GL_MODELVIEW 状态下执行的，所以较难与那些模型变换命令区分开，移动视点的变换和移动物体的变换很容易混淆。为了便于建立清晰的物体和场景模型，可以认为只有其中一个变换在起作用，如果认为只有模型变换的话，那么 glTranslate*()和 glRotate*()将统一被视为对物体的变换。

② 利用实用库函数 gluLookAt()设置观察坐标系。在实际的编程应用中，用户在完成场景的建模后，往往需要选择一个合适的视角或者不停地变换视角，以对场景作观察。实用库函数 gluLookAt()就提供了这样的一个功能。

```
void gluLookAt(GLdouble eyex,GLdouble eyey,
GLdouble eyez, GLdouble centerx,
GLdouble centery, GLdouble centerz,
GLdouble upx,GLdouble upy,GLdouble upz);
```

功能：该函数定义一个视图矩阵，并与当前矩阵相乘。

参数说明：

eye*x*,eye*y*,eye*z*：指定视点的位置；

center*x*,center*y*,center*z*：指定参考点的位置；

up*x*,up*y*,up*z*：指定视点向上的方向。

如图 9.8 所示，视点 *E*、参考点 *C*、视点向上的方向 *U* 实际上就是设定了一个观察坐标系。这个观察坐标系的原点是 *E*，视线的方向(即 *z* 轴)是 *C-E*，*y* 轴方向就是视点向上的方向 *U*，剩下的 *x* 轴方向就是向量[(*C-E*)×*U*]。由于 *y* 轴和 *x* 轴是垂直的，所以也要求向量(*C-E*)和 *U* 互相垂直。这点在设置该函数参数时是必须注意的。

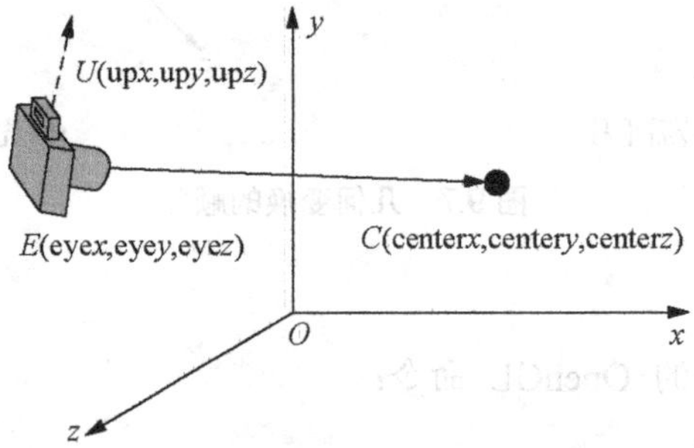

图 9.8　函数 gluLookAt()的设置

③　创建封装旋转和平移命令的实用函数。有些应用需要用简便方法指定视图变换的定制函数。例如，在飞机飞行中指定滚动、俯仰和航向旋转角，或对环绕对象运动的照相机指定一种利用极坐标的变换。

9.8.3　投影变换

投影变换就是要确定一个取景体积，其作用有两个。

(1)　确定物体投影到屏幕的方式，即是透视投影还是平行(正交)投影。

(2)　确定从图像上裁剪掉哪些物体或物体的某些部分。

投影变换包括透视投影和平行投影(正交投影)。

1. 透视投影

透视投影的示意图如图 9.9 所示，其取景体积是一个截头锥体，在这个体积内的物体投影到锥体的顶点，用 glFrustum()函数定义这个截头锥体，这个取景体积可以是不对称的，计算透视投影矩阵 *M*，并乘以当前矩阵 *C*，使 $C = C \cdot M$。

```
void glFrustum(GLdouble left,GLdouble right,
GLdouble bottom,GLdouble top,
GLdouble near,GLdouble far);
```

功能：该函数以透视矩阵乘以当前矩阵。

参数说明：

left、right：指定左右垂直裁剪面的坐标；

bottom、top：指定底和顶水平裁剪面的坐标；

near、far：指定近和远深度裁剪面的距离。两个距离一定是正的。

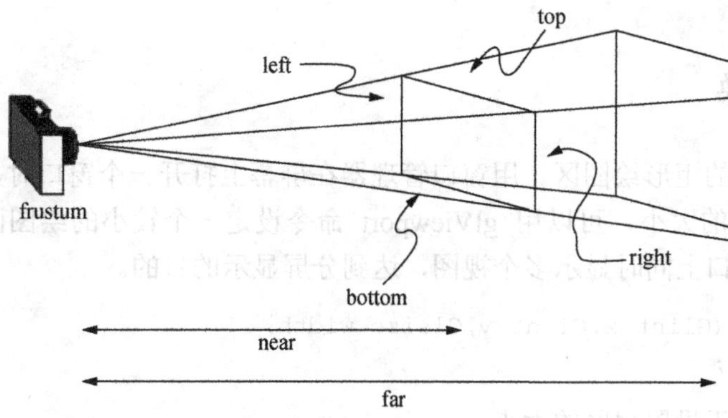

图 9.9　透视投影示意图

2. 平行(正交)投影

平行(正交)投影的示意图如图 9.10 所示，其取景体积是一个各面均为矩形的六面体，用 glOrtho()函数创建正交平行的取景体积，计算正交平行取景体积矩阵 M，并乘以当前矩阵 C，使 $C = C \cdot M$。

```
void glOrtho(Gldouble left,Gldouble right,
Gldouble bottom,Gldouble top,
Gldouble near,Gldouble far);
```

功能：该函数以正交投影矩阵乘当前矩阵。

对于二维情况，glu 库函数提供 glOrtho2D 命令用于二维图像的投影：

```
void glOrtho2D(Gldouble left,Gldouble right,
Gldouble bottom,Gldouble top);
```

功能：该函数创建一个二维投影矩阵 M，裁剪平面是左下角坐标为(left,bottom)、右上角坐标为(right,top)的矩形。

在通过视图造型矩阵和投影矩阵变换场景中对象的顶点后，任何位于取景体积外的顶点都会被裁剪掉。除此之外，还可指定附加的任意位置的裁剪面，对场景中的物体做进一步的裁剪选择。

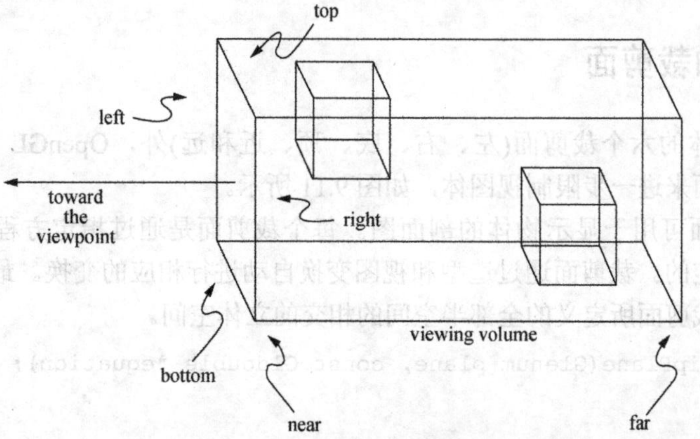

图 9.10　平行(正交)投影示意图

9.8.4 视区变换

视区就是窗口中的矩形绘图区。用窗口管理器在屏幕上打开一个窗口时，已经自动地把视区设为整个窗口的大小，可以用 glViewport 命令设定一个较小的绘图区，利用这个命令还可以在同一窗口上同时显示多个视图，达到分屏显示的目的。

```
void gliewport(Glint x,Glint y,Glsize width,
Glsize height);
```

功能：该函数用于设置视区的大小。

参数说明：

x、*y*：指定视区矩形的左下角坐标(以像素为单位)，默认值为(0,0)；

width、height：分别指定视区的宽和高。

默认时，初始视区为(0,0,*cx*,*cy*)，其中 *cx*、*cy* 分别为窗口的宽和高。应该使视区的长宽比与取景体积的长宽比相等，否则会使显示的图像变形。另外，在程序中应该及时接收窗口变化的事件，正确调整视区。

在经过裁剪和透视除法(即除以 *w*)之后，*z* 坐标变为规格化的设备坐标，其值在-1.0 和 1.0 之间变化，分别对应于近、远裁剪面。函数 glDepthRange()指定在这个范围内的规格化 *z* 坐标线性映射为窗口 *z* 坐标。不管实际深度缓存是如何实现的，窗口坐标深度值都被处理为在 0.0～1.0 变化。

```
void glDepthRange(Glclamped near, Glclamped far);
```

功能：该函数指定从规格化设备坐标到窗口的 *z* 值(深度值)映射。

参数说明：

near：指定映射到窗口坐标的近裁剪面，默认值为 0；

far：指定映射到窗口坐标的远裁剪面，默认值为 1。

near 和 far 值表示可存储在深度缓存中的最小和最大值的配置。默认值依次为 0.0 和 1.0，大多数应用可利用默认值。

9.8.5 附加裁剪面

除了视见体的六个裁剪面(左、右、底、顶、近和远)外，OpenGL 还能定义最多 6 个附加的裁剪面来进一步限制视图体，如图 9.11 所示。

附加裁剪面可用于显示物体的剖面图。每个裁剪面是通过指定方程 $Ax+By+Cz+D=0$ 中的系数来确定的。裁剪面通过造型和视图变换自动进行相应的变换。最后的裁剪体成为视见体和附加裁剪面所定义的全部半空间的相交的立体空间。

```
void glClipPlane(Glenum plane, const Gldouble *equation);
```

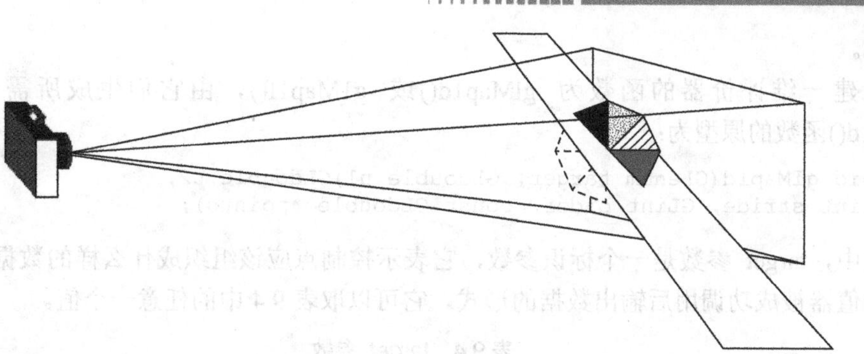

图 9.11　附加裁剪面视图

功能：该函数定义附加裁剪面。

参数说明：

plane 用符号名 GL_CLIP_PLANE*i* 指定裁剪面，其中，*i* 为 0 和 5 之间的整数，指定 6 个裁剪面中的一个；equation 指定 4 个值的数值，存放平面方程的 4 个参数。

在定义每个附加裁剪面之前，必须发出激活命令：

```
glEnable(GL_CLIP_PLANEi);
```

用如下命令可激活一个平面：

```
giDisable(GL_CLIP_PLANEi);
```

有些 OpenGL 允许设置 6 个以上的裁剪面，可利用下面命令来查询支持裁剪面的数目。

```
glGetIntegerv(GL_MAX_CLIP_PLANES, GLint * p);
```

该函数返回后，参数指针 p 所指向的整数值即为该系统所支持裁剪面的数目。

9.9　OpenGL 中自由曲线和曲面的绘制

9.9.1　Bezier 曲线的绘制

Bezier 曲线是一种以逼近为基础的参数曲线，它是由一组 Bezier 特征多边形来定义的。曲线的起点和终点与该多边形的起点和终点重合，且多边形的第一条边和最后一条边分别表示曲线在起点和终点处的切向矢量方向。曲线的形状则趋于多边形的形状。多边形可由其顶点来定义，这些顶点被称为控制点。只要给出控制点，就可生成一条 Bezier 曲线。

1. 曲线的定义与激活

在 OpenGL 中，曲线和曲面的构造是借助于 OpenGL 求值器来完成的。要生成一条曲线，首先，要创建一个求值器。求值器是基于 OpenGL 而建立的一个生成曲线和曲面包的工具。利用求值器可自动生成顶点坐标、法线坐标和纹理坐标。其次，要激活求值器，使其进行曲线映射。最后，要将求值器生成的各顶点连接起来，则可以生成一条完整的曲线。

创建一维评价器的函数为 glMap1d()或 glMap1f()，由它们生成所需坐标值。glMap1d()函数的原型为：

```
void glMap1d(GLenum target, GLdouble u1,GLdouble u2,
GLint stride, GLint order, const GLdouble *points);
```

其中，target 参数是一个标识参数，它表示控制点应该组织成什么样的数据形式，以及当求值器被成功调用后输出数据的形式。它可以取表 9.4 中的任意一个值。

表 9.4 target 参数

常　量	含　义
GL_Map1_VERTEX_3	用(x,y,z)描述一个控制点
GL_Map1_VERTEX_4	用(x,y,z,w)描述一个控制点
GL_Map1_INDEX	控制点表示一个颜色索引值
GL_Map1_COLOR_4	控制点是 RGBA 颜色值
1GL_Map1_NORMAL	控制点是一个法线向量
GL_Map1_TEXTURE_COORD_1	控制点是一个纹理坐标的 s 分量
GL_Map1_ TEXTURE_COORD_2	控制点是一个(s,t)纹理坐标
GL_Map1_ TEXTURE_COORD_3	控制点是一个(s,t,r)纹理坐标
GL_Map1_ TEXTURE_COORD_4	控制点是一个(s,t,r,q)纹理坐标

u_1 和 u_2 参数表示调和函数的变量 u 的取值范围；stride 参数表示控制点向量的维数，可以与 target 参数表示的含义不一致；order 参数为控制点的个数；points 参数为控制点地址指针。

创建一个一维曲线求值器之后，就应该激活求值器，使其进入工作状态。由下述语句完成：

```
glEnable(GL_MAP1_VERTEX_3);
```

注意，glEnable()函数的参数应该与 glMapld()函数的第一个参数一致。当不再需要映射之后，相应地，就应该挂起求值器：

```
glDisable(GL_MAP1_VERTEX_3);
```

2. 曲线坐标的计算

为了能生成一条曲线，还要进行曲线坐标的计算和连接。该函数为 glEvalcoord1d()或 glEvalcoord1f()。以 glEvalcoordld()为例，其原型为：

```
void glEvalcoord1d(GLDouble u);
```

其中，u 参数表示参数空间 UVW 中 u 参数的取值。给定一个 u 值，就会产生一个曲线坐标。当用 glEvalcoordld()函数生成曲线坐标之后，还要将这些坐标连接起来构成一条曲线。这可以通过 glBegin()/glEnd()函数对来完成。

3. 定义均匀间隔曲线坐标值

OpenGL 允许对 u 参数区间进行自动等分，以获得等间距的曲线上的点。该函数为

glMapGrid1d()或 glMapGrid1f()。以 glMapGrid1d()函数为例，其原型为：

```
Void glMapGridld(Glint un,GLdouble ul,GLdouble u2);
```

其中，u_n 参数表示参数区间等分数；u_1、u_2 参数表示参数区间$[u_1,u_2]$，必须均为非负值。当对参数区间进行自动等分之后，还需要用 g1EvalMeshl()函数产生一系列的点，并利用这些顶点坐标最终绘制成一条曲线。

9.9.2 Bezier 曲面的绘制

计算机图形学中的所有光滑曲面都采用多边形逼近来绘制，而且许多有用的曲面在数学上也只用少数几个参数(如控制点或网等)来描述。通常，用 16 个控制点描述一个曲面要比用 1000 多个三角形和每个顶点的法向信息节省很多内存。而且 1000 个三角形仅仅只逼近曲面，而控制点可以精确地描述实际曲面，且可自动计算法向。下面简要地介绍 OpenGL 中 Bezier 曲面的绘制方法，所有相关的函数都与曲线的情况类似，只是二维空间而已。

曲面定义函数为：

```
Void glMap2{fd}(GLenum target,TYPE u1,TYPE u2,Glint
ustride,GLint uorder,TYPE v1,TYPE v2,GLint vstride,GLint
vorder,TYPE points);
```

参数 target 可以是表 9.5 中的任意值，不过需要将 Map1 改为 Map2。同样，启动曲面的函数仍是 glEnable()，关闭是 glDisable()。u_1、u_2 为 u 的最大值和最小值；v_1、v_2 为 v 的最大值和最小值。参数 ustride 和 vstride 指出在控制点数组中 u 和 v 向相邻点的跨度，即可从一个非常大的数组中选择一块控制点长方形。例如，若数据定义成如下形式：

```
GLfloat ctlpoints[100][100][3];
```

并且，要用从 ctlpoints[20][30]开始的 4×4 子集，选择 ustride 为 100×3，vstride 为 3，初始点设置为 ctlpoints[20][30][0]。最后的参数都是阶数：uorder 和 vorder，二者可以不同。曲面坐标计算函数为：

```
void glEvalCoord2{fd}[v](TYPE u,TYPE v);
```

产生曲面坐标并绘制。参数 u 和 v 是定义域内的值。

9.9.3 NURBS 曲线的绘制

在 OpenGL 中，GLU 函数库提供了一个 NURBS 接口，该接口连接 OpenGL 求值器，并通过求值器连接 OpenGL 的内核，最终实现用户交互。用户需要提供的重要数据包括控制点、节点和纹理等数据。控制点说明曲线的大致走向，而节点则控制 B 样条函数的形状，从而最终控制曲线的形状。绘制一个 NURBS 曲线至少要完成如下步骤。

(1) 提供控制点序列和节点序列；

(2) 创建一个 NURBS 对象，设置 NURBS 对象属性；

(3) 绘制曲线。

要创建一个 NURBS 对象，首先应定义一个 NURBS 对象指针，然后用 gluNewNurbsRender()函数来创建。函数形式为：

```
GLUnurbsObj * theNurb;
TheNurb = gluNewNurbsRender();
```

在此之后，应设置 NURBS 对象的属性，通过 gluNurbsProperty()函数来完成。该函数的原型为：

```
void gluNurbsProperty(GLUnurbsObj * nobj,GLenum property, GLfloat value);
```

其中，nobj 参数为一个 NURBS 对象指针，由 gluNewNurbsRender()函数创建。property 参数可取表 9.5 中的值。

value 参数说明属性的值。其取值较复杂，它可以为一个浮点数，也可以为一个常量，主要由 property 参数来决定。当 property 参数为 GLU_DISPLAY_MODE 时，value 可以取如下三者之一：GLU_FILL、GLU_OUTLINE_POLYGON 或 GLU_OUTLINE_PATCH。其含义见表 9.6。若 property 参数为 GLU_SAMPLING_METHOD，value 的取值可参见表 9.7。

表 9.5 property 参数

常　量	含　义
GLU_SAMPLING_TOLERANGE	边缘的最大像素长度
GLU_DISPLAY_MODE	绘制曲线曲面的模式
GLU_CULLING	细化时如何处理 NURBS 曲线
GLU_AUTO_LOAD_MATRIX	自动下载变换矩阵
GLU_PARAMETRIC_TOLERANCE	最大绘制步长
GLU_SAMPLING_METHOD	怎样细化一个 NURBS 曲面
GLU_U_STEP	参数 u 单位长度的取样步长
GLU_V_STEP	参数 v 单位长度的取样步长

表 9.6 当 property 参数为 GLU_DISPLAY_MODE 时 value 参数的取值

常　量	含　义
GLU_FILL	绘制一张填充曲面
GLU_OUTLINE_POLYGON	只绘制细化多边形的轮廓
GLU_OUTLINE_PATCH	绘制用户定义的曲面小片和修剪回路

表 9.7 当 property 参数为 GLU_SAMPLING_METHOD 时 value 参数的取值

常　量	含　义
GLU_PATH_LENGTH	细化多边形的边缘长度不超过由 GLU_SAMPLING_TOLERANGE 指定的值
GLU_PARAMETRIC_ERROR	说明细化多边形与曲面间的误差参考由GLU_PARAMETRIC_TOLERANCE 指定的值
GLU_DOMAIN_DISTANCE	参数空间的取样距离

最后，应根据所提供的外部数据(如控制点列、节点序列、法线矢量数据、纹理数据等)绘制曲线。与二维形状的绘制过程一样，曲线的绘制是在 gluBeginCurve()/gluEndCurve()函数对中完成的。这两个函数的参数都是一个 NURBS 对象。绘制曲线的函数为 gluNurbsCurve()，其原型为：

```
void gluNurbsCurve(GLUnurbsobj * nobj,GLint nknots,GLint * knot, GLint
stride, Glfloat * ctlarray, GLint order, GLenum type);
```

其中，nobj 参数是一个 NURBS 对象；nknots 参数表示 *u* 参数区间的节点数目，它等于控制点个数加上 NURBS 曲线的阶数；knot 参数表示节点序列的指针；stride 参数表示一个控制点的分量个数；ctlarray 参数表示控制点序列的指针；order 参数表示 NURBS 曲线的阶数；type 参数表示曲线的类型，可以取 GL_MAPl_VERTEX_3、GL_MAPl_COLOR_4、GL_MAPl_TEXTURE_COORD_2、GL_MAP1_NORMAL 等值。

9.9.4　NURBS 曲面的绘制

下面介绍如何绘制 NURBS 曲面。NURBS 曲面与 NURBS 曲线的绘制过程是一致的。但是在绘制 NURBS 曲面时，由于 NURBS 曲面是二维参数曲面，因此，需要在非均匀参数轴上定义两个节点控制序列。绘制一个 NURBS 曲面的步骤如下。

(1) 生成几何控制点序列及节点序列。

(2) 生成纹理控制点序列及节点序列。

(3) 生成法线控制点序列及节点序列(也可自动生成)。

(4) 创建 NURBS 对象并确定该对象的属性。

(5) 进行纹理映射。

(6) 进行光照。

(7) 激活各种所需特定功能。

(8) 绘制曲面。

(9) 挂起各种已用特定功能。

绘制 NURBS 曲面的重要函数是 gluNurbsSurface()，其原型为：

```
void gluNurbsSurface(GLUnurbsObj * nobj, GLint sknot_count,
GLfloat * sknot, GLint tknot_count, GLfloat * tknot, GLint
s_stride, GLint t_stride, GLfloat * ctlarray, GLint sorder,
GLint torder, GLenum type);
```

其中，nobj 参数为一个 NURBS 对象；sknot_count 参数表示 *u* 参数方向的节点数目，aknot 参数则为其地址，对应序列是一个递增序列；tknot_count 参数表示 *v* 参数方向的节点数目，tknot 参数则为其地址，对应序列也是一个递增序列；s_stride、t_stride 参数分别表示 *u* 和 *v* 方向上数据偏移量；ctlarray 参数表示控制点序列，它可以表示几何控制点、纹理控制点或法线控制点等；sorder、torder 参数分别表示 *u* 和 *v* 参数轴 NURBS 曲线的阶；type 参数则表示与控制点序列相对应的输出数据类型。

与绘制 NURBS 曲线一样，gluNurbsSurface()函数必须在 gluBeginSurface()/gluEndSurface()函数对中被调用。

9.10 OpenGL 中多边形的消除与消隐

在 OpenGL 中，多边形分为正面和反面，在使用多边形的过程中可以对多边形的两个面分别进行操作。例如，现实生活中的一根钢管，在一般情况下，其内外质地是不一样的。

OpenGL 中提供多边形两面操作的命令就可以解决这个问题。默认状态下，OpenGL 对多边形正反面以相同的方式绘制，要改变多边形的绘制状态，必须调用函数 glPolygonMode()，函数说明如下：

```
glPolygonMode(GLenum face,GLenum mode)
```

功能：该函数控制多边形反面或正面的绘图模式。

参数说明：

face：指定多边形的面。face 可能的值是 GL_FRONT、GL_BACK 和 GL_FRONT_AND_BACK。其中，GL_FRONT 指定多边形的正面，GL_BACK 指定多边形的反面，GL_FRONT_AND_BACK 指定多边形的正面和反面。

当一个场景是由封闭的对象(看不到内部)组成时，对象内部的上色和光照运算没有必要进行。glCullFace()函数可以把多边形正面或背面上的这一类运算关闭。glFrontFace()则用来定义多边形的哪一面被视为正面：

```
glFrontFace(Glenum mode)
```

功能：指定多边形的正面。

参数说明：

mode 可以为 GL_CCW 或 GL_CW。GL_CCW 是 OpenGL 的默认状态，相当于投影到窗口坐标系的多边形的有序顶点，按逆时针方向出现的为多边形的正面。GL_CW 指定所绘制的多边形的顶点，按顺时针方向排列的面是多边形的正面。

在实际工作中，复杂的模型往往是由很多个多边形组成的。如果不能确定所绘制的多边形方向，则有时会因为多边形的两面的绘制属性不同而影响最终的绘图质量，所以要求面内部的反向多边形永远不可见——它们总是被正向多边形遮挡，以避免实际工作中不必要的麻烦。OpenGL 提供了消去多边形的函数 glCullFace()。

```
glCullFace(Glenum mode)
```

功能：指出在转换成屏幕坐标之前，哪些多边形应该被消除。

参数说明：

mode：可以是 GL_FRONT、GL_BACK 和 GL_FRONT_AND_BACK，用来指定正向、反向或所有的多边形。默认状态是 GL_BACK。用 glEnable(GL_CULL_FACE)启动消除多边形，用 glDisable(GL_CULL_FACE)关闭消除多边形。

OpenGL 中消隐操作是由深度缓冲器(Z-Buffer)来实现的，深度缓冲器为窗口的每个点保留一个深度值，这个深度值记录了视点到占有该像素的目标的垂直距离，然后根据组成物体像素点的不同深度值，决定该点是否需要显示到屏幕上。下面介绍关于深度测试的函数。

```
void glClearDepth(GLclmpd depth)
```

功能： 指定在刷新深度缓冲器时所用的深度值。也就是刷新深度缓冲器后，深度缓冲器为窗口中的每一个像素点设置的深度值。

参数说明：

depth：指定刷新深度缓冲器时所用的深度值。

9.11　OpenGL 的真实感图形绘制

9.11.1　OpenGL 颜色

几乎所有 OpenGL 应用的目的都是在屏幕窗口内绘制彩色图形，所以颜色在 OpenGL 编程中占有很重要的地位，OpenGL 采用 RGB 颜色模型。屏幕窗口坐标是以像素为单位的，因此组成图形的每个像素都有自己的颜色，而这种颜色值是通过对一系列 OpenGL 函数命令的处理最终计算出来的。在这一部分将讲述 OpenGL 的颜色模式、颜色定义和两种模式应用场合等内容。

OpenGL 颜色模式有两种：RGB(RGBA)模式和颜色表模式。在 RGB 模式下，所有的颜色定义全用 R、G、B 三个值来表示，有时也加上 Alpha 值(与透明度有关)，即 RGBA 模式。在颜色表模式下，每一个像素的颜色是用颜色表中的某个颜色索引值表示的，而这个索引值指向相应的 R、G、B 值。这样的一个表称为颜色映射(Color Mapping)。

9.11.2　OpenGL 光照

1. OpenGL 光的组成

在 OpenGL 简单光照模型中的几种光分别为辐射光(Emitted Light)、环境光(Ambient Light)、漫射光(Diffuse Light)、镜面光(Specular Light)。辐射光是最简单的一种光，它直接从物体发出并且不受任何光源影响。环境光是由光源发出经环境多次散射而无法确定其方向的光，即似乎来自所有方向。

一般来说，房间里的环境光成分要多些，相反，户外的要少得多，因为大部分光按相同方向照射，而且在户外很少有其他物体反射的光。当环境光照到曲面上时，它在各个方向上均等地发散(类似于无影灯光)。

漫射光来自一个方向，它垂直照射于物体时比倾斜时更明亮。一旦它照射到物体上，则在各个方向上均匀地发散出去。于是，无论视点在哪里，它都一样亮。来自特定位置和特定方向的任何光都可能有散射成分。

镜面光来自特定方向并沿另一方向反射出去，一个平行激光束在高质量的镜面上产生 100%的镜面反射。光亮的金属和塑料具有很高的反射成分，而像粉笔和地毯等几乎没有反射成分。因此，从某种意义上讲，物体的反射程度等同于其上的光强(或光亮度)。

2. 创建光源

光源有许多特性，如颜色、位置、方向等。选择不同的特性值，则对应的光源作用在物体上的效果也不一样，这在以后的章节中会逐步介绍。下面详细讲述有关光源特性的函数。

1) 创建光源

OpenGL 中定义光源是由函数 glLight*()实现的，下面具体说明这个函数。

```
void glLight{f,i}[v](GLenum light, GLenum pname,
                    GLfloat * param)
```

2) 启动/关闭光照

在 OpenGL 中，必须明确指出光照是否有效或无效。如果光照无效，则只是简单地将当前颜色映射到当前顶点上，不进行法向、光源、材质等复杂计算，那么显示的图形就没有真实感。要使光照有效，首先要启动光照，即

```
glEnable(GL_LIGHTINGi);
```

若使光照无效，则调用：

```
glDisable(GL_LIGHTINGi)
```

关闭当前光照。

9.11.3 OpenGL 明暗处理

在 OpenGL 中，用单一颜色处理的称为平面明暗(Flat Shading)处理，用许多不同颜色处理的称为光滑明暗(Smooth Shading)处理，也就是 Gourand 明暗(Gourand Shading)处理。

设置明暗处理模式的函数为：

```
void glShadeModel(GLenum mode);
```

函数参数为 GL_FLAT 或 GL_SMOOTH，分别表示平面明暗处理和光滑明暗处理。

9.11.4 OpenGL 纹理映射

OpenGL 中纹理映射是一个相当复杂的过程，这里只简单地叙述最基本的执行纹理映射所需的步骤。基本步骤如下。

(1) 定义纹理。

(2) 控制滤波。

(3) 说明映射方式。

(4) 绘制场景，给出顶点的纹理坐标和几何坐标。

注意：纹理映射只能在 RGBA 模式下执行，不能运用于颜色表模式。

1. 纹理定义

1) 一维纹理定义函数

```
void glTexImage1D(Glenum target,GLint level,Glint
```

```
components,GLsizei width,GLint border,GLenum format, GLenum
type,const GLvoid *pixels);
```

除了第一个参数 target 应设置为 GL_TEXTURE_1D 外，其余所有的参数与二维纹理定义函数 TexImage2D()的一致，不过一维纹理没有高度。其宽度值必须是 $2n$，n 为整数。

2) 二维纹理定义函数

```
void glTexImage2D(GLenum target,GLint level,
GLint components, GLsizei width,
glsizei height,GLint border,
GLenum format,GLenum type,
const GLvoid *pixels);
```

其中，参数 target 是常数 GL_TEXTURE_2D。参数 level 表示多级分辨率的纹理图像的级数，若只有一种分辨率，则 level 设为 0。参数 components 是一个从 1 到 4 的整数，指出选择了 R、G、B、A 中的哪些分量用于调整和混合，1 表示选择了 R 分量，2 表示选择了 R 和 A 两个分量，3 表示选择了 R、G、B 三个分量，4 表示选择了 R、G、B、A 四个分量。

参数 width 和 height 给出了纹理图像的长度和宽度，参数 border 为纹理边界宽度，它通常为 0，width 和 height 必须是 $2m+2b$，这里 m 是整数，长和宽可以有不同的值，b 是 border 的值。纹理映射的最大尺寸依赖于 OpenGL，但它至少必须使用 64×64(若带边界为 66×66)，若 width 和 height 设置为 0，则纹理映射有效地关闭。

参数 format 和 type 描述了纹理映射的格式和数据类型，它们在这里的含义与在函数 glDrawPixels()中的含义相同。事实上，纹理数据与 glDrawPixels()所用的数据有同样的格式。参数 format 可以是 GL_COLOR_INDEX、GL_RGB、GL_RGBA、GL_RED、GL_GREEN、GL_BLUE、GL_ALPHA、GL_LUMINANCE 或 GL_LUMINANCE_ALPHA(注意，不能用 GL_STENCIL_INDEX 和 GL_DEPTH_COMPONENT)。类似地，参数 type 可以是 GL_BYPE、GL_UNSIGNED_BYTE、GL_SHORT、GL_UNSIGNED_SHORT、GL_INT、GL_UNSIGNED_INT、GL_FLOAT 或 GL_BITMAP。

参数 pixels 包含纹理图像数据，这个数据描述了纹理图像本身和它的边界。

2. 纹理控制

OpenGL 中的纹理控制函数是：

```
void glTexParameter{if}[v](GLenum target,
GLenum pname,
TYPE param);
```

1) 滤波

一般来说，纹理图像为正方形或长方形。但当它映射到一个多边形或曲面上并变换到屏幕坐标时，纹理的单个纹素很少对应于屏幕图像上的像素。根据所用变换和所用纹理映射，屏幕上单个像素可以对应于一个纹素的一小部分(即放大)或一大批纹素(即缩小)。下面用函数 glTexParameter*()说明放大和缩小的方法：

```
glTexParameter*(GL_TEXTURE_2D,
GL_TEXTURE_MAG_FILTER,GL_NEAREST);
glTexParameter*(GL_TEXTURE_2D,
GL_TEXTURE_MIN_FILTER,GL_NEAREST);
```

实际上，第一个参数可以是 GL_TEXTURE_1D 或 GL_TEXTURE_2D，即表明所用的纹理是一维的还是二维的；第二个参数指定滤波方法，其中参数 GL_TEXTURE_MAG_FILTER 指定为放大滤波方法，GL_TEXTURE_MIN_FILTER 指定为缩小滤波方法；第三个参数说明滤波方式，其值如表 9.8 所示。

表 9.8　放大和缩小滤波方式

参　数	值
GL_TEXTURE_WRAP_S	GL_CLAMP GL_REPEAT
GL_TEXTURE_WRAP_T	GL_CLAMP GL_REPEAT
GL_TEXTURE_MAG_FILTER	GL_NEAREST GL_LINEAR
GL_TEXTURE_MIN_FILTER	GL_NEAREST GL_LINEAR GL_NEAREST_MIPMAP_NEAREST GL_NEAREST_MIPMAP_LINEAR GL_LINEAR_MIPMAP_NEAREST GL_LINEAR_MIPMAP_LINEAR

若选择 GL_NEAREST，则采用坐标最靠近像素中心的纹素，这有可能使图像走样；若选择 GL_LINEAR，则采用最靠近像素中心的 4 个像素的加权平均值。GL_NEAREST 所需计算比 GL_LINEAR 要少，因而执行得更快，但 GL_LINEAR 提供了比较光滑的效果。

2)　重复与约简

纹理坐标可以超出(0,1)范围，并且在纹理映射过程中可以重复映射或约简映射。在重复映射的情况下，纹理可以在 *s*、*t* 方向上重复，即

```
glTexParameterfv(GL_TEXTURE_2D,GL_TEXTURE_WRAP_S,
GL_REPEAT);
glTexParameterfv(GL_TEXTURE_2D,GL_TEXTURE_WRAP_T,
```

GL_REPEAT)：若将参数 GL_REPEAT 改为 GL_CLAMP，则所有大于 1 的纹素值都置为 1，所有小于 0 的值都置为 0。参数设置参见表 9.13。

3. 映射方式

在实际编程中，纹理图像经常是直接作为画到多边形上的颜色来处理。实际上，可以用纹理中的值来调整多边形(曲面)原来的颜色，或用纹理图像中的颜色与多边形(曲面)原来的颜色进行混合。因此，OpenGL 提供了 3 种纹理映射的方式，这个函数是：

```
void glTexEnv{if}[v](GLenum target,GLenum pname,TYPE param);
```

其中，参数 target 必须是 GL_TEXTURE_ENV；若参数 pname 是 GL_TEXTURE_ENV_MODE，则参数 param 可以是 GL_DECAL、GL_MODULATE 或 GL_BLEND，以说明

纹理值是与原来表面颜色的关系；若参数 pname 是 GL_TEXTURE_ENV_COLOR，则参数 param 是包含 4 个浮点数(分别是 R、G、B、A 分量)的数组，这些值只在采用 GL_BLEND 纹理函数时才有用。

4. 纹理坐标

1)　坐标定义

在绘制纹理映射场景时，不仅要给每个顶点定义几何坐标，而且也要定义纹理坐标。经过多种变换后，几何坐标决定顶点在屏幕上绘制的位置，而纹理坐标决定将纹理图像中的哪一个纹素赋予该顶点，并且顶点之间的纹理坐标插值方法与前面所讲的平滑着色插值方法相同。

纹理图像是方形数组，纹理坐标通常可定义成一、二、三或四维形式，称为 *s*、*t*、*r* 和 *q* 坐标，以区别于物体坐标(*x*,*y*,*z*,*w*)和其他坐标。一维纹理常用 *s* 坐标表示，二维纹理常用(s,t)坐标表示，目前忽略 *r* 坐标，*q* 坐标像 *w* 一样，一半值为 1，主要用于建立齐次坐标。OpenGL 的坐标定义函数是：

```
void gltexCoord{1234}{sifd}[v](TYPE coords);
```

此函数设置当前纹理坐标，此后调用 glVertex*()所产生的顶点都赋予当前的纹理坐标。对于 gltexCoord1*()，*s* 坐标被设置成给定值，*t* 和 *r* 设置为 0，*q* 设置为 1；用 gltexCoord2*()可以设置 *s* 和 *t* 坐标值，*r* 设置为 0，*q* 设置为 1；对于 gltexCoord3*()，*q* 设置为 1，其他坐标按给定值设置；用 gltexCoord4*()可以给定所有的坐标。使用适当的后缀(s、i、f 或 d)和 TYPE 的相应值(GLshort、GLint、Glfloat 或 GLdouble)来说明坐标的类型。注意，整型纹理坐标可以直接应用，而不是像普通坐标那样被映射到[-1,1]之间。

2)　坐标自动产生

在某些场合(环境映射等)下，为获得特殊效果需要自动产生纹理坐标，并不要求用函数 gltexCoord*()为每个物体顶点赋予纹理坐标值。OpenGL 提供了如下自动产生纹理坐标的函数：

```
void glTexGen{if}[v](GLenum coord,GLenum pname, TYPE param);
```

第一个参数必须是 GL_S、GL_T、GL_R 或 GL_Q，用于指出纹理坐标 *s*,*t*,*r*,*q* 中的哪一个要自动产生；第二个参数值为 GL_TEXTURE_GEN_MODE、GL_OBJECT_PLANE 或 GL_EYE_PLANE；第三个参数 param 是一个定义纹理产生参数的指针，其值取决于第二个参数 pname 的设置，当 pname 为 GL_TEXTURE_GEN_MODE 时，param 是一个常量，即 GL_OBJECT_LINEAR、GL_EYE_LINEAR 或 GL_SPHERE_MAP，它们决定用哪一个函数来产生纹理坐标。对于 pname 的其他可能值，param 是一个指向参数数组的指针。

9.12　OpenGL 图形演示系统的设计

本节将通过一个小例子来介绍 OpenGL 程序编写的过程，希望通过这个例子让大家对前面学习的 OpenGL 知识能够融会贯通，能够对 OpenGL 编程有一个感性的认识。本例使用 VC++ 6.0 作为开发平台。需要注意的是，如果读者在自己的计算机上编译本例，需要在 VC++ 6.0 的 Project 菜单下选择 Setting 选项，在弹出的对话框中单击 Link 标签，在 Object/Library modules 下将 opengl32.lib、glut32.lib、glu32.lib 等静态链接库文件添加进去。这样才能确保程序能顺利编译。此外，如果程序运行时提示"没有找到 OPENGL32.DLL"，则还需要将 opengl32.dll 等动态链接库文件复制到 windows\system32 文件夹下。

在这个小例子中将创建一个可乐瓶的模型，并通过光照、纹理映射等渲染方法使其更加逼真。

9.12.1 位图数据的处理

由于本例中将使用纹理映射将一张可乐的图片映射到建立的模型表面，所以这里要先让大家了解一下这个过程。

由于在程序中要使用 Windows BMP 图像文件作为纹理贴图的对象，所以这里要首先向大家介绍一下 Windows BMP 图像文件的一些相关知识。

1. BMP 位图的数据结构

BMP 是标准的 Windows 图像格式，一个 BMP 文件分为 4 个部分，其文件结构包括 BITMAPFILEHEADER(位图文件头)、BITMAPINFOHEADER(位图信息头)、Palette(调色板)、DIB Pixels(图像数据)。

第一部分为位图文件头 BITMAPFILEHEADER，它是一个结构体，长度为 14 字节，定义如下：

```
typedef struct /**** 位图文件头 ****/
 {
 unsigned short bfType; /* 文件类型，必须是 BMP */
 unsigned int bfSize; /* 文件大小，表示整个文件的字节数 */
 unsigned short bfReserved1; /* 保留字，必须为 0 */
 unsigned short bfReserved2; /* 保留字，必须为 0 */
nsigned int bfOffBits; /* 位图数据起始位置，以相对于位图文件头的偏移量表示，以字
                              节为单位 */
 } BITMAPFILEHEADER;
```

第二部分为位图信息头 BITMAPINFOHEADER，它用于说明位图的尺寸等信息，也是一个结构体，长度为 40 字节。定义如下：

```
typedef struct /* 位图文件信息头 */
 {
 unsigned int biSize; /* 本结构所占用字节数 */
 int biWidth; /* 位图宽度 */
 int biHeight; /* 位图高度 */
 unsigned short biPlanes; /* 目标设定的级别(必须是 1)*/
 unsigned short biBitCount; /* 每个像素所需的位数，必须是 1(双色)、*/
 /*4(2 的 4 次方=16 色)、8(2 的 8 次方=256 色)、24(真彩色)中的一种 */
unsigned int biCompression; /* 位图压缩类型，必须是 0(不压缩)、*/
/*1(BI_RLE8 压缩类型)或 2(BI_REL4 压缩类型)*/
```

```
unsigned int biSizeImage; /* 位图大小 */
int biXPelsPerMeter; /* 位图水平分辨率*/
int biYPelsPerMeter; /* 位图垂直分辨率 */
unsigned int biClrUsed; /* 位图实际使用的颜色表中的颜色数*/
unsigned int biClrImportant; /* 位图显示过程中 */
} BITMAPINFOHEADER;
```

第三部分为调色板(Palette)。用于说明位图中的颜色，它有若干个表项，每一个表项是一个 RGBQUAD 类型的结构，占 4 字节，定义一种颜色。RGBQUAD 结构的定义如下：

```
typedef struct /**** 调色板 ****/
{
unsigned char rgbBlue; /* 蓝色的亮度，范围为 0~255 */
unsigned char rgbGreen; /* 绿色的亮度，范围为 0~255 */
unsigned char rgbRed; /* 红色的亮度，范围为 0~255 */
unsigned char rgbReserved; /* 保留字，必须为 0 */
} RGBQUAD;
```

第四部分为实际的图像数据，图像数据保存的不一定是颜色值，如果位图有调色板，如 256 色位图，则图像数据保存的是调色板的索引；如果位图没有调色板，如 24 位真彩色位图，则保存的是每个像素的红、绿、蓝颜色值。图像数据记录的顺序是：在扫描行内是从左到右，扫描行之间是从下到上。对于不同的位图，其一个像素值所占的字节数不同。分别介绍如下：

① 2 色位图(biBitCount=1)，8 个像素占 1 字节。

② 16 色位图(biBitCount=4)，2 个像素占 1 字节。

③ 256 色位图(biBitCount=8)，1 个像素占 1 字节。

④ 24 位真彩色位图(biBitCount=24)，1 个像素占 3 字节。

具体的定义可以参照源程序中的 bitmap.h 文件。

2. BMP 位图文件的读取与保存

定义好位图文件的数据结构以后，需要定义位图文件的读取和保存函数。在程序中我们通过 LoadDIBitmap 和 SaveDIBitmap 这两个函数来实现位图文件的读取和保存。

1) 读取 BMP 文件

由于 BMP 文件的格式不是很复杂，因此，读取 BMP 文件也很简单。通过二进制方式打开文件就可以读取 BITMAPFILEHEADER 结构。

```
if((fp = fopen(filename, "rb"))== NULL)/*通过 rb 模式读取数据*/
return(NULL);
if(fread(&header, sizeof(BITMAPFILEHEADER), 1, fp)< 1)
{
fclose(fp);
return(NULL);
}
if(header.bfType != 'MB')
{
fclose(fp);
return(NULL);
}
```

如果文件头看上去一切正常，则可以使用任何调色板信息读取 BITMAPINFO 结构：

```
infosize = header.bfOffBits - sizeof(BITMAPFILEHEADER);
   if((*info =(BITMAPINFO *)malloc(infosize))== NULL)
 {
 fclose(fp);
 return(NULL);
 }
 if(fread(*info, 1, infosize, fp)< infosize)
 {
 free(*info);
 fclose(fp);
 return(NULL);
 }
```

计算出图像数据的大小：

```
 if((bitsize =(*info)->bmiHeader.biSizeImage)== 0)/*如果 bitsize */
/*为 0，则需要自己计算位图大小*/
 bitsize =((*info)->bmiHeader.biWidth *
(*info)->bmiHeader.biBitCount + 7)/ 8 *
 abs((*info)->bmiHeader.biHeight);
```

最后就可以读取位图数据并关闭文件：

```
 fclose(fp);
 return(bits);
```

其具体的函数定义和实现可以查阅 bitmap.c 中的 LoadDIBitmap 函数的具体代码实现。

2) 保存位图数据

同上面一样，首先读取 BITMAPFILEHEADER 结构，然后利用调色板信息读取 BITMAPINFO 结构，并通过二进制模式写入数据。

读取 BITMAPINFO 结构的代码和前面的 LoadDIBitmap 函数类似，不同的地方在于这里采用的是写入模式，而不是读取模式。根据 info->bmiHeader.biCompression 的值，选择不同的处理方式，关于 biCompression 的含义可以参看前面 BITMAPINFOHEADER 结构的定义。

```
switch(info->bmiHeader.biCompression)
{
case BI_BITFIELDS :
 infosize += 12;
 if(info->bmiHeader.biClrUsed == 0)
 break;
case BI_RGB :
 if(info->bmiHeader.biBitCount > 8 &&
 info->bmiHeader.biClrUsed == 0)
break;
case BI_RLE8 :
case BI_RLE4 :
 if(info->bmiHeader.biClrUsed == 0)
 infosize +=(1 << info->bmiHeader.biBitCount)* 4;
else
 infosize += info->bmiHeader.biClrUsed * 4;
break;
}
```

写入位图文件头、位图信息、图像数据等值：

```
header.bfType = 'MB';
 header.bfSize = size;
 header.bfReserved1 = 0;
 header.bfReserved2 = 0;
header.bfOffBits = sizeof(BITMAPFILEHEADER)+ infosize;
if(fwrite(&header,1,sizeof(BITMAPFILEHEADER),fp)<
sizeof(BITMAPFILEHEADER))
 {
 fclose(fp);
 return(-1); /*如果不能写入位图文件头，则返回-1，退出*/
 }
if(fwrite(info, 1, infosize, fp)< infosize)
 {
 fclose(fp);
 return(-1); /*如果不能写入位图信息头，则返回-1，退出*/
 }
if(fwrite(bits, 1, bitsize, fp)< bitsize)
 {
 fclose(fp);
 return(-1); /*如果不能写入位图数据，则返回-1，退出*/
 }
/*如果一切正常，返回 0，继续下面的内容*/
 fclose(fp);
 return(0);
 }
```

具体的实现代码，读者可以参考源程序中的 SaveDIBitmap 函数的具体实现方法。

接下来的工作就是要定义一个纹理载入函数，把读入的位图文件传递到 OpenGL 的 glBindTexture(GLenum target, GLuint texture)函数中，关于 glBindTexture 函数的具体用法将在后面为大家介绍。

3. 将位图文件添加到纹理映射

这里我们定义了 TextureLoad 函数，将程序读取的位图文件添加到纹理映射中。

```
bits=LoadDIBitmap(filename, &info);/*装载位图文件*/
if(bits==(GLubyte *)0)
return(0);
```

指出加载的是 1D 纹理还是 2D 纹理：

```
if(info->bmiHeader.biHeight == 1)
type=GL_TEXTURE_1D;
else
type=GL_TEXTURE_2D;
```

生成并绑定纹理对象：

```
glGenTextures(1, &texture);
glBindTexture(type, texture);
```

设置纹理变量：

```
glTexParameteri(type, GL_TEXTURE_MAG_FILTER, magfilter);
glTexParameteri(type, GL_TEXTURE_MIN_FILTER, minfilter);
glTexParameteri(type, GL_TEXTURE_WRAP_S, wrap);
glTexParameteri(type, GL_TEXTURE_WRAP_T, wrap);
```

具体的实现代码，读者可以参考源程序中的 TextureLoad 函数。

9.12.2 模型的绘制

1. 显示窗口的初始化

首先要初始化一个窗口，通过这个窗口来显示我们描绘的模型。

```
glutInitDisplayMode(GLUT_RGB| GLUT_DOUBLE | GLUT_DEPTH);
```

这个函数初始化 GLUT 库 OpenGL 窗口的显示模式，其函数原型为：

```
void glutInitDisplayMode(unsigned int mode)
```

参数 mode 对应窗口特性的蒙版值，这些蒙版值可以用位或(OR)组合在一起，比如例子中我们就用了三个蒙版值的组合，这三个蒙版值代表着指定一个双缓冲窗口，使得所有绘图代码都在画面外缓冲区进行渲染，同时指定一个 32 位深度缓冲区。

```
glutInitWindowSize(800, 600);
```

窗口初始大小为 800×600 像素：

```
glutCreateWindow("OpenGL 演示程序!");
```

创建一个允许使用 OpenGL 的窗口，其函数原型为：

```
void glutCreateWindow(char *name);
```

这个函数在 GLUT 中创建一个顶层窗口，它被视为当前窗口。

```
glutDisplayFunc(Redraw);
```

这个函数是一个用于设置当前窗口的显示回调函数，其函数原型为：

```
void glutDisplayFunc(void(*func)void);
```

这个函数告诉 GLUT，如果需要绘制当前窗口应该调用哪个函数，应该注意的是，调用这个函数后，GLUT 并不会明确地替你调用 glFlush 或 glutSwapBuffers 函数。

```
glutIdleFunc(Idle);
```

这个函数注册一个空闲程序在后台运行，其函数原型为：

```
void glutIdleFunc(void(*func)void);
```

这个函数注册一个空闲程序一直在后台运行，实现动画和游戏中帧的定时刷新。

```
glutReshapeFunc(Resize);
```

该函数为当前窗口设置窗口再整形回调函数，其函数原型为：

```
void glutReshapeFunc(void(*func)(int width,int height) );
```

这个函数建立一个由 GLUT 调用的回调函数，只需窗口改变大小或形状即可实现。

2. 调用 GLU 函数库中的函数进行绘制

在本例中通过圆柱体、圆锥体、圆盘、圆环等几何体的组合来构造可乐瓶的模型，而这些几何体都是二次曲面。gluNewQuadric 函数创建了一个描述当前绘图模式、定位、光照模式、纹理模式和回调函数的不透明的状态变量，其函数原型如下：

```
GLUquadricObj *obj;
obj=gluNewQuadric();
```

应注意的是，二次曲面的状态变量并不包括所要绘制的几何形状。相反，它所描述的是如何绘制出这个几何形状。这就允许用户可以重复地使用二次曲面来绘制很多不同种类的几何形状。

这里通过以下代码来创建可乐模型的二次曲面：

```
GLUquadricObj *colaObj;
colaObj=gluNewQuadric();
```

二次曲面一旦创建成功，就可以通过改变二次曲面的状态来定制几何形状的绘制过程。实现这个操作的 GLU 函数有 gluQuadricDrawStyle、gluQuadricNormals、gluQuadricOrientation 和 gluQuadricTexture，其具体的含义，读者可以参阅 OpenGL 相关书籍。这里要用到 gluQuadricNormals 和 gluQuadricTexture 这两个函数。

gluQuadricNormals 函数控制光照标准的运算。其函数原型如下：

```
void gluQuadricNormals(GLUquadricObj * obj, GLenum normals);
```

其光照模式定义如下。

GLU_NONE：不生成任何光照标准。

GLU_FLAT：为每个多边形都生成光照标准，以创建带有多个小平面的外观。

GLU_SMOOTH：为每个顶点都生成光照标准，以创建平滑的外观效果。

由于我们创建的可乐瓶表面是光滑的圆柱体和圆锥体，所以在程序中使用：

```
gluQuadricNormals(colaObj,GLU_SMOOTH);
```

另外，对于二次曲面，纹理坐标也可以自动生成。gluQuadricTexture 函数可以允许(GL_TURE)或者禁止(GL_FALSE)纹理坐标的生成。这里通过 gluQuadricTexture 函数来自动生成纹理坐标。

gluQuadricTexture 函数原型如下：

```
void gluQuadricTexture(GLuquadricObj * obj, GLboolean textureCoords);
```

故在程序中使用 gluQuadricTexture(colaobj,GL_TURE)。

另外，这里还定义了一个 OpenGL 类型的 32 位无符号整数变量 colaTexture，用来传递位图纹理数据。

```
colaTexture = TextureLoad("cola.bmp", GL_FALSE, GL_LINEAR, GL_LINEAR,
GL_REPEAT);
glutMainLoop();
```

该函数用于启动主 GLUT 处理循环，其函数原型为：

```
void glutMainLoop(void);
```

这个函数开始主 GLUT 事件处理循环。事件循环是处理所有键盘、鼠标、定时器、重新绘制和其他窗口消息的地方。这个函数到程序终止时才返回。

在窗口创建完毕后，就需要为模型进行初始化。

```
static GLfloat ambient[4] = { 1.0f, 1.0f, 1.0f, 1.0f };/*设置环境光*/
glClearColor(0.7, 0.7, 1.0, 1.0);
```

该函数的作用是设置清除颜色缓冲区所用颜色与 Alpha 值，其函数原型为：

```
void glClearColor(GLclampf red, GLclampf green, GLclampf blue, GLclampf
alpha);
```

它设置清除红色、绿色、蓝色和 Alpha 缓冲区(并称为颜色缓冲区)所用的填充值。填充值的范围设置为[0.0f, 1.0f]区间。

```
glClear(GL_COLOR_BUFFER_BIT | GL_DEPTH_BUFFER_BIT);
```

该函数用于清除颜色缓冲与深度缓冲，其函数原型为：

```
void glClear(GLbitfield mask);
```

缓冲区是图像信息的存储区。缓冲区有颜色缓冲区、深度缓冲区、模板缓冲区、累计缓冲区等。对应的 mask 的值有 GL_COLOR_BUFFER_BIT、GL_DEPTH_BUFFER_BIT、GL_ACCUM_BUFFER_BIT、GL_STENCIL_BUFFER_BIT 等。同样，这个函数可以用位或(OR)将这些值组合起来以达到不同的效果。

```
glLightModeli(GL_LIGHT_MODEL_TWO_SIDE, GL_TRUE);
```

该函数用于设置光照模型参数，其函数原型根据参数的不同可以有多种表现形式：

```
void glLightModelf(GLenum pname, GLfloat param);
void glLightModeli(GLenum pname, GLint param);
void glLigthModelfv(GLenum pname, const GLfloat *params);
void glLightModeliv(GLenum pname, const GLint *params);
```

pname 制定光照模型参数，可以取 GL_LIGHT_MODEL_AMBIENT、GL_LIGHT_MODEL_TWO_SIDE 和 GL_LIGHT_MODEL_LOCAL_VIEWER。

具体的函数说明，读者可以参考关于 OpenGL 的参考书。

```
glLightModelfv(GL_LIGHT_MODEL_AMBIENT, ambient); /*环境光*/
glEnable(GL_LIGHTING); /*允许进行光照*/
glEnable(GL_LIGHT0); /*光源 GL_LIGHT0 生效*/
glEnable(GL_DEPTH_TEST); /*启用深度探测*/
glEnable(GL_TEXTURE_2D); /*启用显示 2D 纹理贴图*/
glMatrixMode(GL_MODELVIEW);/*指定当前矩阵操作将作用于模型视图矩阵堆栈*/
glPushMatrix(); /*将当前矩阵压入矩阵堆栈*/
glTranslatef(0.0, 0.0, -250.0); /*平移*/
glRotatef(colaHeading, 0.0, -1.0, 0.0);/*旋转，这里我们将按照一定的时间间隔*/
/*不断地进行模型的旋转，可以全方位地看见模型细部特征，并通过 glutIdleFunc(Idle)不断*/
/*刷新画面 */
 glRotatef(colaPitch, 1.0, 0.0, 0.0);
glRotatef(colaRoll, 0.0, 0.0, -1.0);
```

进行完初始化以后就可以绘制模型了。这里使用 GLUT 库中的圆柱体、锥体、盘状体等模型来绘制一个可乐瓶。瓶身用柱体绘制，瓶颈用柱体模拟锥体，瓶底、瓶顶以及瓶盖与瓶颈相连的部分用圆环绘制。

这里用到了 gluCylinder 函数，其函数原型为：

```
void gluCylinder(GLUquadricObj * obj, GLdouble baseRadius, GLdouble topRadius,
GLdouble height,GLint slices,GLint stacks);
```

其中，baseRadius 和 topRadius 两个参数指定了柱体底面和柱体顶面的半径，height 参数指定了圆柱体的高度，slices 参数控制了所使用柱体细分的数目，stacks 参数控制沿柱体所生成的细分的数目。一般将 slices 值设置为 20，这样可以使柱体有一个平滑的外观。如果使用点光源照射或者很多特定的强光源照射，就必须将 stacks 参数值设得高一点，经常是和 height 参数值相同。在其他情况下，将 stacks 设为 2 就可以表明柱体的顶面和底面。

这里将 colaObj 设成一个柱体，底面半径为 5.0 个像素单位，顶面半径也是 5.0 个像素单位，柱体高度为 10.0 个像素单位，将 slices 设为 24，取得一个平滑的外观，由于程序中没有使用点光源，也没有强光源，所以将 stacks 设为 2 即可。

```
/*瓶盖 1*/
gluQuadricNormals(colaObj,GLU_SMOOTH);
 /*为每个顶点都生成光照，以创建平滑的外观效果*/
glPushMatrix();/*压栈*/
glTranslatef(0.0, 0.0, 75.0);/*平移 75 个像素单位*/
gluCylinder(colaObj, 5.0, 5.0, 10.0, 24, 2);/*圆柱体*/
glPopMatrix();
```

其他部分模型的建立也与瓶盖 1 模型类似，只是在瓶颈和瓶底等部分使用到了圆锥体和盘状体这两种模型。对于圆锥体，OpenGL 工具库中并没有提供现成的绘制函数，但是通过调整 topRadius 或 baseRadius 的值，就可以得到我们想要的任何圆锥体模型。比如在瓶颈 2 中，将底部半径设为 12.5，将顶部半径设为 4.0，这样就得到了我们想要得到的圆锥状模型。

```
/*瓶颈 2*/
glPushMatrix();
glTranslatef(0.0, 0.0, 40.0);
gluCylinder(colaObj, 12.5, 4.0, 25, 24, 12.5);
glPopMatrix();
```

而对于瓶底以及瓶盖与瓶颈接合部，就需要使用盘状体模型来绘制，其函数原型为：

```
void gluDisk(GLUquadricObj*obj,GLdouble innerRadius,GLdouble outerRadius,
GLint slices, GLint loops);
```

这里 innerRadius 为内径，outerRadius 为外径。若内径为 0，则为圆盘；若内径大于 0，则为圆环。slices 参数用来设置盘状体侧面的数目，通常为 20。loops 参数用来控制盘状体所绘制的同心圆数目，在一般情况下，如果是圆盘，将其设为 1；如果是圆环，则设为 2。这里瓶底就是一个圆盘，而瓶颈与瓶盖接合部则是一个圆环。在瓶底中，将内径设为 0，外径设为 12.5，这样就成了一个圆盘，而 loops 也对应地设为 1。而对于瓶颈与瓶盖接合部，则将其内径设为 4.0(为了与瓶颈处相吻合)，外径设为 5.0(与瓶盖相吻合)，loops 对应设为 2。

```
/*瓶盖 3*/
glPushMatrix();
```

```
glTranslatef(0.0,0.0,75.0);
gluDisk(colaObj, 4.0,5.0,24,2);
glPopMatrix();
/*瓶底*/
glPushMatrix();
glTranslatef(0.0,0.0,-30);
  gluDisk(colaObj,0, 12.5, 24, 1);
glPopMatrix();
```

具体模型的建立，读者可以参看 cola.c 中的 redraw()函数。

模型建立好以后，只要调用 glBindTexture 函数就可以将位图纹理影射到模型的表面上。

```
glBindTexture(GL_TEXTURE_2D,colaTexture);
```

其函数原型为：

```
void glBindTexture(GLenum target,GLuint texture);
```

第一个参数表示这里使用 2D 纹理，colaTexture 变量在前面已经定义过，这里使用 glBindTexture 选择纹理对象 colaTexture。

至此，程序的基本原理与框架已经介绍完毕，具体内容，读者可以参考本例的源程序。

若读者对程序中使用到的一些 OpenGL 函数还存在一些疑问，可以参考一些相关的 OpenGL 参考书。

课后习题

一、填空题

1. 在 OpenGL 中，几何对象是根据________之间所包含的一系列指定顶点的________、颜色值、________和纹理坐标画出的。
2. 光栅化包含________和________两部分。
3. OpenGL 提供了专门对________和________进行操作的函数。

二、选择题

下列哪些是 OpenGL 的主要功能？(　　)

A. 模型绘制　　B. 图像效果增强　　C. 实时动画　　D. 改变画质

三、简答题

1. 多边形是指由封闭线段围成的区域，请简述 OpenGL 中的多边形的两点限制。
2. 投影变换要确定一个取景体积，请问这样做的作用是什么？
3. OpenGL 中的纹理映射是一个相当复杂的过程，请叙述一下最基本的执行纹理映射所需的步骤。

第 10 章

VRML 环境下图形系统的设计

教学提示： VRML 是虚拟现实中一种优秀的建模语言。本章将主要介绍 VRML 的基本语法及相关的建模方法。

教学目标： 学习完本章后，将掌握在 VRML 中进行物体建模及复杂场景搭建的方法。

10.1 虚拟现实简介

虚拟现实(Virtual Reality)技术，是 20 世纪末发展起来的一门涉及众多学科的高新技术。它通过计算机创建一种虚拟环境(Virtual Environment)，通过视觉、听觉、触觉、味觉、嗅觉等作用，使用户产生和现实中一样的感觉，从而达到身临其境的效果，并可实现用户与该环境直接进行交互。

虚拟现实技术有三个基本特征：沉浸感、交互感、构想。其中，沉浸感是指 VR 系统不再像传统的计算机接口技术一样，用户与计算机的交互方式已经是自然的，就像现实中人与自然交互一样，完全沉浸在通过计算机所创建的虚拟环境中；交互感是指 VR 系统区别于传统三维动画的特征，用户不再是被动地接受计算机所给予的信息或者是旁观者，而是能够使用交互输入设备来操纵虚拟物体，以改变虚拟世界；构想是指用户利用 VR 系统可以从定性和定量综合集成的环境中得到感性和理性的认识，从而深化概念和萌发新意。

从本质上说，虚拟现实技术实际上就是一种先进的计算机用户接口技术，它通过给用户提供视觉、听觉、触觉、嗅觉、味觉等各种直观而又自然的实时感知交互手段，最大限度地方便用户的操作，而不再需要烦琐地敲打键盘输入，以提高整个系统的工作效率。虚拟现实技术为人机交互界面的发展开创了新的领域，为智能工程的应用提供了新的界面工具，为各类工程的大规模的数据可视化提供了新的描述方法。现在已在商业、设计、教学、军事、医学和娱乐等领域得到了广泛应用，并带来了巨大的经济效益。

虚拟现实系统分为四类：桌面式 VR 系统(Desktop VR)、沉浸式 VR 系统(Immersive VR)、叠加式 VR 系统、分布式 VR 系统(Distributed VR，DVR)。

(1) 桌面式 VR 系统仅使用个人计算机和低级工作站来产生三维空间的交互场景。它把计算机的屏幕作为用户观察虚拟环境的一个窗口，参与者通过用手拿输入设备或位置跟踪器来驾驭该虚拟环境。

(2) 沉浸式 VR 系统利用头盔显示器和数据手套等各种交互设备把用户的视觉、听觉和其他感觉封闭起来，而使用户真正成为 VR 系统内部的一个参与者，并能利用这些交互设备操作和驾驭虚拟环境，产生一种身临其境的感觉。

(3) 叠加式 VR 系统允许用户对现实世界进行观察的同时，通过穿透型头戴显示器将计算机虚拟图像叠加在现实世界之上，为操作员提供与他所看到的现实环境有关的、存储在计算机中的信息，从而增强操作员对真实环境的感受，因此又称为补充现实系统。

(4) 分布式 VR 系统是指基于网络的虚拟环境，将位于不同物理位置的多个用户或多个虚拟环境通过网络相连接，并共享信息，从而使用户的协同工作达到一个更高的境界。

本章主要以 VRML 为开发环境，介绍桌面式 VR 系统的设计与实现。

10.2　VRML 的基本语法

本节将介绍 VRML 的约定及其基本概念，包括节、域、事件、路由、原型、交互以及脚本等。

10.2.1　VRML 的通用语法结构

VRML 文件是要创建的空间的文本性描述，VRML 的通用语法由 VRML 文件来约定。下面通过一个 VRML 文件(程序 10.1)对 VRML 的语法进行具体的说明。

【程序 10.1】

```
#VRML V2.0 utf8
Shape {
 appearance Appearance {
 material Material {
 }
 }
 geometry Box{
 }
}
```

从上面的例子中，可以看出 VRML 文件对语法有以下几条约定。

(1)　每个 VRML 文件都必须以#VRML V2.0 utf8 作为文件头。

(2)　文件中任何节点的第一个字母都要大写。

(3)　节点的域都必须位于括号里面。

10.2.2　VRML 的基本概念

1. 节点

节点用来描述造型和造型的属性，是 VRML 文件最基本的构成部件。例如，球体节点：

```
Sphere {
 radius 1.0
}
```

从上面的例子中，可以看出节点包括节点原型以及描述其属性的域和域值(注意：域和域值必须括在括号里面)。

2. 域和域值

域定义节点的属性，域值是对属性的具体描述。

3. 事件

事件是按照指定的路由从一个节点发往另一个节点的消息，它是一个值，一般类似于节点的域值，可以是坐标值、颜色值或浮点值。

4. 路由

路由是消息从一个节点发往另一个节点依据的路线，多个节点通过路由连接起来形成复杂的路线，可以传播声音、动画等，使所创建的 VRML 空间充满变化和动感。

5. 交互和脚本

VRML 场景中的对象能对用户动作做出反应，称为交互功能。在 VRML 中，检测器(Sensor)节点是交互能力的基础。检测器节点共 9 种。在场景图中，检测器节点一般是以其他节点的子节点的身份存在的，它的父节点称为可触发节点，触发条件和时机由检测器节点类型确定。下面是几种最常用的检测器。

(1) 接触检测器(Touch Sensor)。
(2) 邻近检测器(Proximity Sensor)。
(3) 时间检测器(Time Sensor)。
(4) 朝向插补器(Orientation Interpolator)。

脚本是一套程序，通常作为一个事件级的一部分执行。脚本函数也可以异步地执行。

与脚本相联系的是脚本节点和脚本语言。一个 Script 节点包含一个叫作 Script 的程序。这个程序是以 Javascript 或 Java 语言编写的。脚本可以接收时间，处理事件中的信息，还可以产生基于处理结果的输出事件。当一个 Script 节点接收一个输入事件时，它将事件的值和时间戳传给与输入事件同名的函数或方法。函数可以通过赋值给与事件同名的变量发送事件。一个输入时间与调用发出输出时间函数的输入事件有相同的时间戳。当一个脚本给另一个节点发出多个具有相同时间戳的时间时，另一个节点的类型将决定处理事件的顺序。

总而言之，这个处理过程最接近用户期望的顺序。例如，如果用户的脚本向某个 ViewPoint 节点发出由相同时间戳得到的 set_position 和 set_bind 事件，浏览器在激活该视点之前会重新设置视点的位置。在大多数情况下，用户最好忽略时间戳。

10.2.3 VRML 空间计量单位

VRML 构造的是一个三维的虚拟世界，它的造型和位置都是由三维坐标系来确定的。

它也有自己的空间计量单位，以用来控制场景中造型的大小和尺寸。这里只简单介绍 VRML 的计量单位。

VRML 的计量单位通常有长度单位和角度单位两种，具体介绍如下。

1. 长度单位

长度单位也叫 VRML 单位，简称单位，用来计量造型的尺寸和位置，例如：

```
Sphere {
radius 1.0
}
```

2. 角度单位

角度单位用来计量坐标旋转角度的大小。在 VRML 中，角度单位通常使用的是弧度制，例如：

```
Transform{
rotation 0.0 1.0 0.0 1.571
}
```

其中，1.571 表示旋转的角度。

10.2.4 VRML 的节点简介

VRML 的节点包括外形节点 Shape、几何节点 Geometry、外观节点 Appearance、组节点 Group 等。

1. 外形节点 Shape

回顾一下 10.2.1 小节中所用到的例子，这里重新列出程序 10.2。

【程序 10.2】

```
#VRML V2.0 utf8
Shape {
 appearance Appearance {
 material Material {
 }
 }
 geometry Box {
 }
}
```

在该实例中，用 Shape 节点创建了一个正方体造型，而在 Shape 节点中，有两个域：appearance 域和 geometry 域。appearance 域定义这个正方体造型的外观，geometry 域指定这个造型是一个正方体造型。

它们的域值类型都是 SFNode，各域的语法规则如下。

appearance 域值是一个定义造型外观的 Appearance 节点。Appearance 节点将定义造型外观的颜色和纹理。appearance 域中包含称为 set_appearance 的入事件和 appearance_changed 的出事件，可以通过将正确的事件传送到前者来改变 appearance 域的域值，新的域值将通过后者传出去。Appearance 域的默认域值为 NULL，表示一个白色且发光的造型外观。

geometry 域值是一个定义空间造型几何尺寸大小的造型节点，包括 Box、Cylinder、Cone、Sphere 等基本的几何节点，还可以是文本(Text)节点。geometry 域中包含称为 set_geometry 的入事件和 geometry_changed 的出事件，可以通过将正确的事件传送到前者来改变 geometry 域的域值，新的域值将通过后者传输出去。Geometry 节点的默认值也是 NULL，表示没有造型存在。

2. 组节点 Group

在同一个场景中创建多个造型时，要用上编组节点 Group，将场景中的各个造型进行编组，而获得具有多个造型的较复杂的场景。这类编组节点还有 Transform、Anchor 等。这里只简单介绍一下 Group 节点的语法。

Group 节点有五个域，分别是 children 域、bboxCenter 域、bboxSize 域、addChildren 域和 removeChildren 域。

children 域用于指定该组节点的一个列表，各节点在最后用逗号与其他的组元分开。

children 域的域值通常包含造型节点 Shape 和其他的 Group 节点。children 域的默认域值为一个空的组元列表，即一个空组。而 bboxCenter 和 bboxSize 域用来指定约束长方体的中心位置和大小。bboxCenter 域的默认域值是(0.0,0.0,0.0)，而 bboxSize 域的默认域值为(-1.0-1.0-1.0)。addChildren 域和 removeChildren 域分别是输入接口和输出接口。

Group 节点是将基本造型节点组织在一起，编成一组的多个节点将相互交迭，从而创建复杂的空间造型，编组后的节点可以作为一个单独的对象来进行各种操作，包括和其他的对象一起编成一个新的组。一个组中可以包含任意数目的组元，一个 VRML 文件中可以包含任意数目的组。

10.2.5 域

所有节点的各种属性都是域定义的，例如，radius 域的域值设定该球体的半径为 1.0VRML 单位，在其他节点中还可以定义长度、宽度、颜色、亮度等。每个域都有默认值，当域值没有被指定时，浏览器将使用默认值，比如 radius 的默认值表示半径为 1.0。域有两种类型：单值类型和多值类型。单值类型的命名以“SF”开头，只包含单一的值，像一个数字、一种颜色、一个向量等。多值类型的命名以“MF”开头，包含多个值，像一组数字的列表、一组颜色的列表。在使用多值类型时，要注意的是用括号把所有的值括起来。

域值在定义各种属性时有各种不同的域类型，如 SFFloat、SFcolor。下面是对各种域类型的简单介绍。

1. SFBool 和 MFBool

SFBool 输出事件的初始值是 FALSE。

2. SFColor 和 MFColor

SFColor 域是只有一个颜色值的单值域。SFColor 值和 RGB 值一样，由一组三个浮点数组成。每个数都在 0.0～1.0，极值包括在内，分别表示构成颜色的红、绿、蓝三个分量。

MFColor 域是一个多值域，包含任意数量的 RGB 颜色值。SFColor 域的输出事件的初始值是(0,0,0)，而 MFColor 域的输出事件的初始值是[]。

3. SFFloat 和 MFFloat

一个 SFFloat 域含有一个 ANSIC 格式的单精度浮点数。一个 MFFloat 域含有零个或多个 ANSIC 格式的单精度浮点数，即允许空白，不赋任何值。SFFloat 域输出事件的初始值为 0.0。MFFloat 域输出事件的初始值为[]。

4. SFImage

SFImage 域含有非压缩的二维彩色图像或灰度图像。

一个 SFImage 域，首先列出三个整数值，前两个表示图片的宽度和高度，第三个整数表示构成图像格式的元素个数(1～4)。随后，按“宽度×高度”的格式列出一组十六进制数，数与数之间以空格分隔，每一个十六进制数表示图像中一个单独的像素，像素的排列规定从左到右、从底到顶的顺序。第一个十六进制数表示图像中最左下角的像素，最后一个则描述右上角的像素。SFImage 域的输出事件的初始值为(0,0,0)。

5. SFInt32 和 MFInt32

一个 SFInt32 域含有一个 32 位整数。SFInt32 值由一个十进制或十六进制格式的整数构成。

MFInt32 域是多值域，由任意数量的以逗号或空格分隔的整数组成，如[8, -0XA9C, -2563890]。

SFInt32 域的输出事件的初始值为 0，MFInt32 域的输出事件的初始值为[]。

6. SFNode 和 MFNode

一个 SFNode 域含有一个单节点，必须按标准节点语法完成。

MFNode 域包含任意数量的节点， SFNode 允许包含一个关键字 NULL，此时，表示它不包含任何节点。SFNode 域的输出事件的初始值为 NULL，MFNode 域的输出事件的初始值为[]。

7. SFRotation 和 MFRotation

SFRotation 域规定一个绕任意轴的任意角度的旋转。SFRotation 值含有四个浮点数，各数之间以空格分隔。前三个数表示旋转轴(从原点到给定点的向量)；第四个数表示围绕上述轴旋转多少弧度。MFRotation 域可包含任意数量的这类旋转值。SFRotation 域的输出事件的初始值为(0 0 1 0)，MFRotation 域的输出事件的初始值为[]。

8. SFString 和 MFString

SFString 域包含一串字符，各字符遵守 UTF-8 字符编码标准(ASCII 是 UTF-8 的子集，可以用于 SFString)。SFString 值含有双引号括起来的 UTF-8 octets 字符串。任何字符(包括“#”和换行符)都可以在双引号中出现。为了在字符中使用双引号，在它之前加一个反斜杠“\”。为了在字符串中使用反斜杠，连续输入两个反斜杠“\\”。MFString 域含有零个或多个单值，每个单值都和 SFString 值的格式一样。

SFString 域的输出事件的初始值为“ ”，MFString 域的输出事件的初始值为[]。

9. SFTime 和 MFTime

SFTime 域含有一个单独的时间值。每个时间值都是一个 ANSIC 格式的双精度浮点数，表示从 1970 年 1 月 1 日(GMT，格林尼治平均时)子夜开始计时，延续当前时间的秒数。

MFTime 域包含任意数量的时间值。

SFTime 域的输出事件的初始值为-1，MFTime 域的输出事件的初始值为[]。

10. SFVec2f 和 MFVec2f

SFVec2f 域定义了一个二维向量。SFVec2f 的值是两个由空格分隔的浮点数。

MFVec2f 域是多值域，包含任意数量的二维向量值。SFVec2f 域的输出事件的初始值为(0 0)，MFVec2f 域的输出事件的初始值为[]。

11. SFVec3f 和 MFVec3f

SFVec3f 域定义了一个三维空间的向量。一个 SFVec3f 值包含三个浮点数，数与数之间以空格分隔。该值表示从原点到所给顶点的向量。

MFVec3f 域包含任意数量的三维向量值。SFVec3f 域的输出事件的初始值为(0 0 0)，MFVec3f 域的输出事件的初始值为[]。

10.3 在场景中添加几何体

在上一节中，我们学习了 VRML 的一些基本概念，对于节点、场景等概念已经有了一些基本的认识。本节将介绍如何创建简单的几何体，如何在同一场景中设置多个造型等。

10.3.1 Shape 节点对几何体的封装

本小节主要介绍 Shape 节点如何对几何体进行封装。先看前面用过的一个例子。

【程序 10.3】

```
#VRML V2.0 utf8
Shape {
 appearance Appearance {
 material Material {
  }
 }
 geometry Box {
  }
}
```

在 VRML 浏览器中运行该程序，将在 VRML 空间中显示一个白色的长方体。Shape 节点对几何体的封装是通过 geometry 域来实现的。在上面的实例中，创建一个长方体是这样实现的：

```
geometry Box { }
```

而创建圆柱体则是这样实现的：

```
geometry Cylinder { }
```

由此可见，Shape 节点对几何体的封装是用 geometry 域实现的，即 geometry + 几何体造型节点。

不仅如此，Shape 节点还可以实现对文本造型的封装，具体实现方法后面将介绍。

10.3.2 添加长方体

在三维空间中添加长方体很简单，先看一个例子。

【程序 10.4】

```
#VRML V2.0 utf8
Shape {
```

```
 appearance Appearance {
 material Material {
 }
 }
 geometry Box {
 }
}
```

在 VRML 浏览器中运行，将得到如图 10.1 所示的结果，其为一个白色的立方体。

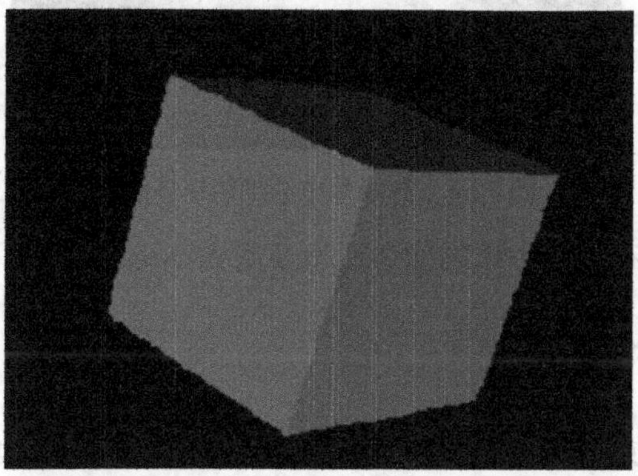

图 10.1　在场景中添加的立方体造型

由上面的例子可以看出，在场景中添加一个立方体造型要用到 Box 节点，现在看一看 Box 节点的语法。

Box 节点是创建一个以坐标原点为中心的长方体，有一个域，即 size 域。size 域的域值类型为 SFVec3f，size 域值为长方体的长、宽、高的大小，通过改变长、宽、高的大小可以创建不同的长方体，如果长、宽、高的大小相同，则该长方体是立方体。上面创建的是一个以坐标原点为中心的立方体。Box 节点的 size 域的默认值都是 2.0 个单位，即 Box 节点的默认节点是一个边长为 2.0 个单位的立方体。

10.3.3　添加球体

先看一个在三维空间场景中添加球体的实例。

【程序 10.5】

```
#VRML V2.0 utf8
Shape {
 appearance Appearance {
 material Material {
 }
 }
 geometry Sphere {
 }
}
```

其运行结果如图 10.2 所示，为一个白色的球体造型。

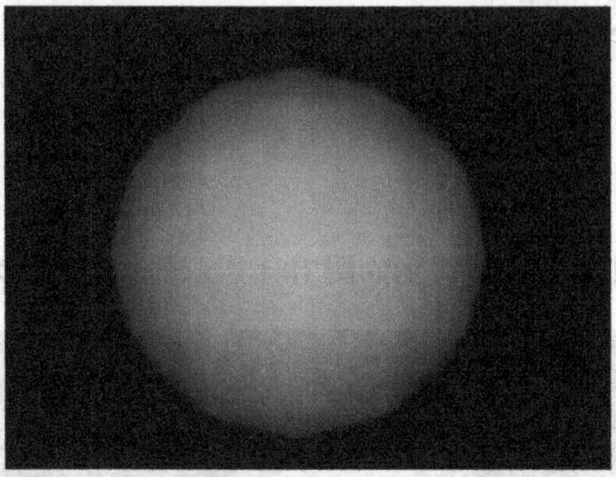

图 10.2　在场景中添加的球体造型

由上例可以看出，在场景中添加球体造型要用到 Sphere 节点，该节点的语法如下：

```
Sphere{
#field SFFloat radius 1.0
 }
```

Sphere 节点创建的是一个以坐标原点为中心的球体，有一个域，即 radius 域。域值类型为 SFFloat，球体的半径由域 radius 的域值确定，radius 的默认域值为 1.0 个单位。上面的例子中用的就是 radius 的默认值。

10.3.4　添加圆柱体

先看一个在三维空间场景中添加圆柱体的实例。

【程序 10.6】

```
#VRML V2.0 utf8
Shape {
 appearance Appearance {
 material Material {
 }
 }
 geometry Cylinder {
 }
}
```

图 10.3　在场景中添加的圆柱体造型

其运行结果如图 10.3 所示，为一个白色的圆柱体造型。

由上例可以看出，在场景中添加圆柱体造型要用到 Cylinder 节点，该节点的语法如下：

```
Cylinder{
#field SFFloat radius 1.0
#field SFFloat height 2.0
#field SFBool bottom TRUE
#field SFBool side TRUE
#field SFBool top TRUE
}
```

Cylinder 节点创建的是一个以坐标原点为中心，由底面(bottom)、顶面(top)和侧面(side)三个部分组成的圆柱体。该节点有五个域，即 radius 域、height 域、bottom 域、top 域和 side 域。radius 域和 height 域的域值类型都是 SFFloat，bottom 域、top 域和 side 域的域值类型都是 SFBool。圆柱体的端面半径由 radius 域的域值确定，高由 height 域的域值确定，bottom 域用于指定创建的圆柱体是否有底面，top 域用于指定创建的圆柱体是否有顶面，side 域用于指定创建的圆柱体是否有侧面。radius 域和 height 域的默认域值分别为 1.0 和 2.0 个单位，side 域、top 域和 bottom 域的默认域值都是 TRUE，即创建的圆柱体造型顶面、侧面和底面都有。上面的例子使用的就是该节点的默认域值。

10.3.5　添加圆锥体

先看一个在三维空间场景中添加圆锥体的实例。

【程序 10.7】

```
#VRML V2.0 utf8
Shape {
 appearance Appearance {
 material Material {
 }
 }
 geometry Cone {
 }
}
```

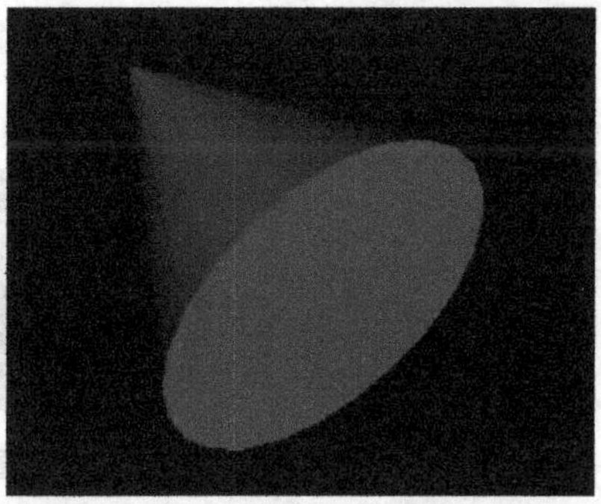

图 10.4　在场景中添加的圆锥体造型

其运行结果如图 10.4 所示，为一个白色的圆锥体造型。

从上例可以看出，在场景中添加圆锥体造型要用到 Cone 节点，该节点的语法如下：

```
Cone{
   #field SFFloat bottomradius 1.0
   #field SFFloat height 2.0
   #field SFBool side TRUE
   #field SFBool bottom TRUE
}
```

Cone 节点创建的是一个以空间坐标系 y 轴为对称轴，原点为中心的圆锥体。该圆锥体由两部分组成：底面(bottom)和锥面(side)。该节点有四个域，即 bottomRadius 域、height 域、side 域和 bottom 域。其中，bottomRadius 域和 height 域的域值类型都是 SFFloat，side 域和 bottom 域的域值类型都是 SFBool。bottomRadius 域用于指定创建的圆锥体的底面半径长度，height 域用于指定创建的圆锥体的高，side 域用于指定创建的圆锥体是否有锥面，bottom 域用于指定创建的圆锥体是否有底面。bottomRadius 域和 height 域的默认域值分别是 1.0 和 2.0 个单位；side 域和 bottom 域的默认域值都是 TRUE，即创建的圆锥体造型有锥面和底面。

10.3.6　添加文本

在场景中添加文本是通过使用 Shape 节点实现的，将 Text 节点作为 geometry 域的域值。下面看一个在场景中添加文本造型的例子。

【程序 10.8】

```
#VRML V2.0 utf8
Shape {
 appearance Appearance {
 material Material {
 }
 }
 geometry Text {
 string "Add Text!"
 fontStyle FontStyle {
      size 1.0
      style "BOLD"
    }
  }
}
```

其运行结果如图 10.5 所示。

图 10.5　在场景中添加文本

在该例子中，用 Text 节点创建了一个文本为字符串“Add Text!”的文本造型，string 域值指定文本字符串为“Add Text!”，FontStyle 节点作为 Text 节点中的 fontStyle 域的域值，用来指定字符串的外观特征。其中，size 域值指定该文本造型的行高，style 域值指定该文本造型的风格为 BOLD——粗体。下面介绍 FontStyle 节点。

FontStyle 节点有九个域，即 family 域、horizontal 域、justify 域、language 域、leftToRight 域、topToBottom 域、size 域、spacing 域和 style 域。其中，family 域、justify 域、language 域和 style 域均为 SFString 类型，horizontal 域、leftToRight 域和 topToBottom 域均为 SFBool 类型，size 域和 spacing 域为 SFFloat 类型。

family 域是指定所创建的文本使用的 VRML 字符集，默认的字符集为“SERIF”字符集，即在浏览器中能显示 TimeRoman 或 NewYork 字体。另外，“SANS”字符集能显示 Helvetica 字体，“TYPEWRITER”字符集能显示 Courier 字体。

horizontal 域用于指定文本是水平(值为 TRUE)读还是垂直(值为 FALSE)读，默认值为 TRUE，即水平读。

justify 域中的第一个字符串是指定该文本的对齐方式，BEGIN 表示首对齐，MIDDLE 表示中间对齐，END 表示尾对齐。第二个字符串是指定如何微调文本块，默认值为 BEGIN、FIRST。

language 域是指定所要使用的语言，默认域值为空。

leftToRight 域是指定文本是否为从左往右读，默认域值为 TRUE。

topToBottom 域是指定文本是否为从上往下读，默认域值为 TRUE。

size 域是指定每一水平文本行的高度，或者垂直文本行的宽度，默认域值为 1.0。

spacing 域是指定文本行的行间距，默认域值为 1.0。

style 域是指定文本的字体风格，默认域值为 PLAIN 风格。VRML 中可以使用的字体风格列出如下。

PLAIN：常用的文本风格。

BOLD：加粗字体。

ITALIC：倾斜字体。

BOLDITALIC：加粗倾斜字体。

10.4　几何体的几何变换

在前面学习的 Shape 节点所创造的造型都是以坐标轴的原点为中心，而在使用 VRML 时往往需要创建一些复杂甚至很复杂的场景图，单一坐标系的创建在很大程度上限制了用户的空间构想。本节将要介绍的 Transform 编组节点可以在场景中自由平移、旋转和缩放所创建的造型。

10.4.1　理解 VRML 空间

前面只简单地介绍了 VRML 的空间计量单位，这里将更深入地理解 VRML 的空间概念。VRML 的造型都是由坐标系来定位的，而且是由坐标系上的 VRML 单位来设定其尺寸的。可以说坐标系是 VRML 场景创建的一个很重要的依据，这里的坐标系由 x、y、z 三个坐标方向构成，其方向可以用右手规则来确定，将大拇指和食指分开呈 90°，中指垂直于拇指和食指构成的平面，大拇指所指的方向是 x 轴的方向，食指指的是 y 轴的方向，中指指的是 z 轴的方向。通过对 Transform 编组节点的使用可以创建更多的坐标系，为此坐标系分为父坐标系和子坐标系。子坐标系是相对于父坐标系的原点而创建的，而父坐标系又可以相互嵌套而被创建。有了父坐标系的嵌套，就可以在任何地方创建自己想要的造型，这些造型通过坐标系的嵌套，组合在一起构成各种很复杂的 VRML 场景，从而形成多姿多彩的三维世界。

1. 平移坐标系的理解

平移坐标系是通过对 Transform 节点的 translation 域的使用创建的一个新的子坐标系，每次平移通过 Transform 节点的 translation 域指定平移距离，平移距离是指新的子坐标系原点和父坐标系原点分别在 x、y、z 三个坐标轴的距离(这里的距离是以 VRML 单位度量的)。新的子坐标系确定后，要在新坐标系创建的造型的位置也就被确定了。新坐标系中的造型都是以新坐标系的原点为中心创建的。

2. 旋转坐标系的理解

旋转坐标系是通过使用 Transform 节点的 rotation 域和 center 域创建的一个新的子坐标系，每次旋转由它们的域值指定旋转角度和旋转方向。同样，旋转后新的子坐标系将确定其中的造型的位置。对于旋转坐标系要注意以下两个方面的问题。

(1) 确定旋转坐标系的两个因素。一是旋转轴。旋转轴是坐标系围绕旋转的一条线。在 VRML 中，旋转轴就是由 rotation 域的前面三个值确定的新坐标系原点与父坐标原点的连线。在同一线上的点确定的旋转轴是相同的，与坐标值无关，比如在 x 轴上的所有点确定的是同一旋转轴。

二是旋转角度。旋转角度以弧度计算，其值由 rotation 域的第四个值确定。

(2) 坐标系的旋转方向。由于在旋转中有一个旋转方向的问题，初学者很容易在旋转方向上出现错误，在这里介绍一下旋转右手规则：在旋转轴确定后，可以用右手握住旋转轴，拇指指向轴的正方向。如果旋转角度为正，则旋转方向为其余四个指头所指的方向；如果旋转角度为负，则旋转方向为四个指头所指方向的反方向。

3. 缩放坐标系的理解

缩放坐标系是通过使用 Transform 节点的 scale 域和 scaleOrientation 域创建的新的子坐标系。缩放因子由它们的域值来确定。与平移坐标系、旋转坐标系不一样的是，缩放后的坐标系将确定其中造型的尺寸。在该坐标系中创建的造型将以缩放坐标系的尺度被创建，所以可根据需要放大或者缩小造型。

10.4.2 Transform 节点的语法

通过 Transform 节点可以创建多个坐标系，其语法规则如下：

```
Transform {
   #exposedField MFNode Children
   #exposedField SFVec3f translation
   #exposedField SFRotation rotation
   #exposedField SFVec3f scale
   #exposedField SFRotation scaleOrientation
   #field SFVec3f bboxCenter
   #field SFVec3f bboxSize
  #exposedField SFVec3f center
  #eventIn MFNode addChildren
  #eventIn MFNode removeChildren
 }
```

children 域包含该组的所有子节点，浏览器将逐个创建各个造型，其默认值不包含任何子节点。

translation 域指明子坐标系原点相对父坐标系原点的坐标位置，其域值有三个，分别表示沿 x、y、z 三个方向的平移单位，其默认值为 0、0、0，表示两坐标系完全重合。

rotation 域设定了子坐标系的旋转轴和旋转角度。它的域值有四个，前面三个值设定新坐标系的原点，第四个值是旋转角度，两原点的连线是旋转的轴，其默认值表示没有发生旋转。

scale 域设定了造型在子坐标系三个坐标方向的缩放因数，三个值分别表示在 x、y、z 方向的缩放，要注意该域值始终大于 0.0，当小于 1.0 时是缩小，大于 1.0 时是放大。其默认值是 1.0、1.0、1.0，表示不发生缩放。

scaleOrientation 域和 rotation 域一样，指定一条旋转轴和旋转角度。子坐标使用该域值旋转，缩放后又旋转回来。其默认值表示在缩放时没有旋转。

center 域指明发生旋转时围绕点的新坐标系中的坐标中心。其默认值是新坐标系的原点。其他的域会在后面讲解。

10.4.3 平移几何体

几何体的平移实际上是坐标系的平移，前面已经了解了父子坐标系，而将几何体平移实际上就是通过使用节点 Transform 的 translation 域，相对原坐标系形成新的子坐标系，再在子坐标系中创建所要平移的几何体，就达到了我们平移几何体的目的。上面已经对该节点的平移语法做了很详细的介绍，下面介绍平移几何体的实例。

【程序 10.9】

```
#VRML V2.0 utf8
DEF sphere Shape {
 appearance Appearance {
 material Material {
 diffuseColor 0.5 0.5 0.5
 }
 }
 geometry Sphere {
 radius 0.5
 }
}Transform {
 translation 1.0 0 0.0
 children USE sphere
}Transform {
 translation -1.0 0 0.0
 children USE sphere
}Transform {
 translation 0.0 1.0 0.0
 children USE sphere
}Transform {
 translation 0.0 -1.0 0.0
 children USE sphere
}
```

上例通过将原点处的球体进行四次平移得到如图 10.6 所示的模型。

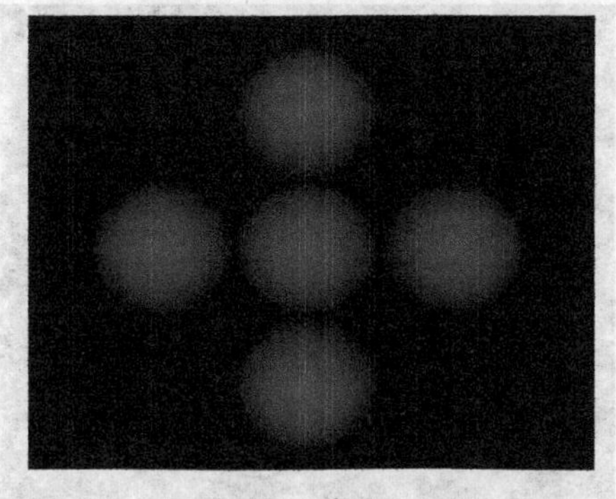

图 10.6　向四个方向平移原点处的球体的结果

10.4.4 旋转几何体

几何体的平移解决了造型创建的位置问题，想要创建一个平放的圆柱体或者倒置的圆锥体，这是平移不能达到的，但通过 Transform 节点的 rotation 域和 center 域的使用就可以创建出这样的造型。

旋转几何体是通过使用节点 Transform 的 rotation 域和 center 域，指定旋转轴或者旋转点、旋转角度，形成新的旋转子坐标系，再在子坐标系中创建需要的造型。

1. 绕轴的旋转

Transform 节点的 rotation 域设定父子坐标系原点的连线作为旋转轴，同时还设定了旋转的角度，其应用见下例。

【程序 10.10】

```
#VRML V2.0 utf8
DEF text Shape {
 appearance Appearance {
 material Material {
 diffuseColor 0.5 0.5 0.5
 }
 }
 geometry Text {
 string "Rotation!"
 }
}Transform {
 rotation 0 0 1 1.57
 children USE text
}Transform {
 rotation 0 0 1 3.14
 children USE text
}Transform {
 rotation 0 0 1 4.71
 children USE text
}
```

上例通过绕轴旋转字符串，得到如图 10.7 所示的结果。

图 10.7 将字符串绕轴旋转的结果

2. 围绕中心的旋转

有时单一地围绕某个轴旋转来创建造型并不很方便，通过使用 Transform 节点的 center 域，就可以使几何体围绕某个中心点旋转，这种旋转有时会比围绕轴旋转更自然灵活。程序 10.11 说明了这一点。

【程序 10.11】

```
#VRML V2.0 utf8
DEF text Shape {
 appearance Appearance {
 material Material {
 diffuseColor 0.5 0.5 0.5
 }
 }
 geometry Text {
 string "Rotation!"
 }
}Transform {
 rotation 0 0 1 1.57
 center 0 1 1
 children USE text
}Transform {
 rotation 0 0 1 3.14
 center 0 1 1
 children USE text
}Transform {
 rotation 0 0 1 4.71
 center 0 1 1
 children USE text
}
```

此例和程序 10.10 的不同之处仅仅在于多了 center 域值的设定，其结果如图 10.8 所示，从图中可以看出两者的不同。

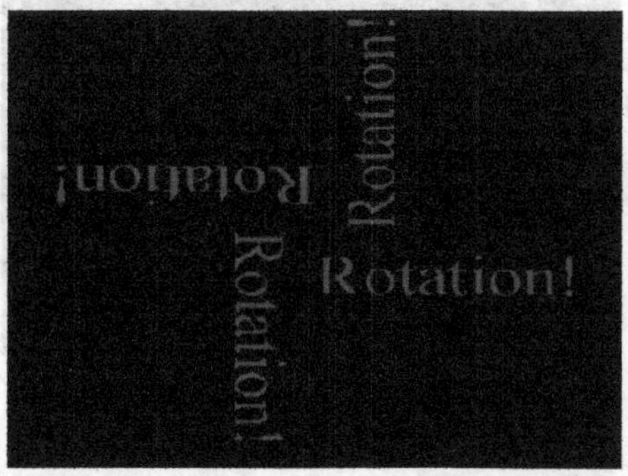

图 10.8　围绕设定中心旋转的结果

10.4.5　缩放几何体

因为现实世界的多姿多彩，VRML 中创建的造型的大小尺寸也是不定的，根据需要有必要创建一个很大的造型，比如地球；有时需要创建很小的造型，比如构成物质的原子或者离子等。总之，会根据需要去改变造型的尺寸，通过使用 Transform 节点的 scale 域和 scaleOrientation 域，可以根据需要任意放大或缩小造型的尺寸。

同样，造型的缩放、平移、旋转一样离不开坐标系的变换，缩放是通过 Transform 节点的 scale 域和 scaleOrientation 域确定缩放因数和缩放坐标系，形成新的坐标系，再在新坐标系中创建需要的造型而完成造型的缩放。

1. 在不同方向上的缩放

通过使用 Transform 节点的 scale 域和 scaleOrientation 域，可以沿任何方向缩放需要的造型，下面用例子来说明。

【程序 10.12】

```
#VRML V2.0 utf8
Transform {
 scale 2 1 1
 children [
 Shape {
 appearance Appearance {
 material Material {
 diffuseColor 0.5 0.5 0.5
 }
 }
 geometry Box {
 size 1.0 1.0 1.0
 }
 }
 ]
}
```

在该例中，构造的是一个边长为 1.0 的立方体，但在 scale 域值中，x 轴的长度为原来的 2 倍，所以结果为一个长方体，如图 10.9 所示。

图 10.9 立方体被拉伸为长方体

2. 围绕中心点的缩放

使用 Transform 的 center 域可以指定一个缩放中心，使要创建的造型根据需要相对该点来进行缩放，像旋转中心一样，围绕点的缩放有时会对造型的创建提供比在不同方向上缩放更大的方便，如程序 10.13 所示。

【程序 10.13】

```
#VRML V2.0 utf8
DEF box Shape {
 appearance Appearance {
```

```
material Material {
diffuseColor 0.5 0.5 0.5
}
}
geometry Box {
size 1.0 1.0 1.0
}
}Transform {
scale 2 1 1
center -2 0 0
children USE box
}Transform {
scale 2 1 1
center 2 0 0
children USE box
}
```

在上例中，分别在两个中心点处对立方体进行缩放，结果如图 10.10 所示。

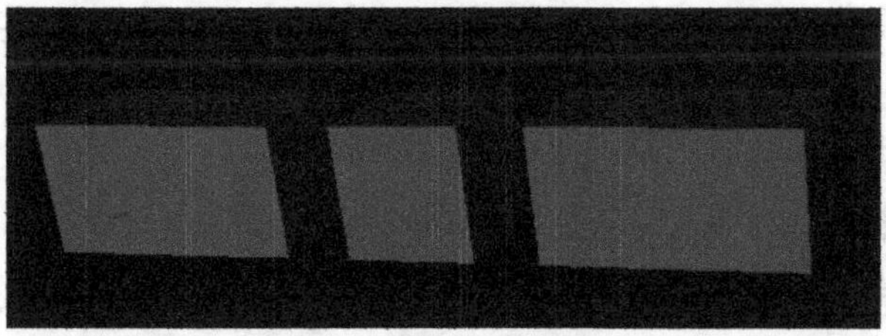

图 10.10　在不同的中心点处对原始的立方体进行缩放

10.5　真实感场景创建

10.5.1　光照

现实生活中缺少不了光，到处都有光的照射，如阳光、灯光等。在 VRML 中也可通过添加不同的光照来丰富 VRML 场景。在 VRML 中添加并控制光照是通过 PointLight 节点、DirectionalLight 节点和 SpotLight 节点来实现的。

VRML 对现实世界中光源的模拟实质上是一种对光影的计算。现实世界的光源是指各种能发光的物体，但是在 VRML 世界中，看不到这样的光源。VRML 是通过对物体表面明暗分布的计算，使物体同环境产生明暗对比，这样，物体看起来就像是在发光。

在 VRML 的光源系统中不会自动产生阴影，如果要对静态物体作阴影渲染，必须先人工计算出阴影的范围，模拟阴影。

光源颜色由一个 RGB 颜色控制，与材料设置的颜色相似。光源发出的光线的颜色跟光源的颜色相同。比如，红色的光源发出的光线是红色的。在现实中，白色的光源照射到有色物体的表面，将发生两种现象，而人所能看到的只是其中的反射现象，另一种现象就是吸收光线，会导致光强的衰减。反射光的颜色与物体表面的颜色有关，白色的光线照射到红色物体的表面，看到的反射光是红色的。这是因为白色的光线由多种颜色的光组成，物体吸收了其中红色以外的所有光线，红色则被反射。但是如果物体表面是黑色的，它将不反射任何光线。

在 VRML 中，可以用 Material、Color 和纹理节点设置造型的颜色。来自顶灯的白色光线照射到有色造型上时，每个造型将反射光中的某些颜色，这一点跟现实生活中一样。顶灯是一个白色的光源，不能设置颜色。有色光源照射到有色造型上时，情况比较复杂。例如，一个蓝色物体只能反射蓝色的光线，而一束红色的光线中又不会有蓝色的成分，当一束红色的光线照射到一个蓝色的造型上时，由于没有蓝色光线可以反射，它将显示黑色。

现实中物体表面的亮度由直接照射它的光源的强度和环境中各种物体所反射的光线的多少决定，处于真空中的某个物体由于没有漫反射发生，它的亮度只由直接照射它的光线的强度决定；但是在一间没有直接光源照射的房间里，有时你也可能看到其中的物体，这是因为各种物体的反射光线在物体之间发生了多次复杂的反射和吸收，产生了环境光线，它的颜色是白色的。同样，在 VRML 中可以模拟直接光线和环境光线所产生的效果。为了控制环境光线的多少，对 VRML 提供的光源节点可以设置一个环境亮度值，如果该值高，则表示 VRML 世界中产生的环境光线较多。

讨论了光源的相关概念后，我们来看几个光源节点。

1. PointLight 节点

PointLight 节点生成一个点光源，即生成的光线是向四周发散的。PointLight 既可作为独立节点，也可作为其他组节点的子节点。

其节点语法如下：

```
PointLight{
    #exposedField SFBool on
    #exposedField SFVec3f location
    #exposedField SFFloat radius
    #exposedField SFFloat intensity
    #exposedField SFFloat ambientIntensity
    #exposedField SFColor color
    #exposedField SFVec3f attenuation
}
```

on 域的值表示该点的光源是打开状态还是关闭状态。TRUE 表示打开，FALSE 表示关闭，默认值为 TRUE。

location 域的值指定了当前坐标系中光源所在位置的三维坐标。该域值的默认值为 0.0 0.0 0.0。

radius 域的值指定了一个半径值，这个半径值为光源所能照亮的范围，以该光源为中心的照明球体的半径。该球体以外的范围不能被该光源照到，而在该球体以内的则能被该光源照亮。

intensity 域的值指定了光源的明亮程度。该域值从 0.0 到 1.0 不同，0.0 表示光源最弱，1.0 表示光源的明亮程度达到最大。该域值的默认值为 1.0。

ambientIntensity 值即给定的表示影响大小的值。0.0 表示该光源对环境光线没有影响，1.0 表示该光源对环境光线的影响很大。该域值的默认值为 0.0。

color 域的值指定了光源的 RGB 颜色。该域值的默认值为 1.0 1.0 1.0，表示生成一个白色的光源。

attenuation 域的值指定了在光照范围内光线的衰减方式。其域值为三个控制参数组成的集合。第一个值控制该光源在照明球体中是否亮度一致；第二个值控制随着距离的增加光线亮度如何减弱；第三个值控制着亮度强弱和距离之间的关系。该域值的默认值为 1.0 0.0 0.0，表示照明球体中亮度保持一致。

【程序 10.14】设置点光源。

```
PointLight {
 location 2.0 2.0 0.0
 color 1.0 1.0 0.0
}
Shape {
 appearance Appearance {
 material Material {
 }
 }
 geometry Box {
 size 1.0 1.0 1.0
 }
}
```

图 10.11　场景中设置了点光源

在该例子中，在(2.0 2.0 0.0)点处设置了黄色的点光源，所以立方体的部分面被照成黄色，而其他的面是白色，如图 10.11 所示。

2. DirectionalLight 节点

DirectionalLight 节点生成一个平行光源，即生成的光线是平行向前发射的。DirectionalLight 既可作为独立节点，也可作为其他节点的子节点。

其节点语法如下：

```
DirectionalLight{
   #exposedField SFFloat ambientIntensity
   #exposedField SFColor color
   #exposedField SFVec3f direction
   #exposedField SFFloat intensity
   #exposedField SFBool on
}
```

ambientIntensity 域、color 域、intensity 域和 on 域均在 PointLight 节点中详细介绍过了，这里就不再介绍。

direction 域的值指定了一个三维向量，用来表示光源的照射方向。该域值的三个向量分别表示 *x*、*y*、*z* 的坐标值，所创建的光线是与该点和原点连线平行的。该域值的默认值为 0 0 -1，即光源的照射方向为 *z* 轴负方向。

【程序 10.15】设置平行光源。

```
#VRML V2.0 utf8
DirectionalLight {
 direction 1.0 1.0 1.0
 color 1.0 1.0 0.0

}
Shape {
```

```
    appearance Appearance {
    material Material {
    }
    }
    geometry Box {
    size 1.0 1.0 1.0
    }
   }
```

图 10.12　场景中设置了平行光源

上例为点(0 0 0)与点(1.0 1.0 1.0)的连线平行的光源，结果如图 10.12 所示。为了更好地观察效果，读者可以把代码运行一下，仔细观察与前者的区别。

3. SpotLight 节点

SpotLight 节点创建了一个锥光源，即从一个光点位置呈锥状向一个特定的方向照射。SpotLight 节点可作为独立的节点，也可作为其他组节点的子节点。

其节点语法如下：

```
SpotLight{
    #exposedField SFFloat ambientIntensity
    #exposedField SFVec3f attenuation
    #exposedField SFFloat beamWidth
    #exposedField SFColor color
    #exposedField SFFloat cutOffAngle
    #exposedField SFVec3f direction
    #exposedField SFFLoat intensity
    #exposedField SFVec3f location
    #exposedField SFBool on
    #exposedField SFFloat radius
 }
```

cutOffAngle 域的值用来表示顶点在聚光光源位置，轴与照射方向平行的一个光源锥体的扩散角，以弧度为计量单位。它描述的是从锥体的轴到锥体表面一边之间所形成的角。在该照明锥体中的造型将被聚光光源照亮。增大该域值可以扩大照明锥体；而减小该域值则缩小该锥体。该域值在 0.0～1.57 变化，其默认值为 0.785。

beamWidth 域的值指定了由 cutOffAngle 域值所指定的照明锥体中的一个小锥体的夹角。在内部锥体中光照没什么变化。而从内部锥体到外部锥体，光照将从内部锥体的表面开始逐渐减弱。该域值在 0.0～1.57 变化，其默认值为 1.57。

【程序 10.16】设置锥体光源。

```
#VRML V2.0 utf8
SpotLight {
 location 0 0 3
 cutOffAngle 0.35
 color 0.0 1.0 1.0
 radius 10
}
DEF box Shape {
 appearance Appearance {
 material Material {
 }
 }
 geometry Box {
```

```
    size 1.0 1.0 1.0
    }
   }Transform {
    translation 1 0 0
    children USE box
   }Transform {
    translation -1 0 0
    children USE box
   }Transform {
   translation 0 1 0
    children USE box
   }Transform {
    translation 0 -1 0
    children USE box
   }Transform {
    translation 1 1 0
    children USE box
   }Transform {
    translation 1 -1 0
    children USE box
   }Transform {
    translation -1 1 0
    children USE box
   }
   Transform {
    translation -1 -1 0
    children USE box
   }
```

上例在场景中添加了锥体光源，其运行结果如图 10.13 所示。

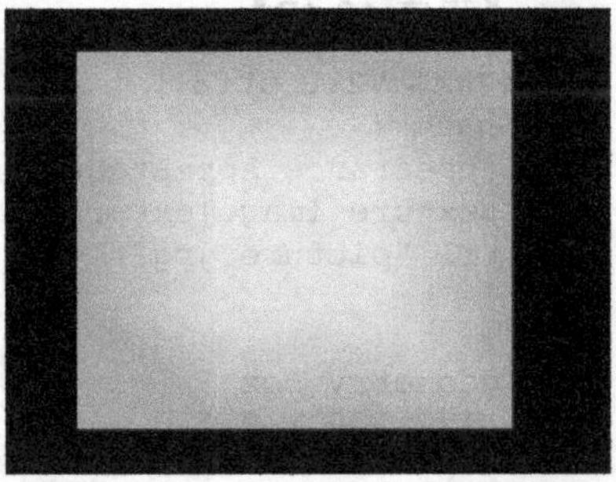

图 10.13　在场景中设置了锥体光源

10.5.2　纹理

纹理，在严格意义上说，应该称为纹理映射，就是指定到材质上的图形。纹理贴图是一幅二维的图像，可以把它贴到材质的表面，与贴壁纸到墙壁上一样。要想使所做的物体与现实世界中的类似，就必须进行纹理贴图。

如果将适当的纹理贴图贴到材质表面，能给材质增色不少。但是要将纹理的尺寸、外形等与所要贴的材质的表面一致，不是容易的事情。由于在通常情况下，所有的纹理贴图都是长方形的，而材质的表面一般都不是很规则，并且经常是曲面的。

大多数的 VRML 浏览器所支持的表面材质的几种图像格式为 JPEG、MPEG、GIF 和 PNG，被称为 VRML 材质贴图文件的标准格式。在 VRML 文件中，可以应用纹理贴图来定义一张纹理，并将其贴到材质的表面。在 VRML 中，用于指定材质表面贴图的节点主要有 Image Texture(图片纹理)节点、Movie Texture(影像纹理)节点、Pixe Texture(像素纹理)节点。下面分别介绍这三种节点。

1. Image Texture 节点

Image Texture 节点是图像纹理节点，指定了纹理映射属性，通常作为 Appearance 节点的 texture 域的域值。其节点语法如下：

```
ImageTexture{
```

```
#exposedField MFString url
#field SFBool repeatS
#field SFBool repeatT
}
```

url 域指定了由高优先级到低优先级排列的 URL 列表。url 域值所指定的必须是 JPEG、GIF 或 PNG 格式的文件。VRML 浏览器从地址列表中的第一个 URL 指定位置试起，如果图像文件没有被找到或不能被打开，浏览器就尝试打开第二个 URL 指定的文件，以此类推，当找到一个可以打开的图像文件时，该图像文件被读入，作为纹理映射造型。如果找不到任何一个可以打开的图像文件，将不进行纹理映射。

repeatS 域和 repeatT 域指定纹理坐标是回绕还是锁定。S 代表水平方向，T 代表垂直方向。如果域值为 TRUE，纹理坐标在纹理系统中回绕并重复；如果域值为 FALSE，则纹理坐标不重复并锁定。其默认值为 TRUE。

【程序 10.17】

```
#VRML V2.0 utf8
Shape {
 appearance Appearance {
 texture ImageTexture {
 url "picture.jpg"
 }
 }
 geometry Box {
 size 1.0 1.0 1.0
 }
}
```

图 10.14　表面贴上纹理图的正方体

上例中，我们为正方体贴上了黄山松的图片，如图 10.14 所示。

2. Movie Texture 节点

Movie Texture 节点是电影纹理节点，用来指定纹理映射属性。通常作为 Appearance 节点的 texture 域的值。其语法定义如下：

```
MovieTexture{
   #exposedField SFBool loop
   #exposedField SFFloat speed
   #exposedField SFTime startTime
   #exposedField SFTime stopTime
   #exposedField MFString url
   #field SFBool repeatS
   #field SFBool repeatT
   #eventOut SFTime duration_changed
   #eventOut SFBool isActive
```

这里的域在前面都介绍过，因此不再详细讲解。

3. Pixe Texture 节点

Pixe Texture 节点是像素纹理节点，用来指定纹理映射属性。通常作为 Appearance 节点的 texture 域的值。其语法定义如下：

```
Pixe Texture{
#exposedField SFImage image
```

```
#field SFBool repeatS
#field SFBool repeatT
}
```

image 域的值指定了用来对造型进行纹理映射的纹理映像的大小和像素值。该域值的前三个值必须为整数，其中第一个数值表示以像素为单位的映像的宽度，第二个数值表示以像素为单位的映像的高度，第三个数值表示每一个像素的字节数。而第三个值可在 0、1、2、3、4 这几个数中取值，其中，0 表示静止造型纹理；1 表示灰度；2 表示 Alpha 灰度；3 表示 RGB 颜色；4 表示 Alpha RGB，Alpha 表示像素的透明程度。

整型的像素值是通过十六进制表示的。下例表示了不同像素的灰度从 0x00～0xff 的程度。

【程序 10.18】不同灰度纹理。

```
#VRML V2.0 utf8
Shape {
 appearance Appearance {
 texture PixelTexture {
 image 2 2 1
 0x00 0x40
 0x80 0xff
 }
 }
 geometry Box {
 size 2.0 2.0 2.0
 }
}
```

图 10.15　不同灰度纹理

从图 10.15 中可以看出不同像素部分颜色的灰度程度的差别。这就是通过 image 域值来设定的。

10.5.3　雾化

VRML 允许在空间添加大气效果，通过设定大气的状态增强场景的朦胧效果。如果场景中按远近有一系列的物体，空间距离只能影响它们在浏览器中的大小，而不能体现现实中因远近引起的清晰度的差异。如果在场景中添加雾化效果，这一差异就能得到体现，从而使造型显得更加逼真。

对有多个物体造型的 VRML 空间，使用雾化不仅能使场景更加逼近现实，而且由于远处的物体只显示轮廓，浏览器在绘制它们时能加快速度。VRML 中生成雾化效果的节点是 Fog 节点。Fog 节点定义可见度递加的区域来模拟烟或雾。浏览器将雾的颜色与被绘制的物体的颜色相混合。物体的距离越远，雾的浓度越大，物体的能见度越低。

```
Fog{
#exposedField SFColor color
#exposedField SFString fogType
#exposedField SFFloat visibilityRange
#eventIn SFBool set_bind
#eventOut SFBool isBound
}
```

color 域指定雾化的颜色。其实，雾化效果有点像笼罩在物体四周的光环。而这个色彩参数就是定义光环的颜色。fogType 域用于指定雾化类型，有 EXPONETIAL 和 LINEAR 两种取值。前者是以指数方式变化，后者是线型变换。如果使用线型雾化方式，会大大减少计算量，但是其效果不如指数方式自然。visibilityRange 域用于指定对象雾化显示的最大距离。当对象与观察者的距离大于这个数值时，将不会有雾化效果显示出来。下面给出雾化的一个例子。

【程序 10.19】

```
#VRML V2.0 utf8
Fog {
 color 1.0 1.0 1.0
 fogType "LINEAR"
 visibilityRange 50
}
DEF cylinder Shape {
appearance Appearance {
 material Material {
 diffuseColor 1.0 1.0 0.0
 }
 }
 geometry Cylinder {
 radius 0.4
 height 2.0
 }
}Transform {
 translation 0 0 -2.0
 children USE cylinder
}Transform {
 translation 0 0 -4.0
 children USE cylinder
}Transform {
 translation 0 0 -6.0
 children USE cylinder
}Transform {
 translation 0 0 -8.0
 children USE cylinder
}Transform {
 translation 0 0 -10.0
 children USE cylinder
}Transform {
 translation 0 0 -12.0
 children USE cylinder
}Transform {
 translation 0 0 -14.0
 children USE cylinder
}Transform {
 translation 0 0 -16.0
 children USE cylinder
}
```

图 10.16　加入雾化效果的场景图

上例的结果如图 10.16 所示。

10.6　VRML 虚拟漫游系统的设计

在本节，我们将结合前面的知识介绍一个简单的桌面虚拟漫游系统的设计的例子。通过这个例子，希望可以帮助大家更好地了解 VRML 的开发过程。在这个例子中，将设计一个虚拟工作室，该工作室包含办公桌椅和电脑等，虚拟人可以在房间中漫游。

一个虚拟场景包含很多东西，如果只是通过一个文件来设计整个场景，效率就比较低，很容易出错，修改也很麻烦，而且代码过于冗长，阅读也不方便。因此在设计一个系统时，第一步就是分离出场景中的各个独立的物体造型，并各自为它们编写代码来实现。等设计好各个模型之后，再根据需要将各个模型组装成所需要的场景。下面就具体介绍整个设计过程。

10.6.1　物体模型的设计

我们设计的办公环境可以分离为四个独立的物体模型，分别是桌子、椅子、电脑显示器和电脑的主机。在虚拟场景中漫游时，如果不加控制，虚拟人将可以穿过物体，这与现实情况不符。因此在设计物体模型时，需要给物体模型加上碰撞检测功能，这样，当虚拟人碰到物体时就无法继续向前走动，与现实情况吻合。

1. Collision 节点

Collision 节点观测观察者和组中的造型发生碰撞。语法如下：

```
Collision{
#exposedField MFNode children
#exposedField SFVec3f bboxCenter
#exposedField SFVec3f bboxSize
#exposedField SFBool collide
#exposedField SFNode proxy
#eventOut SFTime collideTime
#evnetIn MFNode addChildren
#eventOut MFNode removeChildren
}
```

children 域的值指定了一个包含在组中的子节点列表。

bboxCenter 域的值指定了一个约束长方体的中心。

bboxSize 域的值指定了约束长方体的尺寸。

Collide 域的值指定一个 TRUE 或一个 FALSE 值，它使得对于组中子节点的碰撞检测变为有效或无效。接下来，就使用 Collision 节点来帮助创建相关的物体模型。

2. 椅子

椅子的模型如图 10.17 所示。

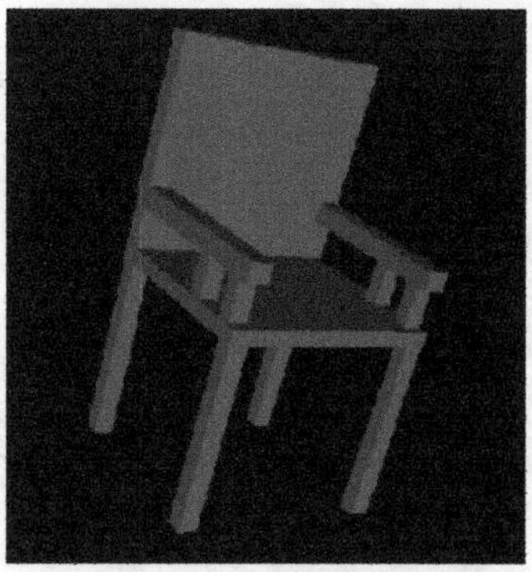

图 10.17　椅子的模型

先设计座位部分，为一 Box 节点。代码如下：

```
Shape {
appearance DEF chair_appearance Appearance {
material Material {
diffuseColor 0.97 0.69 0.49
}
}
geometry Box {
size 2.0 0.16 2.0
}
}
```

椅子的腿和靠背都是长方体，代码和座位部分类似，就不详细列出了。设计椅子的两个扶手，扶手是由三个长方体组合成的，所采用的节点为 Box。下面给出其中一个扶手的代码。

```
Transform {
 translation -0.9 2.5 0.1
 children [
 Shape {
 appearance USE chair_appearance
 geometry DEF handle Box {
 size 0.2 0.2 1.8
 }
 }
]
}
Transform {
 translation 0.9 2.5 0.1
 children [
 Shape {
 appearance USE chair_appearance
 geometry USE handle
}
]
}
Transform {
 translation -0.9 2.2 0.8
 children [
 Shape {
 appearance USE chair_appearance
 geometry Box {
 size 0.17 0.4 0.17
 }
 }
]
}
```

有了以上的设计，就可以构造出一个椅子模型的完整代码。

3. 桌子

桌子的模型如图 10.18 所示。

图 10.18　桌子的模型

桌面为一长方体，采用 Box 节点，代码如下：

```
Shape {
appearance DEF desk_appearance Appearance {
material Material {
diffuseColor 0.97 0.69 0.49
}
}
geometry Box {
size 6 0.1 2.25
}
}
```

由图 10.18 可看出桌腿包括上下两个柜子。由于对称性，我们只看左边的桌腿构造。

首先是外侧的挡板，为一长方体，代码如下。其中，desk_appearance 为上面已定义的节点。内侧挡板只要将坐标平移即可。

```
Shape {
    appearance USE desk_appearance
    geometry Box {
       size 0.1 3 1.9
    }
  }
```

柜子的挡板和手柄都是简单的长方体，代码和外侧挡板类似，这里就不给出详细代码了。

4. 显示器

显示器的模型如图 10.19 所示。

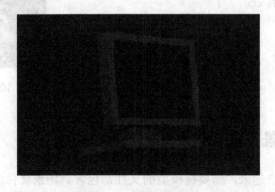

图 10.19　显示器的模型

显示器的设计比较简单，底座为一长方体加一锥体。代码如下：

```
Shape { #长方体
appearance Appearance {
material Material {
diffuseColor 0.2 0.3 0.3
}
}
geometry Box {
size 1.2 0.1 1.0
}
}
Transform {
translation 0 0.25 0
children [
Shape { #圆锥体
appearance Appearance {
material Material {
diffuseColor 0.2 0.3 0.3
}
}
geometry Cone {
bottomRadius 0.4
height 0.4
}
}
]
}
```

显示屏幕很简单，是由几个长方体组合而成的，在此就不给出代码了。

5. 电脑主机

电脑主机的模型如图 10.20 所示。

电脑主机的设计主要是一个长方体，为了看起来更真实，我们为主机的前面贴上纹理图片，此图片在项目文件 picture 目录下。贴图的代码如下：

```
Shape {
appearance Appearance {
texture ImageTexture {
url "..\picture\host.gif"
}
}
geometry Box {
size 0.3 1.4 0
}
}
```

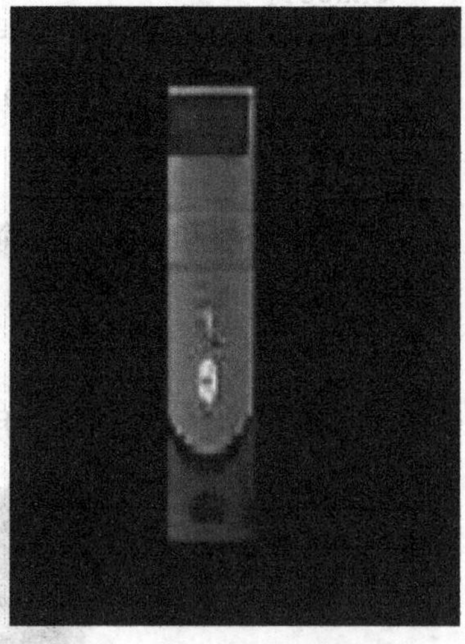

图 10.20　电脑主机的模型

10.6.2　漫游场景的最终生成

要将物体模型组合起来，需要将模型的文件都包含到场景文件中，这需要用到 Inline 节点。语法如下：

```
Inline{
    #exposedField MFString url
    #exposedField SFVec3f bboxCenter
    #exposedField SFVec3f bboxSize
}
```

url 域的值用来指定一个 VRML 文件的 URL 地址列表。

bboxCenter 域的值用来指定 Inline 节点内联框架的空间位置，即指定引入的 VRML 文件所创建的空间造型的空间位置。

漫游场景全景图如图 10.21 所示。

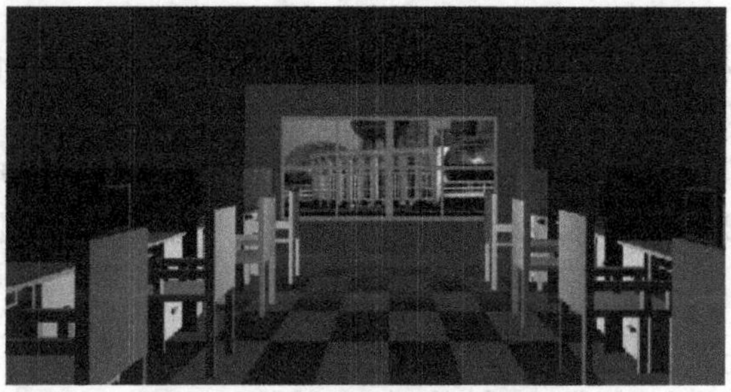

图 10.21　漫游场景全景图

首先要设计浏览者的视角，使得虚拟人出现在房间内的位置。代码如下：

```
Viewpoint {
 position 0 0 17.5
}
```

为了能将整个场景都照亮，需要在房间中设置光源，这里采用点光源，代码如下：

```
PointLight {
 ambientIntensity 1.0
 attenuation 1 0 0
 location 0 0 0
 radius 100
 on TRUE
 }
```

生成房子的地板为一长方体，并给它贴上图片纹理。代码如下：

```
 Shape {
 appearance Appearance{
 texture ImageTexture {
 url "picture\floor.jpg"
 }
 }
 geometry floor Box {
 size 16 0.1 36
 }
 }
 ]
 }
```

天花板和墙壁也为简单的矩形，不使用贴图，这里不给出代码。窗户主要由一些长方体组成框架，然后在墙壁的外面放上一张图片模拟窗外的景色，从而不需要制造玻璃模型。长方体的框架之间主要是先计算好坐标，然后构成所需要的窗户模型，这里只给出窗外风景画的代码。

```
Shape {
 appearance Appearance {
 texture ImageTexture {
 url "picture\out.jpg"
 }
 }
 geometry Box {
 size 14 8 0.01
 }
}
```

门主要由两个长方体组成，这里不详细介绍。要注意的是两个长方体之间要留有一些空隙，从而产生门的观感。

设计完房间的构架，下面就是往房间中加入前面构造的桌子、电脑等模型，这要使用 Inline 节点，这里主要是计算好坐标，把物体放在适当的位置，给出一个示例代码如下：

```
 Transform {
 translation 5 -5 -2.5
 rotation 0 1 0 1.571
 children Inline {url "model\chair.wrl"}
}
```

添加完所有的模型，整个虚拟场景即构造完毕。

课 后 习 题

一、填空题

1. 虚拟现实技术有 3 个基本特征：________、交互感、________。
2. 虚拟现实系统分为 4 类：桌面式 VR 系统、________、________、分布式 VR 系统。
3. VRML 的计量单位通常有________单位和________单位两种。

二、选择题

下列关于对 VRML 文件的语法有几条约定，说法正确的是(　　)。

A. 每个 VRML 文件都必须以#VRML V2.0 utf8 作为文件头

B. 文件中任何节点的第一个字母都要大写

C. 文件里的文字不需要大小写

D. 节点的域都必须位于括号里面

三、简答题

1. 请解释 Viewpoints、Headlight、Navigation、Full Screen、Preferences 五个菜单选项的意思。

2. 简述交互功能，并简要介绍几种最常用的检测器。

参 考 文 献

[1] 赫恩. 计算机图形学[M]. 蔡士杰，杨若瑜，译. 北京：电子工业出版社，2014.

[2] 约翰 • F. 休斯. 计算机图形学原理及实践[M]. 北京：机械工业出版社，2018.

[3] 约翰 • M • 克赛尼希，格雷厄姆 • 塞勒斯. OpenGL 编程指南[M]. 北京：机械工业出版社，2017.

[4] 马鲁基-弗伊诺，OpenGL ES 2. 0 游戏与图形编程[M]. 北京：清华大学出版社，2014.

[5] 孙家广，胡事民. 计算机图形学基础教程[M]. 2 版. 北京：清华大学出版社，2020.

[6] 肖嵩，杜建. 超计算机图形学原理及应用[M]. 西安：西安电子科技大学出版社，2014.

[7] 黄华，张磊. 现代计算机图形学基础[M]. 北京：清华大学出版社，2020.

[8] V. 斯科特 • 戈登，约翰 • 克莱维吉. 计算机图形学编程：使用 OpenGL 和 C++[M]. 北京：人民邮电出版社，2020.

[9] 彭群生. 计算机图形学应用基础(CD)[M]. 北京：科学出版社，2021.

[10] 赵辉 王晓玲. 计算机图形学——三维模型处理算法初步：理论与实现(C#版)[M]. 北京：海洋出版社，2014.